高职高专食品类专业系列规划教材

GAOZHI GAOZHUAN SHIPINLEI ZHUANYE XILIE GUIHUA JIAOCAI

食品机械与设备

主　编◇唐丽丽
副主编◇王光耀

重庆大学出版社

内 容 提 要

本书系统地介绍了现代食品加工中常用机械与设备的结构原理、使用与维护和常见故障分析及排除的基础知识,突出了实践能力的培养,具有较强的实用性。全书分为6章,主要内容包括乳品加工机械与设备、肉制品加工机械与设备、果蔬加工机械与设备、饮料加工机械与设备、面食制品加工机械与设备及食品机械基础等内容。

本书可作为职业教育食品加工及其相关专业的教科书,也可作为食品加工企业相关人员的参考资料。

图书在版编目(CIP)数据

食品机械与设备/唐丽丽主编. —重庆:重庆大
学出版社,2013.12(2023.1重印)
高职高专食品类专业系列规划教材
ISBN 978-7-5624-7555-2

Ⅰ.①食…　Ⅱ.①唐…　Ⅲ.①食品加工设备—高等职
业教育—教材　Ⅳ.①TS203

中国版本图书馆 CIP 数据核字(2013)第 153691 号

高职高专食品类专业系列规划教材
食品机械与设备
主　编　唐丽丽
策划编辑:梁　涛
责任编辑:李定群　高鸿宽　　版式设计:梁　涛
责任校对:刘　真　　　　　　责任印制:赵　晟
*
重庆大学出版社出版发行
出版人:饶帮华
社址:重庆市沙坪坝区大学城西路 21 号
邮编:401331
电话:(023) 88617190　88617185(中小学)
传真:(023) 88617186　88617166
网址:http://www.cqup.com.cn
邮箱:fxk@ cqup.com.cn(营销中心)
全国新华书店经销
POD:重庆新生代彩印技术有限公司
*
开本:787mm×1092mm　1/16　印张:16　字数:399 千
2014 年 1 月第 1 版　　2023 年 1 月第 2 次印刷
ISBN 978-7-5624-7555 -2　定价:39.00 元

高职高专食品类专业系列规划教材

GAOZHI GAOZHUAN SHIPINLEI ZHUANYE XILIE GUIHUA JIAOCAI

◀ 编委会 ▶

总主编　李洪军

◀ 参加编写单位 ▶

（排名不分先后，以拼音为序）

安徽合肥职业技术学院

重庆三峡职业学院

甘肃农业职业技术学院

甘肃畜牧工程职业技术学院

广东茂名职业技术学院

广东轻工职业技术学院

广西工商职业技术学院

广西邕江大学

河北北方学院

河北交通职业技术学院

河南鹤壁职业技术学院

河南漯河职业技术学院

河南牧业经济学院

河南濮阳职业技术学院

河南商丘职业技术学院

河南永城职业技术学院

黑龙江农业职业技术学院

黑龙江生物科技职业学院

湖北轻工职业技术学院

湖北生物科技职业学院

湖北师范学院

湖南长沙环境保护职业技术学院

内蒙古农业大学

内蒙古商贸职业技术学院

山东畜牧兽医职业学院

山东职业技术学院

山东淄博职业技术学院

山西运城职业技术学院

陕西杨凌职业技术学院

四川化工职业技术学院

四川烹饪高等专科学校

天津渤海职业技术学院

浙江台州科技职业学院

　　食品加工业是我国国民经济的支柱产业,随着人们生活水平的提高,人们对食品的种类和质量的要求也逐渐提高,尤其是近几年,由于食品安全事故频发,人们对食品安全性要求也越来越高。如何保障食品安全卫生,已成为当前热门的课题。而食品加工所用的机械设备是食品工业化生产和确保食品质量安全的重要保障,对于食品工业的发展起到主导作用。

　　在高职高专院校中"食品机械与设备"课程是食品加工及相关专业的专业核心课程,高职高专教育的特色是形成以学生能力培养为中心,以分析和解决实际问题为目标的教学模式。本书编写以现代化食品生产企业一线的典型生产线为主线,依次介绍生产线中的典型设备,分别介绍每一种机械设备的结构原理、分类特点、使用维护以及故障分析排除,保证了内容的完整性,理论知识的编写体现了够用原则,而教材内容重点在设备的操作维护,以及在操作中设备出现故障后如何进行原因分析和故障排除。

　　为了满足目前高职教学中工学结合的要求,本书突出理论知识为实践技能服务的原则,强化学生实践操作技能。在内容上以应用为目的,以必需、够用为度,进一步加强了知识的针对性和实用性。按照产品种类的不同将全书分为6章,具体为乳制品、肉制品、果蔬制品、饮料、面食制品加工机械与设备,由于考虑到部分院校学生学习本课程之前并未先修"机械基础"课程,因此本书在最后添加了食品机械基础部分内容,简单介绍了常用的机械零件和相关食品机械材料基础知识,以方便学生获得相关知识。每一章后配有本章小结和复习思考题,有助于学生复习总结所学知识。本书可作为高职高专院校食品加工及其相关专业的教材,也可以作为食品加工类企业生产人员的参考书。

　　本书编写分工如下:全书由杨凌职业技术学院唐丽丽担任主编,甘肃畜牧工程职业技术学院王光耀担任副主编。第1章由唐丽丽编写,第2章由王光耀编写,第3章由黑龙江生物科技职业学院王良编写,第4章由江西农业工程职业学院张国栋编写,第5章、第6章由黑龙江粮食职业学院陆一敏编写。第1章、第4章和第6章由唐丽丽统稿,第2章、第3章和第5章由王光耀统稿,本书由杨凌职业技术学院马兆瑞审稿。

　　本书在编写过程中,杨凌职业技术学院的祝战斌教授和刘一教授提出了宝贵意见,同时得到了重庆大学出版社和参编院校领导老师的大力支持,在编写过程中参阅了许多文献、资料、企业的培训教材和设备操作规程等相关资料,包括大量网上资料,在此一并表示衷心的感谢!

　　由于编者水平有限,书中难免有不当之处,敬请广大读者批评指正。

编　者

2013 年 5 月

目 录
Contents

乳品加工机械与设备

第1章

 内容描述

　　本章主要介绍典型乳制品加工工艺流程与现代化乳制品生产企业所使用的乳品加工机械与设备,包括机械设备的工作原理、结构与特点、设备的使用与维护、常见故障原因分析与故障排除方法等。

 学习目标

- 了解典型乳品加工工艺流程及生产现状。
- 深入了解分离机、均质机、板式换热器、管式换热器、真空浓缩设备、喷雾干燥设备及无菌包装设备等机械设备的用途、工作原理以及结构特点。
- 熟练掌握常用乳品加工机械设备的操作规程、操作注意事项以及日常使用与维护等基础知识。

 能力目标

- 能够正确操作分离机、均质机、板式换热器、管式换热器、真空浓缩设备、喷雾干燥设备、无菌包装设备等机械设备。
- 能正确处理常见故障并能分析原因排除故障。

1.1　典型乳品加工生产线

1.1.1　超高温灭菌乳生产工艺流程

　　灭菌乳就是杀死牛乳中微生物,使牛乳保持商业无菌的过程。商业无菌(commercial sterilization)就是牛乳经过适度杀菌后,不含有致病性微生物,也不含有在常温下能在产品中繁殖的非致病性微生物。按照加工工艺,灭菌乳可分为两大类,即超高温灭菌乳和保持灭菌乳。

超高温瞬时灭菌(UHT)就是采用高温、短时间,使液体食品中的有害微生物致死的灭菌方法,灭菌温度一般为130~150℃,灭菌时间一般为数秒。欧共体对UHT产品的定义:物料在连续流动的状态下,经135℃以上不少于1 s的超高温瞬时灭菌,然后在无菌包装状态下包装于微量透气容器中,以最大限度地减少产品在物理、化学及感官上的变化,这样生产出来的产品称为UHT产品。保持灭菌乳也称二段灭菌乳,就是先将牛乳经过超高温瞬间处理,进行灌装、封合后再进行105~120℃,10~30 min保持灭菌。

超高温灭菌系统的加热介质为蒸汽或热水,有两种加热系统可用于牛乳的连续型超高温灭菌,即直接加热系统和间接加热系统。其中,在直接加热系统中,原料乳首先通过间接式换热器被加热到80~85℃,然后与过热蒸汽直接混合,立刻升温至灭菌温度140~150℃。在间接加热系统中,产品与加热介质由不锈钢导热面隔开,产品与加热介质没有直接接触,根据换热器传热面的不同,可分为板式热交换系统、管式热交换系统和刮板式加热系统。其工艺流程如图1.1所示。

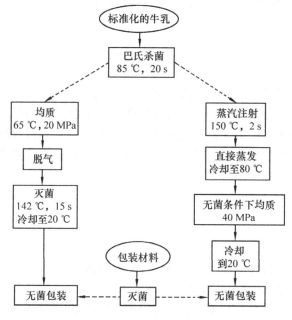

图1.1 超高温灭菌乳工艺流程图

1)以板式换热器为基础的间接UHT设备

如图1.2所示,约4℃的牛乳由贮存缸泵送至UHT系统的平衡槽1,由此经供料泵2送至板式换热器的热回收段。在此段中,牛乳被已经UHT处理过的乳预热至约75℃,同时,杀菌过后的乳被冷却。预热后的牛乳随即在18~25 MPa的压力下均质。预热均质的产品继续到板式换热器的加热段被加热至137℃,加热介质为一封闭的热水循环,通过蒸汽喷射头5将蒸汽喷入循环水中控制温度。加热后,产品流经保温管6,保温4 s。最后冷却分成两段进行热回收,首先牛乳与循环热水换热,随后与进入系统的冷牛乳换热,离开热回收段后,产品直接连续流至无菌包装机或流至一个无菌罐作中间贮存。

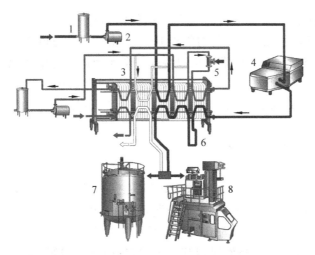

图 1.2 间接加热 UHT 乳生产线(板式换热器)

1—平衡槽;2—供料泵;3—板式换热器;4—均质机;5—蒸汽喷射头;

6—保温管;7—无菌罐;8—无菌灌装

2) 以板式换热器和蒸汽注射为基础的直接 UHT 设备

如图 1.3 所示的流程图,由平衡槽提供的大约 4 ℃的产品通过喂料泵 2 流至板式换热器 3 的预热段,在预热至 80 ℃时,产品经泵 4 加压后继续流动至环形喷嘴蒸汽注射器 5,蒸汽注入产品中,迅速将产品温度提升至 140 ℃。产品在 UHT 温度下于保持管 6 中保温几秒钟,随后闪蒸冷却。闪蒸冷却在装有冷凝器的蒸发室 7 中进行,由真空泵 8 保持蒸发室部

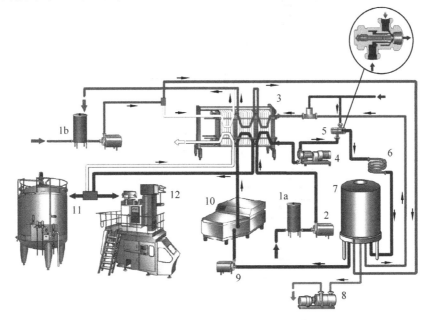

图 1.3 直接蒸汽喷射加热的 UHT 生产线(板式换热器)

1a—牛乳平衡槽;1b—水平衡槽;2—供料泵;3—板式换热器;4—正位移泵;

5—蒸汽喷射头;6—保持管;7—蒸发室;8—真空泵;9—离心泵;

10—无菌均质机;11—无菌罐;12—无菌灌装

分真空状态,控制真空度,保证闪蒸出的蒸汽量等于蒸汽最早注入产品的量。一台离心泵将 UHT 处理后的产品送入二段无菌均质机 10 中。由板式换热器 3 将均质后的产品冷却至约 20 ℃,并直接连续送至无菌灌装机灌装或一个无菌罐进行中间贮存以待包装。冷凝所需冷水循环由平衡槽 1 b 提供,并在离开蒸发室 7 后再经过蒸汽加热器加热后预热介质。在预热中水温降至约 11 ℃,这样,此水可用作冷却介质,冷却从均质机流回的产品。

1.1.2 酸乳生产工艺流程

酸乳又称酸奶,已成为我国发展最快的乳制品之一。根据 FAO 统计,世界年人均乳品消费量达到 100 kg,而在一些发达国家,人均乳品消费量更是达到了 300 kg。酸奶在我国也正成为大众化的乳制品。按成品的组织状态可分为两类:凝固型酸奶,其发酵过程在包装容器中进行,从而使成品因发酵而保留其凝乳状态;搅拌型酸奶,成品是先发酵后灌装而得。发酵后的凝乳已在灌装前和灌装过程中搅碎而成黏稠状组织状态,因此而得其名。

酸奶以牛乳为主要原料,经过标准化、接种乳酸菌发酵剂、培养发酵而制成。其工艺流程如图 1.4 所示。无论是做凝固型酸奶还是搅拌型酸奶,牛奶的预处理基本是一样的,都包括标准化、均质、杀菌和冷却。

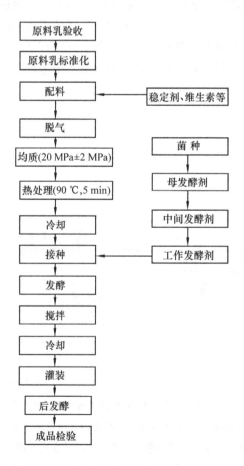

图 1.4 搅拌型酸乳生产工艺流程图

如图1.5所示为酸奶生产工艺的一般预处理流程。牛乳从平衡罐出来,被泵到换热器2,进行第一次热回收并被预热至70 ℃左右,然后在第二段加热至90 ℃。从换热器中出来的热牛奶送到真空浓缩罐3,在此牛奶中有10% ~20%的水分被蒸发,蒸发出的一些水分被用于预热。在蒸发阶段,牛乳温度从85 ~90 ℃下降到70 ℃左右。蒸发后,牛奶被送到均匀机4进行均质,经均质的牛乳回流到换热器2热回收段,再加热到90 ~95 ℃,然后牛乳进入保持段,保温5 min。巴氏杀菌后的牛乳要进行冷却。首先是在热回收段,然后用水冷却至所需接种温度,典型的是40 ~45 ℃。

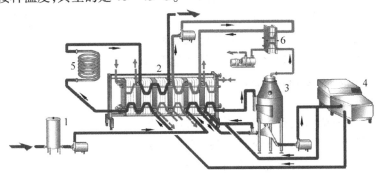

图1.5 发酵乳制品的一般预处理生产线

1—平衡罐;2—片式换热器;3—真空浓缩罐;4—均质机;5—保温管

如图1.6所示为搅拌型酸奶典型的连续性生产线。预处理后的牛奶冷却到培养温度,然后进行接种,牛奶连续地与所需体积的生产发酵剂一并泵入发酵罐2,典型的搅拌型酸奶生产的培养时间为2.5 ~3 h,温度为42 ~43 ℃,在培养的最后阶段,已达到所需的酸度时(pH4.2 ~4.5),酸奶必须迅速降温至15 ~22 ℃,冷却是在具有特殊板片的板式换热器3中进行,这样可以保证产品不受强烈的机械扰动。一般冷却到15 ~22 ℃以后的酸奶先打

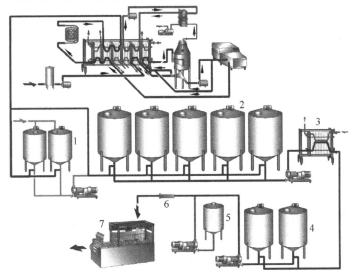

图1.6 搅拌型酸奶的生产线

1—生产发酵剂罐;2—发酵罐;3—板式换热器;4—缓冲罐;

5—果料/香料罐;6—混合器;7—包装

入缓冲罐4中,再进入包装机7进行包装。若需要生产调味酸奶,可在酸奶从缓冲罐到包装机的输送过程中加入果料和香料。

1.1.3 乳粉生产工艺流程

一般意义上,乳粉(俗称奶粉)是指仅以原料乳为原料,经净化、杀菌、浓缩、干燥制成的粉末状产品。但是从更广泛意义上讲,乳粉是指以生鲜乳或乳粉为原料,添加或不添加食品添加剂和食品营养强化剂等辅料,经脱脂或不脱脂、杀菌、浓缩、干燥或干法工艺制成的粉末状产品。

如图1.7所示为全脂乳粉生产工艺流程,用于生产乳粉的原料乳首先要经过预处理,包括原料乳验收、净乳、冷藏、标准化、均质及热处理等,所使用到的设备与图1.5发酵乳制品的一般预处理生产线相似。用于生产乳粉的牛乳需进行浓缩,即除去牛乳中的一部分水分,使牛乳的干物质含量提高。在全脂乳粉生产中,牛乳必须浓缩成含乳固形物为48%～50%的浓牛乳才能进行喷雾干燥。如图1.8所示,经喷雾干燥处理后得到的就是乳粉,随后还需进行冷却、筛粉等处理。然后将乳粉进行包装的操作即得到成品。

原料乳验收 → 净乳 → 冷藏 → 标准化 → 均质 → 热处理 → 浓缩 → 喷雾干燥 → 冷却 → 筛粉 → 称量包装 → 装箱入库 → 检验合格出厂

图1.7 全脂乳粉生产工艺流程

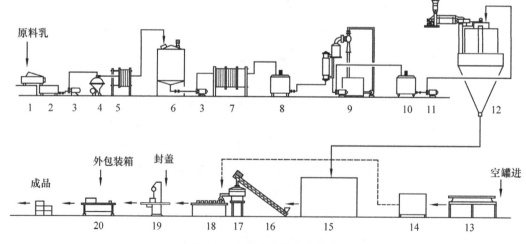

图1.8 全脂乳粉设备流程图

1—磅奶槽;2—受奶槽;3—奶泵;4—净乳机;5—冷却器;6—贮奶罐;

7—预热器;8—暂存罐;9—蒸发器;10—浓缩奶暂存罐;11—奶泵;

12—喷雾干燥塔;13—洗罐机;14—烘干机;15—冷却室;

16—螺旋输送机;17—筛粉机;18—定量包装台;19—封盖机;20—成品

1.2　分离机

　　牛乳在采集运输的过程中可能会混杂一些环境中的杂质和牛体中的上皮细胞、白细胞等,离心分离机的工作原理是将牛乳通入一个高速旋转的分离钵内,利用离心力将这些密度不同的物质分离开来。因此,在乳制品的生产过程中,离心分离机可用来对原料乳进行净化处理和标准化处理以及奶油的分离与均质等。

1.2.1　分离机的工作原理

　　分离机工作时分离钵高速旋转,原料乳进入分离钵内,而后经碟片组上的垂直通孔从下而上上升充满各碟片之间。当分离钵高速旋转时,带动碟片间的乳液旋转,在离心力作用下,使进入碟片中的乳液在碟片之间形成一层薄膜。如图1.9(a)所示,牛乳中的颗粒和脂肪球根据它们相对于连续介质(即脱脂乳)的密度不同而开始在分离通道中径向朝里或朝外运动。碟片间密度小的脂肪球流向旋转轴,密度大的脱脂乳沿碟片向四周流动,机械杂质则沉淀在分离钵周围的壁上。分离后的脱脂乳沿上碟片外面流动,而稀奶油则沿上碟片的内面流动。从而分离机顺利地将稀奶油和脱脂乳分离开来。

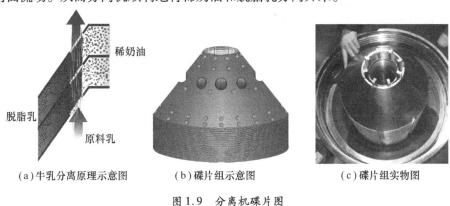

(a)牛乳分离原理示意图　　　　(b)碟片组示意图　　　　(c)碟片组实物图

图1.9　分离机碟片图

1.2.2　分离机的结构

　　分离机的类型虽然不同,但其分离原理和构造基本是相同的,由传动装置、分离钵、容器及机架等组成。

1)传动装置

　　传动装置的功用是将电动机的动力传递给分离钵。分离机的传动装置由两级增速装置组成。如图1.10所示,第一级为皮带将电动机的动力传递给蜗轮,第二级为蜗轮蜗杆把动力传递给分离钵,使分离钵作高速旋转。

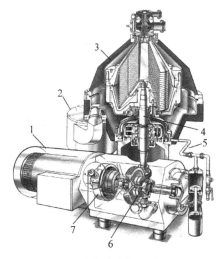

（a）封闭式分离机的剖面图　　　　　　　　　　（b）分离机实物图

图 1.10　封闭式分离机

1—电机;2—沉渣器;3—机盖;4—空心钵轴;5—操作水系统;6—齿轮;7—制动

2）分离钵

分离钵是分离机的主要工作部件，将乳分离成稀奶油和脱脂乳。如图 1.10 所示，分离钵主要包括分离钵底座、支柱、碟片和顶罩等。

分离钵底座是整个分离钵的支承部分，让原料乳沿中心管进入分离碟片中。分离机的支柱与底座中心管可以连在一起，也可分开。碟片支柱主要起到支承和固定分离碟片的作用，其外圆柱面带有数条沟槽，套在中心管的外面。

碟片是离心机中的重要部件，其作用就是带动乳液高速旋转，并将乳液分离成稀奶油和脱脂乳。如图 1.9(b)、(c)所示为分离机碟片组，碟片的顶角一般为 60°~80°，碟片本身厚度一般在 0.5 mm 左右。在每个碟片上均固定有一定厚度的小凸台，可使碟片和碟片之间不致紧贴，形成 0.3~0.8 mm 的间距。每个碟片上都有小孔，可使稀奶油通过。不同的分离机，碟片的数目不同，数目越多则分离效果越好，分离能力也越大。

顶罩是整个碟片组的外罩，使分离钵成为锥形整体，主要起到密封分离碟片的作用，并与上碟片形成脱脂乳通道，使脱脂乳顺顶罩的内侧向上流动，沿脱脂乳出口排出分离钵。

3）机架

机架是整个分离机的支承部分，所有机件及受乳器都安装在它的上面。机架有卧式和立式两种。一般大型分离机都是立式机架。

1.2.3　分离机的分类

牛乳分离机按结构形式可分为开放式分离机、半封闭式分离机和封闭式分离机。根据不同用途，可分为用于分离乳中的脂肪球的普通牛乳分离机和既能脱脂又能净化和标准化的多用分离机。这里重点介绍封闭式分离机和半封闭式分离机。

1)封闭式分离机

封闭式分离机如图 1.11 所示。封闭式分离机原料乳的进口、脱脂乳和稀奶油的出口都是封闭的,密闭式分离机的分离钵体在操作过程中被牛乳完全充满,中心处没有空气,也就没有空气进入脱脂乳和稀奶油中,因此产品具有无泡沫的特点。分离机工作时(见图1.11(a)),牛乳进入分配器后,被加速到与分离钵的旋转速度相同,然后上行进入碟片组间的分离通道,由于离心力的作用,牛乳向外甩出形成环状的圆柱形内表面。牛乳压力随着旋转半径的增加而逐渐增加,钵的内边缘处为压力最高值。较重的固体颗粒被分离出来,并沉积在沉降空间内,原料乳经分离后得到的脱脂乳及稀奶油分别排出。

分离钵的沉降空间里收集的固体杂质有稻草、毛发、乳房细胞、白细胞、红细胞及细菌等,一般牛乳中的沉渣总量约为 1 kg/10 000 L。若使用的是残渣存留型的牛乳分离机,必须经常把钵体拆开,定期进行人工清洗沉渣空间,这需要耗费大量的体力劳动。现代化的自净型或残渣排除型的分离机配备了自动排渣设备,如图 1.11(b)所示,可将沉积物按预定的时间间隔自动排除。分离机不再需要人工清洗,在牛乳分离的过程中,固体杂质的排出通常 30 ~ 60 min 进行一次,每次的排渣时间也很短。

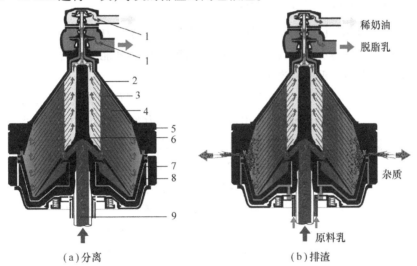

(a)分离　　　　　　　　　　　　　(b)排渣

图 1.11　封闭式分离机钵体示意图

1—出口泵;2—钵罩;3—分配孔;4—碟片组;5—锁紧环;6—分配器;
7—滑动钵底部;8—钵体;9—空心钵轴

2)半封闭式分离机

半封闭式分离机也称半开放式分离机。半封闭式分离机如图 1.12 所示。原料乳进口是开放式,原料乳通过顶部的进口管依靠重力进料,脱脂乳在离心机产生的压力下封闭出料。稀奶油出口有开放式,也有封闭式。牛乳进入分配器后,被加速到与分离钵的旋转速度相同,然后进入碟片组间的分离通道,稀奶油向转轴方向移动,并通过稀奶油的压力盘排出通道。脱脂乳从碟片组的外边缘离开,穿过顶钵片与分离钵顶罩之间的通道,通过脱脂乳压力盘排出。

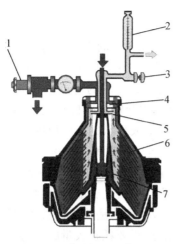

图 1.12　手动控制的半封闭
式（压力盘式）分离机

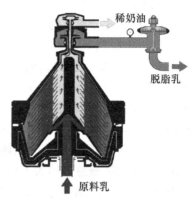

图 1.13　带自动恒压装置的密
闭式分离机

1—压力调节阀；2—稀奶油流量计；3—稀奶油节流阀；
4—脱脂乳压力盘；5—稀奶油压力盘；7—分配器

由于半封闭式分离机在脱脂乳和稀奶油排出口安装有压力盘。乳在分离钵内作高速旋转运动，并通过压力盘把旋转动能转换为压力能，使脱脂乳能在压力作用下从分离钵中排出，所以排出的产品几乎没有泡沫。

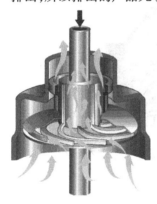

图 1.14　压力盘示意图

在半封闭式的分离机中，稀奶油和脱脂乳的出口处都有一个特殊的出口装置——压力盘（见图 1.14），故半封闭式分离机通常也被称为压力盘式分离机。静置的压力盘边缘浸入液体的转动柱内，从中连续地排出一定量的液体，旋转液体的动能在压力盘中转换成静压能。为了阻止产品中混入空气，产生泡沫，必须使压力盘上始终覆盖充足的液体。

分离机中排出的稀奶油的含脂率可以用稀奶油出口处的节流阀 3 调节，如图 1.12 所示。如果该阀门逐渐地打开，从稀奶油出口排出的稀奶油量渐渐地增加，而其脂肪含量逐渐地减少，稀奶油的排出量与稀奶油的脂肪含量是相反变化的。脱脂乳的出口压力，应根据分离机的类型和牛乳的流量用调节阀 1 调节到适当的数值，稀奶油出口的节流阀也应调整到与所需脂肪含量一致的流量位置。

稀奶油排出量的任何变化都会导致脱脂乳等量但反方向的变化。因此，脱脂乳的出口处安装了恒压装置，图 1.12 中的脱脂乳压力调节阀 1 和图 1.13 中的脱脂乳出口处的自动压力调节阀，以保持出口的背压恒定，而与稀奶油流量变化无关。封闭式分离机上的恒压装置如图 1.13 所示，图中所示的阀是隔膜阀，通过隔膜上的压缩空气来调节所要求的产品压力。在分离过程中，隔膜上承受恒压空气的压力，隔膜下面承受脱脂乳的压力。如果脱脂乳的压力降低，那么预定的空气压力将推动隔膜下移，与隔膜固定在一起的阀杆也跟着向下移动，通道变窄。这种节流使脱脂乳出口压力增到设定的值。当脱脂乳压力继续增加,阀杆反向运动,预定的压力又得以恢复,从而使脱脂乳出口的背压维持恒定。

3)开放式分离机

开放式分离机与前面介绍的两种不同,是指其原料乳的进口和脱脂乳及稀奶油的出口都是没有遮盖,但是分离机的结构基本相似。

1.2.4　分离机的操作与维护

1)分离机操作

(1)分离机安装与工作前检查

①分离机的安装。因分离机运转速度高,必须有坚实的基础,基础螺栓应深入地面以下 10~30 cm。分离机主轴应垂直于水平面,各部件应精确安装。必要时,在地脚处配置橡皮圈,起缓冲作用。

②开机前必须检查传动机构及紧固件是否松动,转动方向是否正确,不允许反转,以防损坏机件。

③检查齿轮箱润滑油。润滑油量应保持在齿轮箱油位计刻线区间内。视润滑油质量决定换油期限,换油时应仔细清理油箱底部。

④先以清水试车,不能开空车。试车前先检查高速运转时是否产生振动和有无异常声音,其次检查是否有漏水现象。用水试车合格后,再用乳液试车合格后方可投入使用。

(2)分离机使用

①分离机启动后,当分离机转速达到正常转速时,方可打开进乳口进行分离并收集离心后的料液。

②分离机运行中,应检查机器有无异常的振动和噪声,正常工作电流有无超过电动机额定值(排渣电流超载是正常现象)并需及时排除,严禁分离机带病运行。

③先关闭分离机,再关闭进料阀,待分离机完全停止后,关闭出料阀。

2)分离机的维护

①分离机是高速旋转的设备,具有很高的危险性,启动前一定要检查分离机是否正常,在操作时,岗位人员必须坚守岗位,及时发现问题,出现问题马上停车。

②封闭压送式分离机启动和停车时,均要用水代替牛乳,在启动后 2~3 min 取样鉴定分离情况。

③关注并时常检查泵与吸料管间的垫圈以及泵的轴封等处是否严密,防止空气混入。

④分离钵清洗后的安装及分离钵的拆装工作应谨慎细心。拆洗后必须把分离钵的机件由底部向上按顺序逐一安装,切勿装错。

⑤操作结束后,对直接与乳液接触的部件,应立即拆卸并用 0.5% 的碱水清洗,然后用 90 ℃以上的热水清洗消毒,最后擦干,以备下次使用。

1.3　均质机

均质机是食品精加工中常用到的机械,均质机械的品种虽然很多,但就其原理来说都是通过机械作用或流体力学效应造成高压、挤压冲击、失压等,使物料在高压下挤压,强冲击下发生剪切,失压下膨胀,在这三重作用下达到细化和混合均质的目的。食品加工中常用到的均质机按构造可分为高压均质机、离心均质机、超声波均质机和胶体磨均质机等。以下主要介绍应用广泛的高压均质机和胶体磨。

1.3.1　高压均质机

1) 高压均质机工作原理及结构

(1)高压均质机工作原理

高压均质机的均质作用是由以下3个因素协同作用产生的:物料以高速通过均质头中阀芯与阀座之间所形成的环形窄缝,从而产生强烈的剪切作用,并使物料中的液滴变形和粉碎;物料经高压柱塞泵加压后由排出管进入均质阀,物料在均质阀内发生由高压、低流速向低压、高流速的强烈的能量转化,物料在间隙中加速的同时,静压能瞬间下降,产生空穴作用,从而产生非常强的爆破力;自环形缝隙中流出的高速物料猛烈冲击在均质环上,使得已经破碎的粒子进一步得到分散。均质阀的工作原理如图1.15所示。

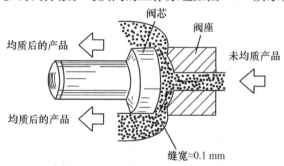

图 1.15　均质阀工作原理示意图

(2)高压均质机结构

高压均质机主要由柱塞泵、均质阀等部分组成。如图1.16所示为高压均质机的结构图和外形图。

常用柱塞泵为三缸柱塞泵,由3个互不相连的工作室、3个柱塞、3个进料阀和3个出料阀等组成。如图1.16所示,通过曲轴连杆机构和变速箱将电动机高速旋转运动变成低速往复直线运动。由活塞带动柱塞,在泵体内作往复运动,完成吸料、加压过程,然后进入集流管。进料管和排料管相通,在料液的排出口装有安全阀,当压力过高时,可使料液回流到进料口。由于曲轴设计为使得连杆相位差为120°,这样可使排出的流量基本平衡。

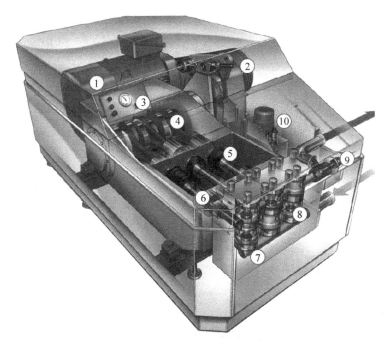

（a）均质机结构图

（b）均质机外形图

图 1.16　均质机的基本结构

1—主驱动轴;2—V 形传动带;3—压力显示;4—曲轴箱;5—柱塞;

6—柱塞密封座;7—固定不锈钢泵体;8—均质阀;9—均质装置;10—液压设置系统

在料液的排出口安装有均质阀。高压液料由集流管输送至均质阀,使料液颗粒度降低、分布均匀。均质阀有两级均质阀及两级调压装置,可完成超微粉碎、乳化等,如图 1.17 所示。阀中接触料液的材质必须符合无毒、无污染、耐磨、耐冲击及耐腐蚀等条件。现代工业用均质机中大多采用双级均质阀。双级均质阀实际上是由两个单级均质阀串联而成。流体进入均质阀并冲向阀芯,通过一个由阀座与阀芯构成的窄小的缝隙。自隙缝出来的高速流体最后撞在外面的均质环上。例如,当均质牛乳时,一级均质阀往往仅使脂肪颗粒破裂成小滴径的颗粒,但经一级均质后的小液滴并没有均匀分散开来,这些小液滴仍有相互并全成大液滴的可能,因此需要经第 2 道均质阀的进一步均质处理,这样可使得小乳脂肪颗粒均匀地分布在牛乳中。一般物料经第一级均质阀后总压下降 85% ~90% ,而经第 2 级均质后压降为 10% ~15% 。

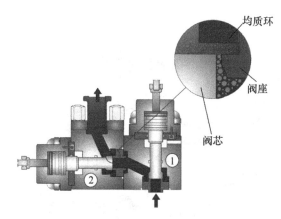

图 1.17　二级均质阀
1——一级均质;2——二级均质

2)高压均质机操作与维护

(1)操作

①开机准备

首先检查电动机转动方向和传动箱内润滑油的油位。开启冷却水,保证调压手柄处于旋松完全无压力状态(放松手柄 1~2 圈),打开进料阀和出料阀。

②启动

启动主电动机,在无负荷的情况下运转几分钟,使设备各部件能充分润滑,同时可将泵体内空气排尽。待出料口出料正常后,旋动调压手柄。先缓慢调节二级调压手柄,再调节一级调压手柄,缓慢将压力调至使用压力。

③关机

先缓慢放松一级调压手柄,再缓慢放松二级调压手柄卸压,当压力为零时再关主电动机,最后关冷却水。

(2)维护

①定期检查油位,以保证润滑油量充足。定期在机体联接轴处加些润滑油,以免缺油,损坏机器。

②启动设备前应检查各紧固件及管路等是否紧固。启动前应先接通冷却水,保证柱塞往复运动时能充分冷却。

③严禁带载启动,工作中严禁断料,设备不得空转。

④调压时,须十分缓慢地加压和泄压。

⑤停机前须用净水洗去工作腔内残液。

⑥不能用高浓度、高黏度的料液来均质。禁止粗硬杂质进入泵体。

1.3.2　高压均质机常见故障分析及排除

1)不出料或流量不足

原因分析:检查是否断料或设备进入空气;检查传动皮带的松紧度;是否所加入的物料黏度太大,流动性差;检查阀芯是否被黏附住;检查密封件是否完好;严重磨损也可能导致流量不足。

故障排除：及时加料，排除漏气处；调紧传动皮带；若物料流动性差可以加压送料或稀释物料后再均质；用工具拨动阀芯；旋紧压紧螺母或更换密封件；研磨修复或更换泵体阀芯或阀座。

2) 物料破碎不匀

原因分析：均质压力选择不当；物料未经处理或处理不良；物料配方不当导致破碎不均；阀芯、阀座、阀柱及冲击挡圈磨损也有可能使得物料破碎不匀。

故障排除：按物料性能，选定最佳均质压力和处理工艺；及时调整物料的配方；也可以用 300 粒以上金刚砂或在磨床上研磨修复磨损零件，或者换上新零件。

3) 压力表指针摆幅大

原因分析：物料通道里有空气，缺料或供料不足导致压力不稳；可能是阀杆手柄未旋紧；当有一组或几组阀芯、阀座磨损，或有异物卡住，单向阀关不严时也有可能出现压力表指针摆幅大的情况。

故障排除：将工作阀卸荷，排尽管道内空气，加足物料，放大进料管；旋紧阀杆手柄，但不得太紧，指针应稍有摆动即可；研磨修复或更换阀芯、阀座，若有异物进入则应立刻清洗排除异物。

4) 机器有负荷声，但压力表指针上不去

原因分析：压力表损坏；表座内缺少黄油。

故障排除：修复或更换新压力表；将表座内加满黄油。

5) 传动部分有撞击声

原因分析：检查是否某处螺钉松动；零件在轴上或轴在机座上松动严重，出现撞击声；零件严重磨损，间隙增大或润滑不好；曲轴左右窜动发出撞击声。

故障排除：拧紧松动的螺钉、螺母；调整并紧固零件位置；更换严重磨损的零件，更换机油或加油；对曲轴端盖加垫调节。

6) 油温过高或润滑油呈乳白色

原因分析：冷却水量太大或管路不通使得水槽积水，渗到油箱；润滑油进水失效，导致油温过高；某处油路不通，冷却困难；润滑油中杂质太多。

故障排除：使冷却水量适当；检查进水原因，排除积水；检查并排除不通油路；过滤或换新油。

7) 均质压力调不上去

原因分析：检查是否物料流量严重不足，均质阀密封处有杂质或均质阀损坏；弹簧作用力不够；压力表损坏；传动皮带太松。

故障排除：及时充足进料；检查、修复或更换泵体阀件及更换柱塞密封件；检查、修复或更换均质阀件；更换压力表或加注有机硅油；调紧传动皮带。

1.3.3 胶体磨

1) 工作原理及特点

胶体磨是一种依靠剪切力作用,使流体物料得到精细粉碎的微粒处理的设备。由一可高速旋转的磨盘(转动件)与一固定的磨面(固定件)所组成。两表面间有可调节的微小间隙,被加工物料通过本身的质量或外部压力加压产生向下的螺旋冲击力,透过定、转齿之间的间隙,从而使物料受到强烈的剪切摩擦和湍动影响,产生微粒化、分散化作用。使物料达到超细粉碎及乳化的效果。

胶体磨结构简单,设备保养维护方便,与高压均质机不同,胶体磨适用于较高黏度以及较大颗粒的物料。但是由于转、定子与物料间高速摩擦,故易摩擦生热,使被处理物料温度升高有可能发生变性;表面较易磨损,而磨损后,会使粉碎效果显著下降。

2) 基本结构

胶体磨的形式有立式和卧式两种,如图1.18和图1.19所示。卧式胶体磨转动件随水平轴旋转,固定件与转动件之间的间隙可通过调节转动件的水平位移来调节,间隙通常为50～150 μm。料液在重力作用下经旋转中心处流入,经过两磨间夹成的间隙后,由磨盘外侧排出。胶体磨的磨面常见为不锈钢光面,但也有金刚砂毛面,以此可完成对固体粒子的磨碎。卧式胶体磨适用于均质低黏度的物料。立式胶体磨的转动件随垂直轴旋转,其特点是卸料与清洗都比较方便,尤其适合处理黏度较高的物料。

(a)卧式胶体磨　　　　　　(b)立式胶体磨

图1.18　胶体磨外形图

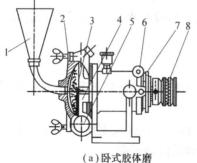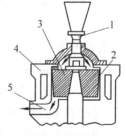

(a)卧式胶体磨　　　　　　(b)立式胶体磨

图1.19　胶体磨结构简图

1—进料口;2—工作面;3—转动件;4—固定件;5—卸料口;
6—锁紧装置;7—调整环;8—皮带轮

胶体磨在工作的过程中会产生大量的热量,为了控制料温不至于在均质过程中过度升高,胶体磨外壳通常制有夹层,可通冷水入夹层,起到冷却的作用,以保持料温的稳定。

3)胶体磨的操作与维护

(1)胶体磨的操作

①使用前,用手转动胶体磨,检查胶体磨是否灵活,及时更换或补充润滑油。

②胶体磨空转时间不可超过5 s,开机前拧下胶体磨泵体的引水螺塞灌注引水。

③同时开启冷却水阀门。

④点动电动机,试看电动机转向是否正确。

⑤开动电动机,调整定转子的加工间隙,调整环顺时针旋转定转子间隙变小,物料粒度变细;调整环逆时针旋转定转子间隙变大,物料粒度变粗。根据加工物料的粒度和产量要求,选择最佳定转子间隙。

⑥胶体磨使用后,应彻底清洗机体内部,勿使物料残留在体内,以免机械密封及其他部件黏结而损坏。

(2)维护

①加工物料绝不允许有石英、碎玻璃、金属屑等硬物质混入其中,否则会损伤动、静磨盘。

②在使用过程中,如发现胶体磨有异常声音应立即停车检查原因。

③胶体磨为高精度机械,运转速度快,线速度高达20 m/s,磨片间隙极小,检修后装回必须用百分表校正壳体内表面与主轴的同轴度使误差≤0.5 mm。

④修理机械时,在拆开、装回调整过程中,决不允许用铁锤直接敲击,应用木锤或垫上木块轻轻敲击,以免损坏零件。动、静磨片均有拆卸专用工具。

⑤胶体磨在运行过程中,轴承温度不能超过环境温度35 ℃,最高温度不得超过80 ℃。

⑥胶体磨长期停用,需将泵全部拆开,擦干水,将转动部位及接合处涂以油脂装好,妥善保管。

1.4 杀菌设备

1.4.1 板式热交换系统

在乳品的加工中板式换热器广泛应用于牛乳的预热、杀菌、冷却和浓缩等热交换操作。板式换热器是通过间接加热的方法来传递热量的,即热介质通过传热壁面将热量传递给冷介质,板式换热器的换热片就是间壁面。例如,在牛乳加热时,一般热介质是水蒸气或热水,冷介质是牛乳,热量通过间壁面从热流体传递到冷流体。

1)板式换热器结构与工作原理

(1)板式换热器结构

板式换热器的结构和外形如图1.20所示。板式换热器由很多具有波纹状花纹的换热片组成,压紧螺杆7通过压紧板将各换热片叠合压紧在框架上,换热片悬挂在导杆6上,由支架3支撑。换热片之间装有橡胶垫圈,以保证密封并使两片间有一定空隙。安装好后换热片上的角孔组成了冷热流体的通道。冷、热流体相间隔地在换热片两面流动换热。拆卸时仅需松开压紧螺杆,沿导杆移开压紧板,即可将换热片拆卸,进行清洗和维修。

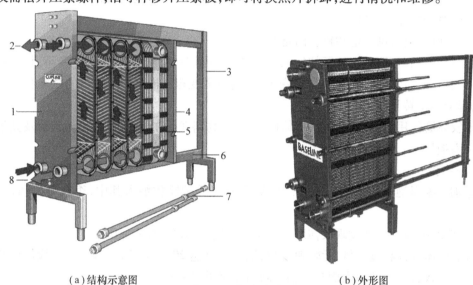

(a)结构示意图　　　　　　　　　　(b)外形图

图1.20　板式换热器

1—固定板;2—流体1;3—支架;4—压紧板;5—换热片;
6—导杆;7—压紧螺杆;8—流体2

换热片是换热器的主要部件,如图1.21(a)所示为不同花纹的波纹板。用不锈钢冲压制成多种形状的与流体流向相垂直的波纹,当流体流过板片间缝隙时可使流体的流向和速度发生多次改变,形成激烈的涡流,从而消除了板片表面的滞流内层,使得板片与流体间的传热效率进一步提高。由于换热片两侧的冷热流体的压力往往不同,为防止热变形,换热片表面压有间隔凸缘,从而增加了板片间的支承点和刚度,并保证了两换热片间的距离。

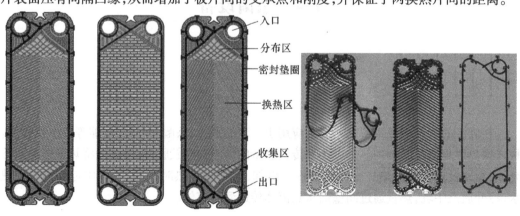

(a)不同波纹的换热片　　　　　　(b)换热片的橡胶密封垫圈

　　　　　　　　　　图1.21　板式换热器的换热片

波纹片的宽度与长度的比值直接关系到流体在进口处扩张、在出口处收缩的情况,以及流体通过整个传热表面的均匀性。为使流体沿片面均匀流动消除死角,流体进入后能够迅速扩展到整个金属片上,片长 L 与片宽 B 之比(3~4):1 较为合适。

(2)工作原理

板式换热器的换热片与压紧板用压紧螺杆叠合压紧,换热片之间用橡胶垫圈在板片的四周密封,使两片间留有一定间隙,改变垫圈的厚度可调整两片之间流体通道的大小。每块换热片上有 4 个角孔,4 孔中只有两个孔可与换热片一侧的流道相通。另两个孔则与换热片另一侧的流道相通。构成流体通道。布置垫圈必须使换热片组合后形成互不相通的冷热流体的两个进出通道,其中每一条通道与两个角孔相通,如图 1.21(b)所示。

产品通过一个角孔进入第一个通道,然后垂直流过该通道,再由另一端一个单独的有垫圈的角孔通道流出。角孔通道使产品绕过下一通道进入第 3 通道。角孔通道使产品交替地流过一个板组。介质在该区段的另一端引入,同样地交替流过板内通道,这样,每一产品的通道两侧都有加热或冷却介质通过。

换热片之间的通道应尽可能地窄,这样可以提高换热效率,但大量的产品流过这些窄通道,流速和压力差将会很大。为了避免这种情况,产品通过换热器可以分成若干支平行的支流。如图 1.22 所示,冷流体被分成两支平行的液流,在这一阶段中,改变 4 次方向。而加热介质的通道被分成 4 支平行液流,改变了两次方向。

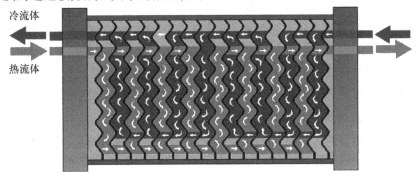

图 1.22　板式换热器冷热流体流动示意图

板式换热器广泛应用在高温短时和超高温杀菌装置中,有着较多的优点。首先,板式换热器传热效率较高,热量利用率高,便于热量的回收,结构紧凑,占地面积小,这是板式换热器最突出的优点之一。其次,有较大的适应性,可通过增减换热片的片数,改变片的组合等方式适应不同的生产要求,同时,适宜于处理热敏感物料。最后,设备各部件拆卸安装简单故便于拆开清洗和维修。但板式换热器最大的缺点就是橡胶垫圈易老化,尤其是工作温度高时,易出现垫圈变长,从换热片上脱落的现象。在正常生产情况下,一般 3 个月更换一次垫圈。

2)板式换热器的操作与维护

①定期检查各换热片是否清洁,是否有沉积物、结焦水锈层等结垢附着,并及时清洗。

②安装换热片时,应先在压紧螺母和导杆上加润滑油脂进行润滑,并将换热片按编号顺序安装。每次重新压紧换热片时,需注意上一次压紧位置,切勿使橡胶垫圈受压过度,以致减少垫圈使用寿命。

③定期检查各换热片与橡胶垫圈的黏合是否紧密、橡胶圈本身是否完好,以免橡胶垫圈脱胶与损坏而引起漏泄。

④更换换热片橡胶垫圈时,需将该段全部更新,以免各片间隙不均,影响传热效果。

⑤当更换橡胶垫圈时,将换热片取下,把旧垫圈拆下,将换热片凹槽的胶水痕迹用细砂纸擦尽,再用四氯化碳或三氯乙烯等溶剂把凹槽内的油迹擦尽,再把新橡胶垫圈的背部用细砂纸擦毛,同样用上述两种溶剂把油迹擦尽。然后在凹槽和橡胶垫圈背面均薄薄敷上一层胶水,稍干一下,不黏手指为度,将橡胶垫圈嵌入槽内,四周压平后再敷上一层滑石粉,然后将换热片装上设备机架轻轻夹紧,待粘牢固后即可使用。

⑥使用前可先用清水循环试验,可能有轻微泄漏,当温度升到杀菌温度时,泄漏将自行消失。若泄漏仍不停止,可将压紧装置稍微压紧。如压紧后仍然有泄漏,则需将换热片拆卸,检查橡胶密封圈。

⑦使用中应保持蒸气压力稳定,以保证产品的质量。杀菌结束后,应用热水对杀菌装置进行清洗。

⑧设备停车时,首先关闭蒸汽总阀及热水泵,再关闭物料泵,最后关闭电源总开关。

1.4.2 管式超高温灭菌装置

管式换热器也广泛地应用于乳制品的巴氏杀菌和超高温杀菌中,与板式换热器不同的是管式换热器在产品通道上没有接触点,因此可用于处理含有一定颗粒的物料,颗粒的最大直径取决于管子的直径。但是从热传递的角度来看,管式换热器的传热面积小,传热效率没有板式换热器的传热效率高。在 UHT 处理中,管式换热器要比板式换热器运行的时间长。管式换热器包括两种类型,即中心套管式换热器和壳管式换热器。

1) 中心套管式换热器

中心套管式换热器的传热面,如图 1.23 所示,包含一系列不同直径的管子。这些管子同心安装在顶盖 1 两端的轴线上,管子通过两个 O 形环 2 密封在顶盖上,又通过一个轴向压紧螺母 3 将其安装成一个整体。两种热交换介质以逆流的方式交替地流过同心管的环形通道。最外侧的通道流过的是所提供的介质。顶盖的两端既是分布器,又是收集器。它将一种介质引入一组通道,又从另一端排出。波纹状构造的管子保证了两种介质的紊流状态,以实现最大的传热效率。可使用这种类型的管式换热器直接加热产品,进行产品热回收。

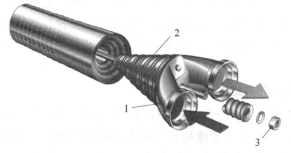

图 1.23　中心套管式换热器

1—顶盖;2—O 形环;3—末端螺母

2）壳管式换热器

壳管式换热器是指在两个同心通道之间密闭了一条环状的产品通道。壳管式热交换器是基于传统的列管式换热器的原理，其产品流过一组平行的通道，提供的介质围绕在管子的周围，通过管子和壳体上的螺旋波纹，产生紊流，实现有效地传热。该交换器的传热面是一组平行的波纹管或是光滑管。这些管子焊接在管板的两端，如图 1.24 所示。管板与出口的管壳通过一个双 O 形环密封 2。这种设计可以通过旋开末端的螺栓，将产品管道从管壳中取出，这部分是可拆的，以便于检查。活动头设计减缓了热膨胀的影响，而且还可将管壳中的产品管束进行不同的组合，以适应不同的应用场合。单管是指只有一个进口管允许粒径小于 50 mm 的颗粒物料通过。壳管式换热器非常适合用于高压、高温状况下的物料加工。在实际生产时，可根据需要将管式换热器组装成如图 1.25 所示的紧凑结构。

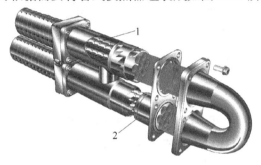

图 1.24 壳管式换热器的末端

1—被冷却介质包围的产品管束;2—双 O 形密封

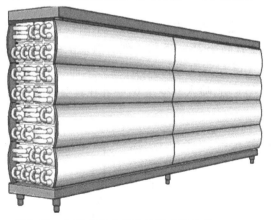

图 1.25 组装成紧凑结构的管式换热器

1.4.3 直接加热超高温灭菌系统

直接加热系统是指料液在最后的灭菌阶段与蒸汽在一定的压力下混合。在混合过程中，蒸气释放出潜热将料液快速加热至灭菌温度。直接加热系统加热料液的速度比其他任何间接加热系统都要快。为了达到与加热速度相同的冷却速度，灭菌后，料液经真空室去除水分，水分蒸发时吸收相同的潜热使料液瞬间被冷却。

根据牛乳与蒸气混合方式不同，可将直接超高温加热系统分为注入式和喷射式。其中注入式的基本原理是加压容器内充满了达到灭菌温度的蒸气,牛乳从顶部喷入通过蒸气层得到加热,蒸气随之冷凝,到底部时牛乳达到灭菌温度,此种直接加热方式称注入式,原理如图1.26(a)所示。生产时乳滴尺寸必须均匀,以保证换热均匀。

喷射式就是将高于产品压力的蒸汽通过喷嘴喷入产品中,使得蒸气冷凝放热,产品吸热后温度升高至所需温度,如图1.26(b)所示。

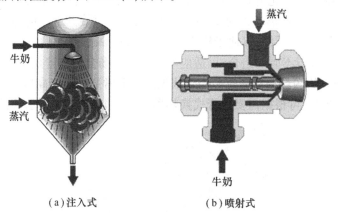

（a）注入式　　　　　　（b）喷射式

图 1.26　注入式和喷射式加热系统

蒸气喷射器是蒸汽喷射式系统的核心器件,蒸汽喷射器需满足以下3点要求:首先,能使蒸汽快速冷凝,并防止不冷凝蒸汽气泡进入保温管,导致传热效率降低。其次,应尽量降低料液与蒸气间的压力差;最后,蒸汽喷射器的设计必须尽量减少料液与蒸气间的间接传热。

如图1.27所示为直接蒸汽喷射式超高温加热杀菌装置工作流程图。原料乳通过第一预热器和第二预热器温度升高至75~85 ℃。然后由泵4将牛乳送入蒸汽喷射器5,并喷入0.9 MPa的高压热蒸气,牛乳与蒸汽进行直接传热,从而牛乳的温度瞬间升高至150 ℃左右。牛乳在管道保温2~3 s后,喷入真空室6,牛乳在真空室急剧蒸发,使牛乳温度迅速降

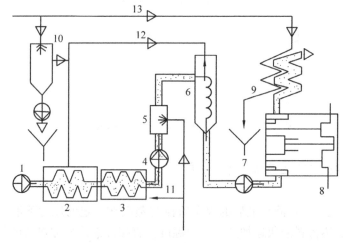

图 1.27　直接蒸汽喷射式超高温加热杀菌装置示意图

1—输送泵;2—第一预热器;3—第二预热器;4、7—乳泵;5—直接蒸汽喷射器;6—真空室;
8—无菌均质机;9—无菌冷却器;10—冷凝器;11—高压蒸汽;12—二次蒸汽;13—冷却水

至80℃左右。当牛乳与蒸气进行直接换热时,加热蒸气直接混入牛乳中使得水分增加,对料液产生冲击现象,从而给牛乳带来异味。但是随后牛乳进入真空室6中,牛乳瞬间闪蒸出大量水蒸气,牛乳又恢复到原来的浓度,由于水分汽化是吸热过程,因此牛乳的温度也急剧下降。同时真空也有脱臭作用,使牛乳的异味消除。在第一预热器对原料乳进行预热的热介质是真空室排出的二次蒸气,这样也提高了热能利用率。降温后的乳液由乳泵送至无菌均质机8均质,最后经无菌冷却器冷却至20℃以下,可直接进行无菌灌装。

1.5 真空浓缩设备

浓缩是从溶液中除去部分溶剂的单元操作,是溶质和溶剂均匀混合液部分分离的过程。蒸发浓缩在食品加工中应用最为广泛。例如,浓缩果蔬汁、炼乳和乳粉等食品的加工中真空浓缩设备是生产必需的设备。

在食品加工中,液体物料浓缩的目的主要是:减少干燥费用,如制造奶粉时,牛奶先经预浓缩至固形物45%～52%以后再进行干燥;增加物料的结晶;减少体积和质量从而减少贮藏和运输费用;降低水分活性,以增加食品的微生物及化学方面的稳定性,增加制品的保藏性;从废液中回收副产品。

1.5.1 真空浓缩设备的原理与分类

1)真空浓缩的原理

加热溶液时溶剂分子获得动能,当部分溶剂分子获得的能量足以克服分子间的吸引力时,溶剂分子会离开液面成为蒸气分子。蒸发浓缩过程的完成必须同时具备两个条件,首先热能的不断供给,以维持沸腾的温度、补充因溶剂汽化所带走的热量和设备消耗的热量等;其次溶剂蒸气的排除,保证水分迅速蒸发汽化,最终提高产品的浓度。如图1.28所示为蒸发的一般原理,通过热蒸气对间壁持续加热从而使另一侧的液体不断蒸发,实现浓缩操作。

若热能不间断供给,溶剂蒸气不断排除,则溶剂的汽化过程会持续进行。由于用于食品加工的液体原料及半成品含有大量水分,占原料的75%以上,而糖类、蛋白质、维生素等营养成分及风味物质仅占5%～10%,食品物料中的营养物质使得物料具有了热敏性、腐蚀性、黏稠性、结垢性、泡沫性和易挥发性等特点。因此,食品工业中广泛应用真空蒸发进行浓缩操作,即真空浓缩设备是在18～8 kPa的低压状态下,以蒸汽间接加热的方式对料液加热,使得物料在低温下沸腾蒸发,从而减少了对食品物料营养和风味等方面的影响。

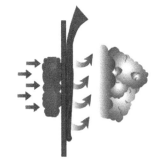

图1.28 蒸发的一般原理

2)真空浓缩设备的分类

真空浓缩设备的种类很多,一般有以下3种分类方式:

（1）根据蒸气利用的次数不同分类

根据蒸气利用的次数不同，可分为单效浓缩设备和多效浓缩设备。

所谓单效真空浓缩，就是二次蒸气直接冷凝，不再利用其冷凝热的蒸发浓缩操作过程，通常由一台浓缩锅和冷凝器及抽真空装置组合而成。料液进入浓缩锅后，加热蒸气对料液进行加热浓缩，二次蒸气进入冷凝器冷凝，不凝结气体由真空装置抽出，使整个浓缩装置处于真空状态。料液根据工艺要求的浓度，可间歇或连续排出。

多效真空浓缩则是将二次蒸气引到下一浓缩器作为加热蒸气，再利用其冷凝热的蒸发浓缩操作过程。常用的流程有顺流法（并流法）、逆流法、平流法及混流法。

（2）根据料液的流程不同分类

根据料液的流程不同，可分为单程式（料液经一次浓缩即出料）和循环式（包括自然循环和强制循环）。

（3）根据料液分布状态不同分类

根据料液分布状态不同，可分为薄膜式和非膜式。薄膜式就是将物料分散成薄膜状，蒸发面大，蒸发快。它分为升膜式、降膜式、升降膜式、片式、刮板式和离心式薄膜蒸发器。而非膜式浓缩设备蒸发时，料液在蒸发器内聚集，料液作翻滚和流动，形成大蒸发面。若在料液管路中流动，管路又分为盘管式浓缩器、中央循环管式浓缩器。

1.5.2　真空浓缩设备操作流程

1）单效真空浓缩设备操作流程

所谓单效蒸发，是指物料在蒸发室内蒸发，产生的二次蒸气不再加以利用直接送入冷凝器。如图 1.29、图 1.30 所示为料液单效蒸发流程图与外形图。料液经预热后加至蒸发

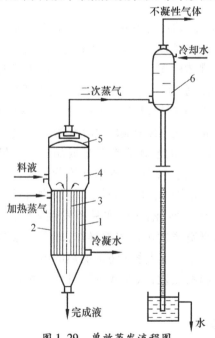

图 1.29　单效蒸发流程图

1—加热管；2—加热室；3—中央循环管；4—蒸发室；5—除沫器；6—冷凝器

图1.30 单效蒸发设备外形图

器,蒸发器的下部为加热室,由许多加热管组成,而加热管外是加热蒸气对管内料液进行传热,并使之沸腾汽化,水分不断蒸发,浓缩液从蒸发器底部排出。蒸发室在蒸发器的上部,汽化产生的蒸气在蒸发室和顶部的除沫器中将其夹带的液沫进行分离,然后送往冷凝器被冷凝除去。

2)多效真空浓缩设备操作流程

按照加料方式的不同,常用的流程有顺流法(并流法)、逆流法和平流法。

(1)顺流法

料液与加热蒸气流动方向相同,均由第一效顺序流至末效。如图1.31所示,蒸发室压力由一效至末效依次递减,由于压力差的存在,故料液在效间流动不需用泵输送。料液沸点依效序递降,因而当前效料液进入后效时便会发生闪蒸现象,产生更多蒸气。由于后效溶液浓度较前效大,且温度低,使传热系数降低。因此不适合成品黏度高的物料,但高浓度料液在低温下浓缩,对于热敏食品是有利的。

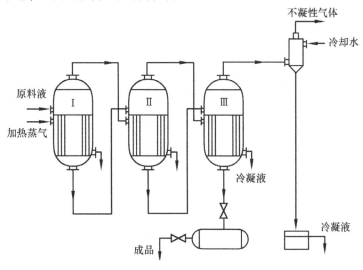

图1.31 顺流多效蒸发流程图

(2)逆流法

如图1.32所示,料液与蒸气进入浓缩装置的流动方向相反,即原料液由末效进入,依次由泵输送进入前效,最终成品由第一效排出。蒸气由第一效顺序送入末效,最后进入冷凝器。随着料液向前效流动,浓度越来越高,沸点也越来越高,故黏度增加并不十分显著。这有利于提高传热系数。但效间料液流动要用泵,与顺流法蒸发相比,水分蒸发量稍减。适宜处理黏度随温度和浓度变化较大的溶液,不宜处理热敏性物料。

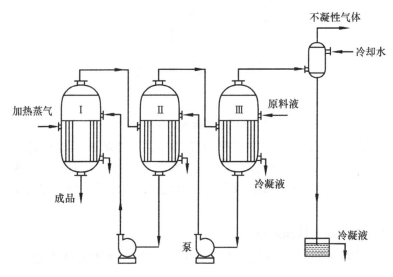

图 1.32　递流多效蒸发流程图

（3）平流法

如图 1.33 所示,平流法是将原料液同时加入每效,而浓缩液也每效各自排出。加热蒸气的流向仍是由第一效顺序流动至末效,蒸气的流向由第一效至末效依次流动。此流程适用于在蒸发过程中伴有结晶析出的溶液。

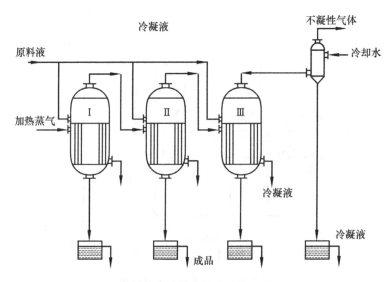

图 1.33　平流多效蒸发流程图

1.5.3　真空浓缩设备的结构与工作原理

1）升膜式真空浓缩设备

薄膜式浓缩器可使料液沿管壁或器壁分散成液膜流动,以增加蒸发面积,提高浓缩效率。常用的薄膜式浓缩器有升膜式和降膜式两种。

（1）主要结构与工作原理

升膜式浓缩器的结构如图1.34所示。它主要由加热器、分离器和循环管等部分组成。工作时,料液先预热至沸点或者接近沸点后,自加热器底部进入管内,其在加热管内的液位占全部管长的1/5~1/4。加热器由多根垂直管束组成。管径一般为30~50 mm,为使加热面供应足够成膜的气流,管长与管径之比应为100~150。加热蒸气在管间流动,将热量传给管内的料液。料液被加热沸腾后迅速汽化,进入管中间部开始产生蒸气泡,使料液产生上升力,所产生的二次蒸气在管内高速上升,将料液挤向管壁,料液呈薄膜状在管内上行。在减压真空状态下,二次蒸气上升速度可达100~160 m/s。料液被高速上升的二次蒸气带动,沿管内壁形成薄膜上升并不断被加热蒸发,料液从加热器底部至加热管顶部出口处逐渐被浓缩,到管顶部呈喷雾状,沿切线方向高速进入分离器,在离心力作用下与二次蒸气分离,二次蒸气从分离器顶部排出,浓缩液达到浓度要求从分离器底部排出。如若完成液未达到要求浓度可经循环管送回蒸发器底部重新进行蒸发。

升膜式浓缩器属于自然循环式浓缩设备。这种浓缩设备的主要优点是:设备占地面积小,管内静液面低,由静压头产生的沸点升高很小,提高了加热蒸气与料液间的温度差,增加了传热量,加快了蒸发速率;工作时料液沿管壁成膜状流动,进行连续传热蒸发,料液在浓缩器停留时间较短,适合于热敏性制品浓缩,相应缩短了料液受热时间,故蒸发时间短,为几秒至十余秒;由于料液在管内速度较高,适用于易起泡沫的物料。升膜式设备的不足有:料液薄膜在管内上升时要克服重力与管壁的摩擦阻力,故不适用于黏度大的物料。同时,由于加热管长,导致清洗不便。

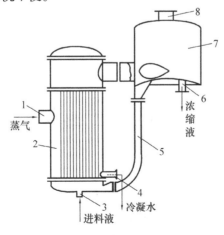

图1.34　升膜式浓缩器

1—蒸气进口;2—加热室;3—料液进口;4—冷凝水出口;5—循环管;
6—浓缩液出口;7—分离室;8—二次蒸气出口

（2）升膜式真空浓缩设备的操作与维护

①料液应先预热到沸点状态进入加热器内，以增加液膜比例，提高沸腾和传热系数；

②升膜式浓缩器使用时，要注意控制进料量，一般经过一次浓缩的蒸发水分量，不能大于进料量的80%。如果进料量过多，加热蒸气不足，则管的下部积液过多，会形成液柱上升而不能形成液膜，使传热效果大大降低。但如果进料量过少，会产生管壁结焦现象。

③开始工作时，先使料液自加热器底部进入，等料液喷出后即可稍开启加热蒸气阀，随后稍减少蒸气量。

2）降膜式真空浓缩设备

（1）降膜式真空浓缩设备的结构与工作原理

降膜式真空浓缩设备的结构如图1.35所示，它与升膜式浓缩设备基本相似，主要区别在于其加热器顶部有降膜分配器，其主要作用是使料液均匀分布于加热管内，并沿管内壁流动。工作时，料液从加热器的顶部加入，经分配器导流管分配进入加热管，在重力作用下，料液沿管壁呈膜状向下流动。蒸气在管外流动，对料液进行加热。料液在管内向下流动过程中气液混合物进入蒸发分离室后进行分离，二次蒸气由分离室顶部排出，浓缩液由底部排出。

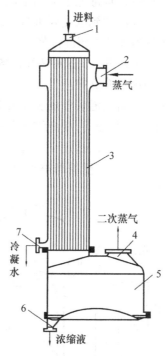

图1.35　降膜式浓缩设备

1—料液进口；2—蒸气进口；3—加热室；4—二次蒸气出口；5—蒸发分离室；

6—浓缩液出口；7—冷凝水出口

降膜式浓缩设备的优点有：占地面积小，传热效率高；料液在加热管表面形成膜状，传热系数高，并可避免泡沫的形成，适合于易产生泡沫的物料，由于料液受热时间短，有利于对食品营养成分的保护。但是由于降膜式浓缩设备进料时，料液由上管口进入，虽然每根管上端进口处装有分配器,但由于料液液位的变化,影响薄膜的形成及厚度的变化,甚至会使加热管内表面暴露而结焦,导致清洗困难,故不适合浓缩高浓度和黏度较高的物料。

为了使料液均匀分布于加热管内,并沿管内壁流动,在管的顶部或管内装有分配器。分配器对提高传热有明显作用,不但影响到设备的传热效果、蒸发能力和操作的稳定性,而且还会影响到产品的质量,其结构形式有多种。如图1.36所示为4种常用的料液分配器。

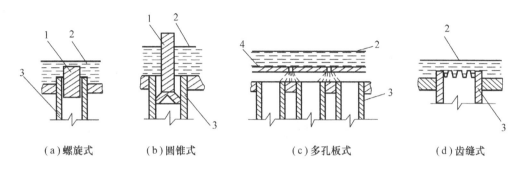

（a）螺旋式　　　　（b）圆锥式　　　　　（c）多孔板式　　　　　（d）齿缝式

图1.36　料液分配器

1—导流管;2—液面;3—传热管;4—分配板

①螺旋式。使液体沿管内壁周围均匀旋转而下,同时可增加流速,减薄加热表面的边界层,降低热阻,提高传热系数。

②圆锥式。在每一根加热管的上端管口插入一根底部内凹的圆锥形导流棒,棒底与管壁有一定的均匀间隙,液体在此均匀环形间隙中流入加热管内壁,形成薄膜,从而使料液分布均匀。

③多孔板式。即料液通过多孔的分配板上的小孔流下进入管内。

④齿缝式。具有锯齿形缘口的导流管,将加热管的上方管口周边切成锯齿形,以增加液体的溢流周边,同时由于加热管口高度一致,使液体沿周边均匀地溢流而下。当液位稍有变化时,不致引起很大的溢流差别,但当液位变化较大时,液体的分布不能控制均匀。

（2）真空浓缩装置

从产品产生的二次蒸气被压缩,用作加热介质,这样也可提高蒸发器的热效率,一般压缩二次蒸气的方法有两种,即蒸气喷射再压缩法（即热再压缩法）和机械再压缩法。蒸气喷射再压缩是利用热压缩器混合生蒸气和从产品中出来的二次蒸气,并把混合物压缩到较高的压力。多效蒸发器与热压缩器共同使用可以使热效率达到最高。机械再压缩蒸发是利用机械压缩机的绝热压缩实现热效率的提高,压力的增加是通过机械能驱动压缩机来完成的。在机械式蒸气压缩过程中,所有的蒸气在蒸发器里循环,从而能高度回收热能。

如图1.37所示的是同时带机械压缩机和热压缩机的三效蒸发器。压缩蒸气从压缩机1回到一效蒸发器加热产品,从一效出来的蒸气用来加热二效的产品,从二效出来的蒸气用来加热三效的产品,以此类推。压缩机1把从三效分离器出来的二次蒸气压力从20 kPa升高到32 kPa,把温度从60 ℃提高到71 ℃。71 ℃的温度在一效蒸发器里不足以消毒产品,因此,实际生产中需要在一效前面安装热压缩器10以提高蒸气温度。机械式压缩法所用的压缩机可以是正位移式或离心式,对于中小型设备宜采用罗茨式压缩机。

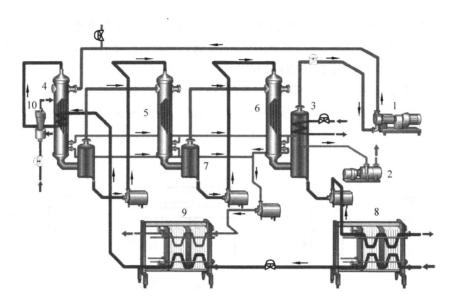

图 1.37　带机械式蒸气压缩机的三效蒸发器

1—机械压缩机;2—真空泵;3—机械式蒸气压缩机;4—第一效;5—第二效;6—第三效;

7—蒸气分离器;8—板式换热器;9—板式换热器;10—热压缩器

（3）降膜式真空浓缩设备操作与维护

①降膜式真空浓缩设备使用前,应检查设备安装的正确性、精密度和蒸发器体的垂直度。若降膜管与水平面不垂直,就会引起偏流,使降膜管内形成的液膜厚度不均匀,出现焦管现象。

②先开启真空泵及冷凝水排出泵,并输入冷却水。

③开启进料泵,使料液自加热器顶部进入,当分离器切线口有料液喷出时,可开启加热蒸气,必要时还需进行压气。

④当蒸发开始或操作正常后,开启热压泵,待浓度达到要求,即可开始出料。

⑤生产过程中不能随意中断生产,否则容易结垢或结晶,发生焦管现象。由于加热管较长,如有结焦则清洗困难,不适宜于浓度高、黏度大的物料。

3）板式真空浓缩设备

（1）板式真空浓缩设备的主要结构与工作原理

板式蒸发器如图 1.38 所示,主要由板式换热片、分界板、导杆、压紧板、支架、压紧螺杆、密封垫圈及温度控制装置等部分组成,也是一种薄膜蒸发器。其中,板式换热片用不锈钢冲压而成,其上具有许多花纹,板厚 1～1.5 mm,片的四周用橡胶垫圈密封,同时片与片之间形成流体的通道,分别相间隔地流动着蒸气与料液,通过金属板进行热交换,将物料加热蒸发。一般由 4 片传热板组成一组,即每组由蒸气段—物料升膜段—蒸气段—物料降膜段组成。

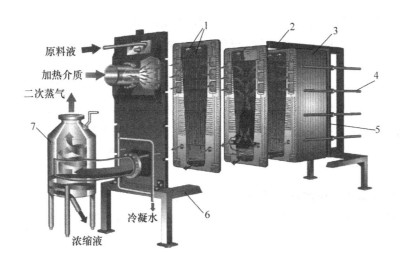

图 1.38　单段板式蒸发器

1—分配管的喷头;2—导杆;3—板式换热片;4—压紧螺杆;5—压紧板;6—支架;7—蒸气分离器

板式浓缩设备工作时的蒸气与料液流动方向如图 1.39 所示。加热板 4 片一组,料液由泵强制通入加热器体,料液在片 1 与片 2 之间上升呈升膜流动,然后从片 3 与片 4 之间下降呈降膜流动。而加热蒸气则在片 2,3 和 1,4 之间流动冷凝,蒸气将热量通过片壁传递给料液,料液吸收热量后变为二次蒸气与浓缩液,一起进入底部通道,引入蒸发分离器进行分离。板组的数目可以视生产的需要而变动。离开板组的气液混合物进入蒸气分离器分离。

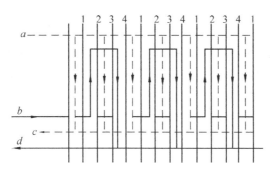

图 1.39　蒸气与物料流动方向

a—蒸气;b—进料;c—冷凝水;d—二次蒸气与浓缩引向分离器

板式浓缩器的优点是:结构紧凑,节省材料。由于流体在板间形成湍流,热阻小,故板式浓缩设备传热系数高,热效率高。同时,加热面积可随意调整来满足不同的生产能力的需要。易实现自动化连续生产,便于清洗。板式蒸发浓缩设备的造价也较为便宜,而且其生产成本也比其他换热器低得多。但是板式蒸发器的使用有局限性,由于换热片之间是由密封垫片密封,因此需要经常拆卸和清洗,容易造成泄漏、脱垫、伸长变形、老化和断裂。同时,操作温度、压力也受到限制。

(2)板式浓缩设备的使用与维护

①按照要求进行组装。安装前将板片处理干净,检查密封垫圈是否完好,按顺序悬挂,

保证孔对正,板片均匀压紧,一般压紧至规定尺寸,以不泄漏为宜,不宜压得过紧。设备必须调整水平,否则会使料液不能均匀分布于板片表面,影响正常加热,甚至造成加热表面结焦。

②使用前,要进行试压和消毒,检查有无泄漏,然后通入高压蒸气消毒。

③正常工作中,应控制好压力和流量,开始时,输出的流体温度可能不符合要求,待温度正常后,方可投入运行。运行中维持适当的压力和流量,减少波动。

④停车时,应先停止高温流体的流动,再停止低温流体的流动,直到换热器内的流体流尽。

⑤生产完毕需根据生产物料性质进行彻底清洗。

⑥定期检查各传热板的几何尺寸及清洁情况,同时检查各密封垫圈的密封性能,密封垫圈应定期进行更换。

1.5.4　浓缩附属设备

真空浓缩装置的附属设备主要包括:气液分离器、蒸气冷凝器及抽真空系统。

1)气液分离器

气液分离器也称捕集器、捕沫器、除沫器等。一般安装在浓缩装置的顶部或侧部。其功用是将蒸发浓缩过程中夹带的细微液滴与二次蒸气分离,减少料液的损失,同时防止管道及其他浓缩器加热面的污染。气液分离器有惯性型分离器、离心型分离器和表面型分离器等类型。

(1)惯性型(碰撞型)气液分离器

惯性型气液分离器的结构如图1.40(a)、(b)所示。其工作原理是:在二次蒸气流经的通道上设置若干挡板,使带有液滴的二次蒸气通过时多次突然改变流动方向,并与挡板碰撞,液滴惯性大,在突然改变方向时,碰撞在挡板上,沿挡板流下从而与气体分离。为了提高分离效果,一般惯性型气液分离器的直径比二次蒸气的直径大2.5~3倍时效果较好,但阻力损失却较大。

(2)离心型气液分离器

离心型气液分离器的形状结构如图1.40(c)所示。带有液滴的二次蒸气沿分离器内壁切线方向进入,气液混合物作回转运动,液滴在离心力的作用下被甩至分离器的内壁,并沿内壁流下至蒸发室。二次蒸气由顶部排出,在蒸气速度较大时操作性能较好。

(3)表面型(过滤型)气液分离器

表面型气液分离器的结构如图1.40(d),(e)所示。二次蒸气通过分离器中的多层金属网或磁圈等结构,从而液滴黏附在其表面而二次蒸气则可通过,从而达到分离的目的。其特点是气流速度小,阻力损失小,但缺点是由于填料及金属网不易清洗,因此在食品工业中应用不多。

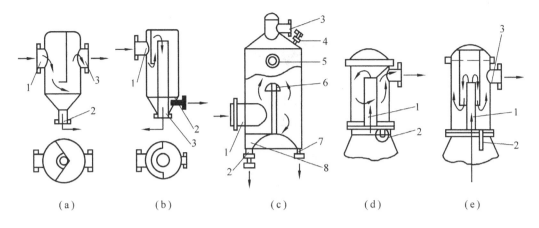

图 1.40　气液分离器

(a),(b)惯性型气液分离器　(c)离心型气液分离器　(d),(e)表面型气液分离器

1—蒸气进口;2—料液回流口;3—二次蒸气出口;4—真空解除阀;5—视孔;

6—折流板;7—排液口;8—挡板

2)冷凝器

冷凝器的主要作用是将真空浓缩所产生的二次蒸气进行冷凝,并将其中的不凝气体(如空气、二氧化碳等)分离,便于抽真空装置抽出,以减轻抽真空系统的容积负荷,并保证工作所需的真空度。冷凝器按冷凝方式可分为表面式和接触式冷凝器。其中,表面式即蒸气与冷水不直接接触,即间壁式换热器。一般情况下,除非冷凝液具有回收价值,否则冷却水的使用是不经济的,故这种形式使用较少。而接触式又称混合式,蒸气与冷水直接混合。由于该种形式结构简单,传热效率高,较为经济,因此,蒸发操作中常采用这种汽液直接接触的冷凝器来冷凝二次蒸气。下面就介绍较为常用的直接接触式冷凝器。

(1)水力喷射器

水力喷射器主要由喷嘴、吸气室、混合室和扩散室等部分组成,兼有冷凝和抽真空两种作用。如图 1.41 所示,其中喷嘴是水力喷射器的关键零件,喷嘴的大小与冷凝器的冷凝能力、吸入冷水的水质有关。工作时,由离心泵将水压入喷嘴,由于喷嘴处的断面积突然变小,水流以高速从喷嘴处射出,射入混合室及扩散室,这样,在喷嘴出口处便形成负压区,不断将二次蒸气吸入,由于二次蒸气与冷却水间有温差,二次蒸气与冷水进行热交换,二次蒸气凝结为冷凝水,同时夹带不凝性气体,随冷水一起排出,这样既达到冷凝效果,又可起到抽真空的作用。

喷嘴排列是否恰当,对抽气效果有很大影响。喷嘴的大小与冷凝器的冷凝能力以及吸入冷水的水质有关。当水质较好、冷凝能力较小时,可采用直径较小的喷嘴,反之应采用直径较大的喷嘴。一般喷嘴以一定倾斜角度,按同心圆排列 1～3 圈,喷嘴直径以 16～20 mm 为宜。喉部直径大小与操作要求的真空度有关,通常喉部截面积与喷嘴出口总截面积之比为 3～4。为避免高压水流的冲击,在吸气室内装有导向盘,可起到缓冲和分配水流的作用。

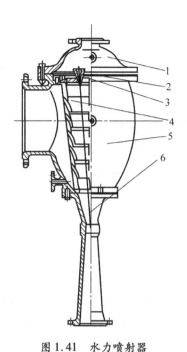

图 1.41 水力喷射器

1—顶盖;2—喷嘴;3—喷嘴托板;4—导向盘;5—喷射器体;6—扩散管

（2）孔板式冷凝器

孔板式冷凝器如图 1.42(a)所示。其中,装有若干块淋水板,每个淋水板上均匀地钻有很多小的淋水孔。淋水板交替放置,冷却水自上方引入,顺次经板孔顺流而下,形成雨滴滴下,同时还经淋水板边缘泛流而下。蒸气则自下方进入,与冷却水逆流接触而被冷凝。进入的冷却水与蒸气进行热交换后,从下方尾管排出。不凝结气体和水气混合物自上方排出。

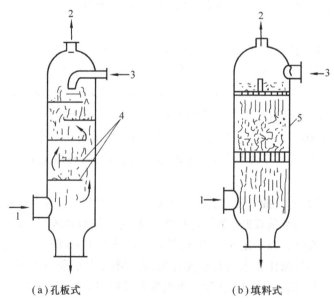

(a)孔板式　　　　　　　(b)填料式

图 1.42 混合式冷凝器

1—冷水入口;2—不凝气体排出口;3—蒸气入口;4—孔板;5—填料

（3）填料式冷凝器

如图 1.42(b)所示，冷却水从上部喷淋而下，与上升的蒸气在填料层内接触。填料层由许多空心圆柱形的填料环或其他填料充填而成，形成两种流体的接触面。不凝结气体则由顶部排出，混合冷凝后的冷凝水由底部引出。

3）真空装置

抽真空装置主要作用就是抽取不凝结气体，降低浓缩锅内的压力，保证整个浓缩系统处于真空状态。从而使料液在低温下沸腾，有利于提高食品的质量。浓缩装置中的不凝结气体主要来自于溶解在冷却水中的空气、料液受热后分解出来的气体、设备泄漏进来的气体等。常用的真空装置有水环式真空泵、往复式真空泵及喷射式真空泵等。这里简单介绍常用的水环式真空泵的工作原理。

水环式真空泵其主要结构是由泵体、叶轮和泵壳组成的工作室。叶轮呈放射状均匀分布，偏心安装于工作室内。开机前先向泵内灌入一半的水（见图 1.43），当叶轮高速旋转时，泵内的水被甩至工作室内壁形成一个旋转水环，水环外部表面与泵壳相切。沿箭头方向旋转的叶轮在前半转中，水环的内表面逐渐向外移动与轮毂逐渐分开一定距离，叶片与水环间空隙逐渐扩大形成真空，因此，从镰刀形吸气口中气体被吸入。当在后半转中，旋转水环内表面逐渐与轮毂接近，叶片间空隙逐渐减小，抽进的气体被压缩并从另一侧镰刀形排气口中排出。叶轮每转一周，两个叶片间的容积周期性的改变一次，从而可以连续不断地抽吸和排出气体，达到抽真空的目的。

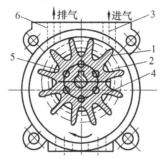

图 1.43　水环式真空泵

1—叶轮；2—水环；3—进气管；4—吸气口；5—排气口；6—排气管

水环式真空泵结构简单，易于制造，操作可靠，转速较高，可与电动机直联，内部不需润滑，可使排出气体免受污染，排气量较均匀，可用来抽吸空气和其他无腐蚀性、不溶于水的气体，工作平稳可靠。但因高速运转，水的冲击使叶轮与轮壳磨损，造成真空度下降，需经常更换零件。

1.5.5　真空浓缩设备的常见故障及排除

1）真空度过低

真空度过低使浓缩液的沸点和二次蒸气的温度升高，传热量减少，蒸气蒸发速度减缓，料液加热温度升高，影响有效成分的保存。

原因分析：浓缩设备泄漏，各连接件泄漏渗入空气，空气渗入使真空设备增加了额外负

担;冷却水量不足,二次蒸气不能及时冷凝;冷却水的进水温度过高,浓缩加热产生的大量二次蒸气不能及时得到冷凝;加热蒸气压力过高使浓缩设备蒸发速率迅速升高,产生了大量的二次蒸气,使真空度逐步降低;真空设备有故障,用于浓缩生产的真空泵有故障使抽气速率下降。

排除办法:检查浓缩设备各连接件是否有泄漏;检查冷却水泵;检查管道是否堵塞、阀门是否损坏;降低冷却水温度;降低加热蒸气压力,减少加热蒸气流量;停车检查真空设备;若使用水力喷射器,查看喷嘴是否阻塞。

2) 真空度过高

原因分析:浓缩设备冷却水的进水温度过低;由于加热蒸气使用压力过低或者蒸气流量不足,使蒸发速率大大降低;分离室故障,或加热蒸气品质差,蒸气管道保温不良,会使加热器内出现积水,使真空度过高;加热器故障;加热器表面的严重结焦,使蒸发速率降低。

排除方法:增加冷却水的进水温度;适当增加加热蒸气压力或者提高蒸气流量;选择适当的汽水分离器,检查分离器是否堵塞;保证加热蒸气品质和蒸气管道保温效果;尽量避免加热器表面的结焦,及时清理。

3) 冷却水倒灌入浓缩设备

原因分析:设备突然停止运行、突然停电使锅内真空度高于真空系统;操作失误未按正常顺序操作;真空设备故障,真空设备的突然故障使真空系统抽气速率突然急剧下降。

排除方法:突然停机时,及时关闭蒸气,防止锅内真空度过高;应按正常顺序进行开机和停机操作;若真空设备突然故障,及时调整锅内真空度。

4) 加热器表面结焦

原因分析:进料量过少或蒸气温度、压力过高,加热表面未被物料全部浸没而即开启蒸气阀门,使加热表面裸露而结焦;当运行中供料中断以及生产过程中加热蒸气压力、温度的突然升高或者操作条件的突然变化;不按停车顺序进行操作;停车时未先关闭加热蒸气阀门而先破坏真空,使物料液位下跌,造成加热面裸露而结焦。

排除方法:待加热表面被物料全部浸没后再开启蒸气阀门;停车时先关闭加热蒸气阀门再先破坏真空;运行中维持供料稳定,生产过程中确保加热蒸气压力、温度维持稳定。

5) 跑料

原因分析:启动操作时一次进料量过多,使分离器内料液液位过高,造成压气操作困难而易产生跑料;实际操作中真空度过高或者真空度突然升高;间歇操作浓缩设备底部或者升(降)膜式浓缩设备底部泄漏,使料液跳动严重而外溢;连续式设备中出料突然中断,会使料液液面上升而产生跑料。

排除方法:在正常操作中,进料量不应大于出料量和蒸发水分之和;真空度维持在适当水平,避免波动;维持出料通畅。

1.6 喷雾干燥设备

喷雾干燥是利用雾化器将溶液、乳浊液、悬浊液或含有水分的膏糊状物料在热风中喷雾成细小的液滴,在液滴下落的过程中,水分被蒸发而成为粉末状或颗粒状的产品。喷雾干燥广泛应用于奶粉、蛋类、咖啡、香辛料的浸出液加工,而且,在果蔬汁、合成食用香料、油脂、酱油以及很多液态食品粉末化生产中也广泛应用。

1.6.1 喷雾干燥基本原理

喷雾干燥是使物料在机械力的作用下,用雾化器雾化成直径为 $10\sim100~\mu m$ 的雾滴,从而增大制品的表面积,每升乳液经雾化后,其表面积可达到 $100\sim600~m^2$,并与干燥介质充分接触,使物料中的水分瞬间蒸发,从而迅速脱水干燥,经 $15\sim30~s$,就可得到符合要求的粉状、颗粒状干制品。

喷雾干燥可分为3个过程:首先,使物料分散为细小的雾滴,将洁净的干燥空气,由加热器加热到 100 ℃以上吹入干燥室中,同时将经浓缩的原料送至干燥室内的雾化器进行雾化。然后,使雾滴与干燥介质充分接触,物料中的水分迅速蒸发,液体小雾滴瞬时变为固体小颗粒。最后,将干燥后的小颗粒与干燥介质充分分离,在干燥过程中被废气夹带的微粉可通过分离装置回收。

喷雾干燥前,根据原料性质和对产品的要求不同,原料需进行适当预处理。例如,若物料含水量大,应先进行浓缩处理;原料若为悬浮液,喷雾时需搅拌均匀,滤去悬浮杂质,等等。适当的预处理可节省能源,提高产品质量。

1.6.2 喷雾干燥典型工艺流程

喷雾干燥典型工艺流程如图 1.44 所示。物料首先由泵泵入塔顶内部的雾化器,雾化后与同时进入的热风进行充分的热交换,雾滴在干燥室内与热空气相遇,以并流方式自上而下运动,水分蒸发。颗粒落入塔底的锥形部分,由星形阀排出干燥塔。

工作时,新鲜的空气经空气过滤器除去杂质后,被进风机送入空气加热器加热至 130~160 ℃,送到热空气分配室,经塔顶的热风分布器均匀的吹入塔内,与雾化器形成的雾滴进行充分的热交换,蒸发出来的水蒸气及热风形成废气,带着细粉的废气进入旋风分离器,细粉被旋风分离器回收,废气通过排风机排出。由旋风分离器回收的细粉经下部的鼓形阀排出。

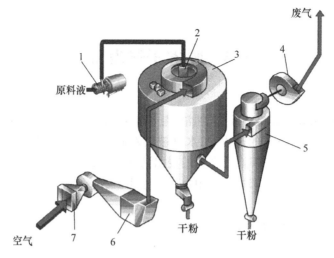

图 1.44　喷雾干燥设备流程

1—高压泵;2—雾化器;3—干燥室;4—风机;

5—旋风分离器;6—空气加热器;7—空气过滤器

1.6.3　喷雾干燥设备的主要结构

喷雾干燥系统根据工艺的需要,喷雾干燥系统的组成会有一些不同,但其基本组成为雾化系统、送风系统、干燥室、产品收集系统、废气排放及微粉回收系统、系统控制装置及废热回收装置。

1)雾化器

雾化器的作用就是将料液稳定地喷洒成细小且均匀的雾滴,并使其均匀地分布于干燥室的有效部分,与热空气保持良好的接触。喷雾干燥时,要求雾滴不发生相互碰撞,也不喷至干燥室内壁面。由于雾滴表面积越大,干燥速度就越快,因此,雾化器是喷雾干燥设备保证产品质量、提高干燥效率的关键部件。食品工业中,物料微粒化方法依据雾化器的形式主要有两类,即离心雾化器和压力雾化器。其工作状态如图 1.45 所示。

(1)压力雾化器

压力雾化器是利用高压泵(2 ~ 20 MPa)给予料液静压能,将料液以一定的速度送入雾化室,在雾化室内,料液在压力的作用下,沿切线方向进入喷嘴旋转室,经涡旋室、孔板或旋转斜槽等装置,这时,液体的部分静压能转化为动能,使料液得以加速,产生强烈的旋转运动,最后由喷孔高速喷出。并且料液越靠近轴心,旋转速度越大,结果在喷嘴中央形成一股压力等于大气压的空气流,而液体则形成旋转的环形薄膜从喷嘴喷出。液膜伸长变薄,以高速与空气发生摩擦,最后分裂为小雾滴,这样形成的液雾为空心圆锥形。

一般喷雾压力越高喷孔孔径越小,则喷出的雾滴越小,反之则雾滴越大。雾化效果取决于湍流速度,影响因素有液流压力、流速、喷嘴形状及物料特性。雾滴的分散度与料液的性质及喷孔直径成正比,与流量成反比,并与喷嘴的内部结构有关。目前我国广泛应用的压力雾化器有 M 型和 S 型两种。

（a）离心雾化器　　　　　　　　　　（b）压力雾化器

图 1.45　雾化器工作状态

①M 型压力雾化器

M 型雾化器的结构如图 1.46（a）所示。它主要由涡流板、喷头等组成。喷头内镶入人造红宝石喷嘴。在喷头上有导流沟，导流沟与涡流板上的切向通道相通，导流沟的轴线垂直于喷头轴线，但不与之相交，以增加喷雾时溶液的湍流度。高压料液进入雾化器，经涡流板上的小孔进入导流沟，沿切线方向进入喷嘴内，产生强烈的旋转运动，呈环形薄膜从喷头以高速喷出。喷出的锥形液膜与空气发生摩擦碰撞，液膜被撕裂成细小雾滴，进入干燥塔内便瞬间干燥。M 型雾化器的流量大，适用于生产能力较大的干燥设备。

②S 型压力雾化器

S 型雾化器的结构如图 1.46（b）所示。它不设分配板，由喷头座、涡流芯等组成。在涡流芯上有两条导流沟，导流沟的轴线与涡流芯的轴线成一定的角度，喷心与喷嘴之间形成旋转室，进入导流沟的料液作螺旋运动，喷孔直径一般为 0.5~1.4 mm。

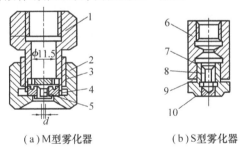

（a）M 型雾化器　　　　　　　（b）S 型雾化器

图 1.46　雾化器

1—管接头；2—喷头帽；3—涡流板；4—喷头；5—人造红宝石喷嘴；
7—喷头座；8—涡流芯；9—垫片；10—喷孔

（2）离心雾化器

离心雾化就是将料液注入一水平方向作高速旋转运动的圆盘，使料液在离心力的作用下被高速甩出，形成薄膜、细丝或液滴。被甩出的料液，同时与干燥塔内的热气流相互接触、摩擦并产生撕裂等作用而使料液形成雾滴，使物料雾化。料液的物性、流量、离心盘直径及转速等因素都会影响雾化的效果。

离心雾化器主要有光滑盘离心雾化器和叶轮式离心雾化器两种，如图 1.47 所示为常用的不同形式的离心雾化盘。食品工业上常用的光滑圆盘离心雾化器有碟式、僧帽式、碗式及多层式，如图 1.48 所示。此光滑圆盘离心雾化器的圆盘为平的光滑表面。故当高速转动时，料液在盘面上会发生较大的滑动，影响雾化效果。因此，这类光滑圆盘雾化器一般适合于物料进料率低、生产颗粒粗的场合。

图 1.47　各种形式的离心雾化盘

叶轮式离心雾化器主要有曲叶板式、辐射叶板式、沟槽式、插板式,如图 1.49 所示。这种喷雾方式料液与叶轮的通道接触,在雾化盘上就不会像光滑盘那样发生滑动,避免物料横向流动,被雾化的料液滴较为均匀。但由于喷嘴直径较细,易出现堵塞现象。

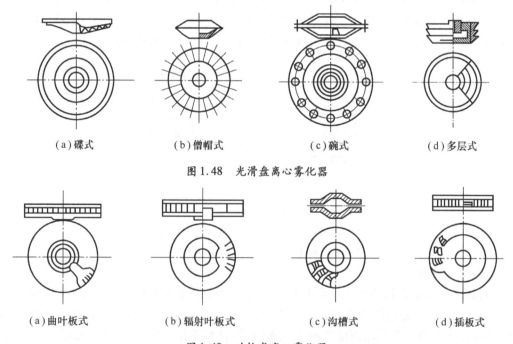

(a)碟式　　　　(b)僧帽式　　　　(c)碗式　　　　(d)多层式

图 1.48　光滑盘离心雾化器

(a)曲叶板式　　　(b)辐射叶板式　　　(c)沟槽式　　　(d)插板式

图 1.49　叶轮式离心雾化器

2)干燥室

雾化干燥室是热空气与被干燥的料液进行热和质交换的场所,要求具有足够的空间,以保证空气及物料在干燥室内停留的时间,保证制品的含水量达到生产工艺的要求,又不致受热过度或产生黏壁等现象。干燥塔分为箱式(卧式)和塔式(立式)两大类,塔式干燥室的塔底分为锥底、平底和斜底 3 种结构。一般为塔式干燥室,用厚度为 2.5~3 mm 的不锈钢焊制而成。使用绝热材料如硅藻土、泡沫塑料等轻质材料进行保温。

热风在干燥室内的分配要合理,保证热风和物料的有效混合,从而保证产品的质量。根据物料与干燥介质在干燥塔内运动方向不同可分为 3 种类型,即并流型、逆流型和混流型。

(1)热风与物料颗粒的运动形式

①并流干燥法

并流型雾化干燥设备如图 1.50(a)所示。料液雾滴与进入干燥室内的干燥介质的运动方向一致。因入口处的料液含湿量高,尽管与高温的热风相接触,其热量都供给水分蒸发了,液滴表面温度接近湿球温度,故不会使被干燥物料出现焦化而影响产品质量。较适宜于热敏性物料的喷雾干燥,是乳品干燥中的主要类型。

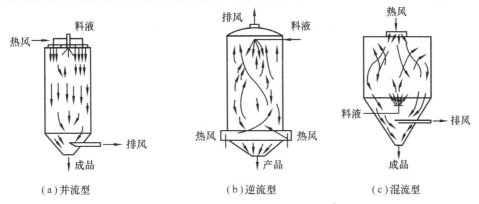

(a)并流型　　　　　　(b)逆流型　　　　　　(c)混流型

图 1.50　热风与雾滴的流动形式

②逆流干燥法

如图 1.50(b)所示为逆流型雾化干燥设备。与并流干燥法相反,料液雾滴与干燥介质的运动方向相反。物料从上往下喷,热风由下往上吹,两者呈逆流接触。因液滴在水分少的时候与高温空气接触,从而干燥速度慢。即将完成干燥的物料的水分含量进一步排除,较适宜含湿量较高的物料,干燥的体积质量较大,空心、结皮倾向小。但是容易使产品过热焦化,所以不适宜热敏性物料,乳品工业中应用较少。

③混流干燥法

如图 1.50(c)所示为混流型喷雾干燥设备。料液雾滴与热风的运动方向呈不规则状况,二者的运动轨迹呈紊乱状态。雾滴与热风充分接触,干燥效率较高,塔内温度分布较均匀且较低,可用于含油量高的制品,如椰奶粉和稀奶油粉。但若控制不好,干燥塔内会产生涡流现象,造成产品黏壁。

(2)空气分配器

为了使气流有规则地流动,并与雾滴有效混合。热空气进入干燥室前,应用空气分配器进行整流处理。空气分配器的作用是使进入干燥室后的热风在室内分配均匀不产生涡流,使热风与雾滴能充分地进行热交换。因此热风分配器的好坏直接影响产品的质量好坏,良好的热风分配器的主要作用是使气-液两相充分接触,混合良好,使气体分布均匀。

热风速度在设计上一般以 6~10 m/s 进入干燥室,经空气分配器均匀分配后,干燥室

内风速应为 0.2~0.5 m/s 为宜,排风速度为 5~8 m/s 为宜。

当采用压力喷雾方式时,常见的热风分布为直线运动分风形式;而采用离心喷雾时,热风的分布为螺旋分风形式。这种形式可很好地控制雾滴的径向运动轨迹,此分配器装有冷风圈,可防止塔顶的进风处产生焦粉,其结构如图 1.51 所示。

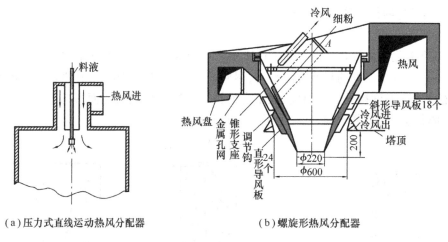

(a)压力式直线运动热风分配器　　　　(b)螺旋形热风分配器

图 1.51　空气分配器结构

1.6.4　其他附属设备

喷雾干燥系统的其他附属设备主要有空气过滤器、空气除湿器、空气加热器、鼓风机及除尘装置等。

1)空气过滤器

用于生产食品的喷雾干燥设备所使用的热空气必须是洁净空气,而一般室外空气会含有二氧化硫、一氧化碳等有害气体以及其他粉尘等杂质,若使杂质混入成品会造成极大的危害。因此所使用的空气须经过滤净化处理。

空气过滤器的框架是由 1~2 mm 厚的钢板构成的,中间装厚约 100 mm 的过滤层,滤层可定期拆下清洗。滤层材料一般选用不锈钢丝绒或尼龙丝绒,并且喷以无味、无毒、挥发性低、化学稳定性高的轻质油。当空气通过空气过滤器时,其杂质即被挡在滤层中或被油膜吸附于滤层中。

2)空气除湿器

当进入干燥塔的空气特别是进入流化床的空气含湿量较大时,会造成物料返潮,必须对空气进行除湿。除湿器壳内装有管道,管道内流动有冷水或冰水,壳腔直接与空气过滤器相连,进来的空气与壳腔内的冷介质进行热交换,使空气冷却到 0 ℃以下,从而使空气所含湿气冷凝,进入的空气湿度降低,这样处理可以尽量减少返潮现象的发生。

3)空气加热器

来自空气过滤器的洁净空气在进入干燥室之前需要进行加热,使空气的温度升高至

140～180 ℃后通入干燥室。空气加热方法有直接加热和间接加热两种方法。目前,我国的喷雾干燥设备多数使用间接加热法加热空气,即用水蒸气间接加热。加热器内排列有多块紫铜管或钢管制成的蒸汽散热排管,管外有翅片,可起到增加传热效果的作用,翅片与管接触良好,空气从翅片深处穿过,从而对流过加热器的空气进行换热。

4)鼓风机

喷雾干燥系统中的热空气需要靠风机的作用,使热空气在整个系统中流动。喷雾干燥设备需要用两台风机来完成,一台是送风用的鼓风机,另一台则设在分离器后面进行排风。在选择风机时,应根据喷雾干燥设备蒸发水分的能力来确定风量。进风机应考虑增加10%～20%的风量,排风机应增加15%～30%的风量。一般情况下,排风机的风量较进风机风量大20%～40%。这样可保证塔内具有一定的负压,塔内负压在100～200 Pa较合理。

5)除尘装置

工作时,当干燥塔内风速大于0.5 m/s时,约有40%的细粉粒难以沉降,且易被废气带走,因此应设置分离装置对细粉粒进行回收,一般由粉尘回收装置分离的产品可达总产量的25%～40%。这样既可提高制品的得率,还可防止大气污染,净化环境空气。

常用除尘器有旋风分离器、布袋过滤器以及湿式除尘器等。其中,旋风分离器的分离原理如图1.52所示。含粉尘的气体以较高的速度沿切线方向进入旋风分离器,在外筒与排气管件之间形成旋转向下的外旋流,到达锥底后,以相同的旋转方向折转向上,形成内旋流,到上部后通过中心伸进来的圆筒形排气管排出,颗粒在旋转的气体中运动,受到离心力作用向器壁方向移动,沿内壁下落到排出口排出。

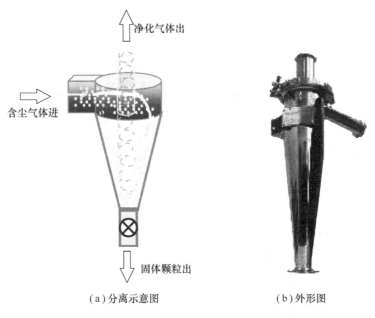

(a)分离示意图　　　　　　　　(b)外形图

图1.52　旋风分离器示意图

1.6.5 喷雾干燥设备的操作与维护

1）喷雾干燥设备的操作

（1）生产前准备

①所有管道及干燥塔在安装联接时首先应清理及清洗一遍，各联接处是否装好密封材料，然后将其联接，避免未经加热的空气进入干燥室。

②门和观察窗是否关上并检查是否漏气。旋风分离器底部的授粉筒在安装前应检查是否密封。授粉筒必须清洁和干燥。

③检查进料泵的连接管道是否接好，电机与泵的旋转方向是否正确。

④干燥室顶部安放喷雾头处是否安装好，以免漏气。

（2）开机

①首先开启离心风机，然后开启加热器，并检查是否漏气，如正常即可进行预热，因热风预热决定着干燥设备的蒸发能力，在不影响被干燥物料质量的前提下，应尽可能提高进风温度。

②预热时干燥室顶部安放雾化器处，干燥室顶部和旋风分离器下料口处必须密封，以免冷风进入干燥室，降低预热效率。

③当干燥室进口温度达到设定温度时，开启离心喷头，当喷雾头达到最高转速时，开启进料泵，加入清水喷雾 10 min 后更换成料液，进料量应由小到大，否则将产生黏壁现象，直到调节到适当的要求。料液的浓度应根据物料干燥的性质来配制，以保证干燥后成品有良好的流动性。

④干燥成品的温度和湿度取决于排风温度，在运行过程中，保持排风温度为一个常数是极其重要的，这取决于进料量的大小，下料量稳定，出口温度是比较稳定的。若料液的含固量和流量发生变化时出口温度也会出现变动。

⑤产品温度太高，可减少加料量，以提高出口温度，产品的温度太低，则反之。对于产品温度较低的热敏性物料可增加加料量，以降低排风温度，但产品的温度将相应提高。

⑥干燥后的成品收集。在旋风分离器下部的授粉器内，未经充满前就应调换，在调换授粉器时，必须先将上面的碟阀关闭方可进行。

⑦若干燥的成品具有吸湿性，旋风分离器及其管道，授粉器的部位应用绝热材料包扎，这样可以避免干燥成品的回潮吸湿。

（3）停车

①关闭电加热器和蒸气加热器。

②关闭压料罐进气电磁阀，同时卸压，停止喷料。

③清扫塔壁时，打开人孔进行清扫。

④关闭风机。关闭控制台的总开关。

⑤卸下收集桶把干料粉装进密封性能好的容器存放或送至下道工序使用。

2）喷雾干燥设备的维护

①为保证干燥塔体及其管道和所有与成品接触的部件的清洁，得到一流的产品，有规

则地清洗设备是十分必要的。

②当产品更换时,或是设备已经停产24 h以上而未清洗的,应作一次全面彻底的清洗。

③设备清洗时,应注意不能用氯及其化合物洗涤。

④使用完毕后,应将喷雾盘拆下,浸入水中,把残留物质用水清洗干净。在用清水洗不掉时,应用刷子刷洗。因为喷雾盘上的残留物质会使喷雾盘不平衡,严重影响喷头的使用寿命甚至损坏其他机件。

1.6.6 喷雾干燥设备常见故障分析及排除

1) 干燥室内壁到处都有黏着湿粉现象

原因分析:进料量太大,不能充分蒸发;喷雾开始前干燥室加热不足;开始喷雾时,进料量调节过大;加入的料液未成稳定细流或进料量过大或过小。

排除方法:适当减少进料量;适当提高进出口温度;在开始喷雾时,流量要小,逐步加大,调至适当为止;检查管道是否堵塞;调整物料含固量,保证料液的流动性。

2) 蒸发量降低

原因分析:整个系统的空气量减少;热风的进口温度偏低;设备有漏风现象。

排除方法:检查进、排风机转速是否正常,检查进、排风调节阀是否正确,检查空气过滤器及加热器管道是否堵塞;检查加热器压力是否符合要求,检查加热系统是否功率正常;检查设备,同时修补损坏处,特别注意各组件连接处的严密性。

3) 成品杂质过多

原因分析:空气过滤器效果不佳;积粉混入成品;料液纯度不高;设备清洗不彻底。

排除方法:过滤器使用时间太长,应立即更换或清洗;检查热风入口处是否有焦粉情况;喷雾前将料液过滤;重新清洗设备。

4) 高速雾化器剧烈振动发出噪声

原因分析:电动机高速运转中润滑不良所致;喷雾盘上有残存物质;轴产生永久的弯曲变形。

排除方法:检测电动机转子同轴度并作动平衡试验,在电动机后轴承座处加装一波纹弹簧,预紧压缩量1.5 mm,使轴承的轴向位移得到补偿。当电动机转子受热变化时,轴承内圈随之移动,消除轴承过量游隙;检查并清洗喷雾盘;更换新的轴。

5) 产品得率低,跑粉损失过多

原因分析:旋风分离器效果差(其分离效率和粉末的比重和粒度的大小有关);某些物料可据需要增加第二级除尘;袋滤器接口松脱或袋穿孔。

排除方法:检查旋风分离器是否由于敲击,碰撞而变形;提高旋风分离器进出口的气密性,检查其内壁及出料口有否积料堵塞现象;修好接口,定期检查更换布袋。

6) 产品太细

原因分析:料液固形物含量太低;进料量太少。

排除方法:提高料液固形物含量,适当浓缩;加大进料量,相应增加进风温度。

7)产品含水量高

原因分析:料液雾化不均匀,喷出的颗粒太大;进料量太大;排出孔废气的相对湿度太高。

故障排除方法:提高离心机转速,提高高压泵压力,发现喷嘴有线流时应及时更换;适当改变进料量;提高进风温度,相应地提高排风温度。

8)喷雾机速率波动较大

原因分析:通常是由于电动机缺陷造成的,因此产生喷雾机和电动机的机械共振现象。

排除方法:严格检查电动机工作是否正常。

1.7 无菌包装设备

1.7.1 无菌包装概述

无菌包装是指将流质或半流质食品物料经过超高温瞬时杀菌(UHT)或高温短时杀菌(HTST),再迅速冷却至 30 ~ 40 ℃,在无菌环境下将物料充入已灭菌的包装容器内密封的一种包装技术,从而使包装的产品在常温下能长时间保持不变质。

无菌包装的食品一般为液态或半液态流动性食品,其特点为流动性好、可进行高温短时杀菌(HTST)或超高温瞬时杀菌(UHT),在保证无菌的前提条件下,产品色、香、味和营养素的损失小。处在无菌条件下的被包装食品,无须冷藏或添加任何化学防腐剂就可在常温下贮存流通而不变质。无菌包装生产的自动化程度高,单位成品能耗低,包装工艺简化,降低了工艺成本同时便于运输。

食品无菌包装基本上由以下 3 部分构成:一是食品物料的杀菌;二是包装容器的灭菌;三是充填密封环境的无菌。这是食品无菌包装的三大要素。如图 1.53 所示为无菌包装流程。一条完整的无菌包装生产线包括物料杀菌系统、无菌包装系统、包装材料的杀菌系统、自动清洗系统、无菌环境的保证系统、自动控制系统等。由于无菌包装技术的关键是要保证无菌,因此,其基本原理是以一定方式杀死微生物,并防止微生物再污染为依据。

图 1.53　无菌包装流程简图

无菌包装基础材料一般可分为 4 类:塑料、纸板、金属和玻璃。对无菌包装用的材料,一般要求具备以下性能:热稳定性,在无菌热处理期间不产生化学变化或物理变化;抗化学性、耐紫外线,用化学剂或紫外线进行无菌处理过程中,材料的有机结构不改变;热成型稳定性在无菌处理或干制的热处理过程中,容器外形不发生明显改变;阻气性,一方面能阻隔外部空气中的氧气渗入,另一方面能保持充入容器的惰性气体不外渗;防潮性,阻止水分的穿透,以保持产品应有的含湿量;具有合适的韧性和刚性,便于机械化充填、封口;具有避光性,能阻隔光线的穿入;材料应无毒、符合食品卫生标准,且易杀菌;经济性,包装材料来源丰富,成本低。

从完全阻隔分子扩散而言,金属和玻璃是理想的材料,其良好的保藏性能取决于容器的密封性及牢固性,但包装成本较高。复合纸无菌材料和复合塑料膜无菌材料可大大降低包装成本,因此,这二者是目前无菌包装系统中最常用的包装材料。

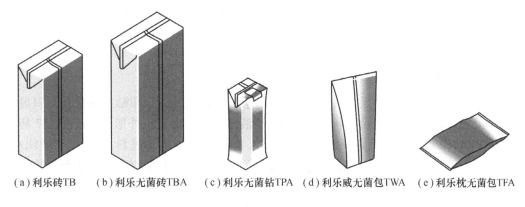

(a)利乐砖TB   (b)利乐无菌砖TBA   (c)利乐无菌钻TPA   (d)利乐威无菌包TWA   (e)利乐枕无菌包TFA

图1.54 各种利乐包装形式

常用无菌包装材料有利乐包包装材料、康美盒包装材料、芬包塑料袋包装材料、塑料瓶包装材料、埃卡(NAS)塑料杯包装材料、大袋包装材料等。其中,利乐无菌包主要有利乐砖(TB)、利乐无菌砖(TAB)、利乐无菌钻(TPA)、利乐威无菌包(TWA)、利乐枕无菌包(TFA)等包装形式,如图1.54所示。目前,我国普遍引进的是利乐砖。利乐包的包装材料是由纸基与铝箔及塑料复合层压成,厚约0.35 mm,包装材料以纸板为基材(占80%),纸板复合了几层塑料和一层铝箔包装材料,不包括印刷的油墨层共6层,如图1.55所示。每层各具有不同的功能,从外向内:第1层是聚乙烯,主要功用是防水并阻止部分微生物的透过;第2层是纸板,主要功用是赋予包装盒良好的形状和强度;第3层是聚乙烯,主要功用是黏合纸层与铝箔;第4层是铝箔,主要功用是阻止氧气、风味物和光线的透过,同时铝箔在横封过程中经"电感加热",熔化内层高密度聚乙烯,在一定压力的作用下完成横封;第5层是高密度聚乙烯,主要功用是防止印刷层油墨分子向内扩散,同时防止产品内风味物质向外渗透,尤其在生产高酸性食品时,这层能有效地防止酸性物质的腐蚀;第6层是聚乙烯,主要功用是防止液体的透过。

根据包装材料的不同,无菌包装系统主要分为两大类,即复合纸无菌包装系统和复合塑料膜无菌包装系统。无菌包装系统有敞开式和封闭式两种,封闭式无菌包装系统比

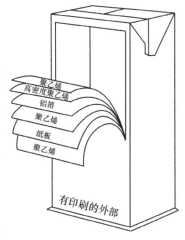

聚乙烯
高密度聚乙烯
铝箔
聚乙烯
纸板
聚乙烯

有印刷的外部

图1.55 纸塑铝箔复合砖结构图

敞开式无菌包装系统多了无菌室,包装材料要在无菌室内杀菌、成型、灌装。由于无菌室一直通有无菌气体可保持其正压,因此,无菌室能有效地防止微生物的污染,在生产中应用广泛。

1.7.2　利乐包纸盒无菌包装系统

利乐纸盒无菌包装设备由瑞典 Tetra Pak 公司生产,这种类型的无菌包装设备在世界上广泛使用,适用于乳品、奶油、果汁等饮料的无菌包装。物料经超高温杀菌后,在无菌条件下,用已消毒的复合材料制成砖形,无须冷藏,可在常温下保存或流通。包装材料以板材卷筒形式引入;所有与料液接触的部位及设备的无菌腔均经无菌处理;包装的成型、充填、封口及分离均在一台机器上完成。包装材料的 80% 为纸板,并复合了几层塑料和一层铝箔。

1)利乐包纸盒设备的结构

该类机型由机体、传动系统、包装材料输送系统、消毒系统、打印贴条系统及封口灌装装置等组成。如图 1.56 所示为利乐 TBA/19 型液体奶无菌灌装机外形图,如图 1.57 所示为利乐 TBA/19 型液体奶无菌灌装机的结构图。包装材料以卷轴进料,所需贮存空间小、生产效率高。TBA/19 机器中装有两个 LS 封条附贴器 2,可在包装材料的一边利用热封贴上宽 10~15 mm 的聚乙烯带,以便在成型时与另一边接合,加强中缝的强度。充填器 3 能稳定地控制料液的流速和压力。双出料的夹槽 6 能使包装后的产品稳定地送到链条式输送带上。TBA/19 采用了一个压缩器,能大大降低耗水量。而压缩器、分离器和擦洗器都被安装在一个伺服单元 7 内。

图 1.56　利乐砖 TBA/19 无菌灌装机外形图

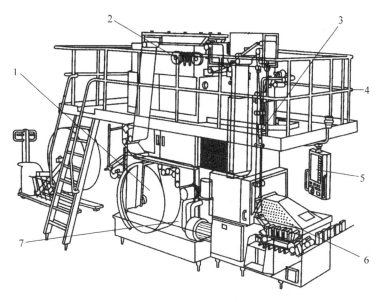

图 1.57 利乐砖 TBA/19 液态乳无菌灌装机结构图

1—卷轴;2—LS 封条附贴器;3—充填器;4—平台;
5—控制台;6—夹槽;7—伺服单元

2)利乐包纸盒设备的工作原理

利乐无菌包装设备有利乐砖、利乐钻、利乐威、利乐枕等包装形式。目前,我国普遍引进的是砖形盒,其工作原理如图 1.58 所示。辊筒 3,5,11 使包装材料产生折痕,以便为盒子成形提供方便。复合纸带经过打印装置时,在打印装置处打印号码后,经过记号储存器,并由封条敷贴装置贴上纵封贴条,封条粘贴装置可在包装材料的一边利用热封贴上宽 10 ~ 15 mm 的纵封贴条,以便在成形时与另一边接合,加强中缝的强度。然后进入双氧水浴槽涂上双氧水消毒,并由挤压滚筒挤掉多余的双氧水。贴好纵封贴条(LS 贴条)的包装材料经双氧水槽 8 和挤压滚筒 9 后被送入纸管成型系统,纸管成型系统由 6 个辊轮组成,它们分别在 6 个不同的工位,对包装材料进行弯折、弯曲,形成筒状,经纵封加热器和导轮形成纸筒,并经过电热蛇管加热消毒。在纵接缝热封处对纵接缝进行加热,通过环套被热压封口,形成纵接缝。此后包装材料便形成筒状。随后进行无菌灌装,灌装完料液的纸盒由横封器横封。随后切割爪在横封区域内将包装纸包切割分离,形成单个包装,对于砖形包装盒,在包装盒被割离的同时,还必须经过折角、折翼、黏角、黏翼和整形才能最后成型。横封、割离和整形的全部动作都是由液压传动系统配合机械手来完成的,随后送往终端排包系统。

(1)机器灭菌

在无菌包装开始之前,所有直接或间接与无菌料液相接触的机器部位都要进行无菌处理。可采用先喷入 35% 双氧水溶液,然后用无菌热空气使之干燥。为了提高机器的灭菌效率,机器经过 3 次预热后,再将压缩后的双氧水喷入无菌室,以达到封闭无菌环境的目的,喷雾过程总共持续 40 s。雾化后带有一定压力的双氧水热空气通过空气进入阀分为两路:一路由无菌空气阀至中心灌注管口,进入包装纸管;另一路通过气刀室喷雾的同时,由纵封加热器和纵封暂停加热器至中心灌注管的上灌注口,进入包装纸管。至此,完成了对无菌

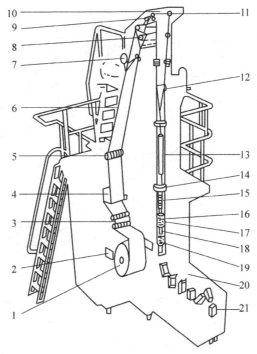

图 1.58　无菌复合纸盒包装机

1—卷筒纸;2—光电管;3,5,11—辊筒;4—打印装置;6—记号储存;7—封条敷贴;
8—H₂O₂浴槽;9—挤压滚筒;10—顶盖;12—进料套管;13—纵接缝热封器;14—导轮;
15—电热蛇管;16—液位;17—浮球;18—进料口;19—横封器;20—检验;21—成品

室和包装纸管的灭菌过程。为了确保最佳杀菌效果,喷雾之后,无菌灌装机要在正压条件下静置 60 s,然后用无菌热空气干燥。

(2)包装材料灭菌原理

在利乐包装机中,包装材料向上传送时,其内表面的聚乙烯层会产生静电荷,从而使来自周围环境的带有电荷的微生物被吸附在包装材料上,包装材料的灭菌分为涂双氧水和加热杀菌两个过程。包装材料先在35%双氧水的浴槽内涂上双氧水对包装材料浸润消毒,如图 1.59 所示。涂上双氧水膜的包装纸经挤压滚筒除去多余的双氧水,此后包装材料向下经导轮、进料套管等便形成筒状,向下延伸并进行纵向密封,一直到达管加热器和横封区域进行加热杀菌。如图 1.61 所示,无菌空气从制品液面处吹入,经过纸筒连续向上吹,以防再度被微生物污染。

图 1.59　双氧水浴槽

1—包装纸带;2—涂抹辊;3—双氧水槽

对双氧水加热处理后可以提高双氧水的杀菌效果。双氧水被加热蒸发分解为新生态氧[O]和水蒸气,这不仅增强了杀菌作用,也减少了双氧水的残留量。包装纸的加热杀菌是通过管加热器对双氧水加热实现的,管加热器是缠绕在产品灌注管外的电子元件,它一直延伸至纸筒的中部,管加热器的温度范围一般来说为 450~650 ℃。管加热器通过传导和辐射加热将包装纸内表面温度加热至 110~115 ℃,双氧水被蒸发为气体,提高了灭菌效率。

(3)纸盒成型和无菌灌装原理

① 纸盒的中缝搭接

纸盒在形成后,若中缝不经处理,其中的液体会渗入而且密封性降低即不能保证纸筒的强度,故中缝搭接处在灌装前要进行纵向密封的特殊处理。包装材料经一系列辊轮装置上升到包装机顶部时,纵封贴条也由纵封贴送系统送到包装纸的一侧。贴条系统将纵封贴条和包装材料热合并粘牢。纵封贴条主要有两个作用:一是加强纵封的接合强度;二是防止产品渗入包装材料的纸板,其封合形式如图 1.60 所示。根据包装材料和被包装物料的不同,所使用的纵封贴条的材料也不同。

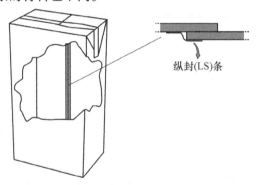

纵封(LS)条

图 1.60 利乐砖纵封贴条(LS)的封合形式

②无菌灌装

已杀菌冷却的物料由套管进入,中心走物料,夹套内走无菌空气,如图 1.61 所示。无菌空气通过圆筒内的电热蛇管底部后,转向朝上流动,经过纸筒连续向上吹,以防再度被微生物污染。在纸筒内管状的加热器可根据包装容器的大小,调节温度(450 ℃ 或 650 ℃),利用红外线辐射及对流加热的方式处理与料液接触的包装材料表面,使其在加热器终端部位可被加热到 110~115 ℃。此时,双氧水被加热蒸发分解为新生态氧[O]和水蒸气,这不仅增强了杀菌作用,也减少了双氧水的残留量。以维持液面上部为无菌区域,并使包装材料三面黏附的过氧化氢分解和蒸发。在生产过程中,为防止微生物污染,一方面通过管加热器区域蒸发的双氧水气体上升杀菌,另一方面通过向纸筒内不断通入无菌空气的方式保证环境无菌,这样两者在包装纸表面形成了一道无菌空气屏障。

利乐无菌灌装机是利用等压原理进行灌装的,即灌装时使中心灌注管的压力与包装纸管内液态物料相同液位高度上的液面压力相等,这样可以保证在灌注时包装材料纸管内的液态物料不会发生搅动,实现稳定、温和的灌装。且灌注口在纸管液位以下使包装盒内不会混入气体,产生泡沫。另外,在液位和中心灌注口以下横封还可以实现自动计量,保证盒内容量的恒定。

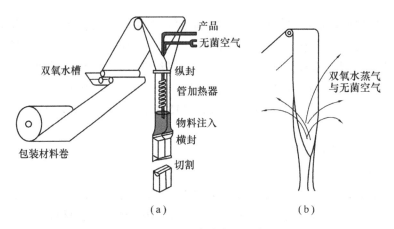

图 1.61　利乐砖无菌灌装机工作原理图

③纵封与横封

纸筒被灭菌后开始灌入料液,由浮球控制进入料液的液面,并保持进料口始终在液面下。灌装完料液的纸盒由横封器横封。横封是通过黏合和切割两步来完成的。灌装机横封采用的是高频加热原理,有效地黏合需要高温和适当的压力。封合时的温度是电感加热产生的,高频发生器产生高频电流,感应器(铜条)相当于线圈产生磁场,并通过铝箔产生感应电流,电流通过铝箔层传导热使内层聚乙烯层熔化,在夹爪压力的作用下聚乙烯迅速冷却,使熔化的聚乙烯固化,从而完成封合。在横封的同时由于夹爪夹住圆柱形的纸筒,从而使得纸筒就变成了长方形。封合后夹爪内的切刀在封合区内将包装盒切割开,最后经过终端成型器将顶部和底部的边角分别弯曲、折叠而成型。不合格产品在检验时被剔除,正品由输送带送出。

④无菌空气循环原理

如图 1.62 所示,水环式压缩机吸入回流空气,并洗去残留的双氧水。送出的空气经过气水分离器分离除去其中水分,然后空气进入主加热器被加热到 350 ℃。从加热器出来的高温空气,一部分由管道送至包装材料纵向贴条粘贴处和纵封器,用于贴塑胶带和纵封热封;另一部分热空气流向空气冷却器被冷却至 80 ℃左右,冷却后的无菌空气从纸筒上部供气管进入密封纸筒液面以上空间,使充填区空间无菌。无菌空气在电热蛇管处折流向上,残余蒸发的双氧水也随气流往上流动,经过空气收集罩的管道流回水环式压缩机重新循环使用。

3)利乐包无菌包装机的操作

利乐包无菌包装机的操作流程如图 1.63 所示。

(1)开机前的准备

①确认开机所需的各种原物料是否准备就绪。

②下灌注管及小白轮、弹簧片,无菌室过滤网清理与消毒,日期打印装置应用酒精清理。

③检查润滑油、液压油油位,检查 H_2O_2 浓度是否为 30% ~35% 以及包材辊轮是否灵活,检查纸路是否正常。

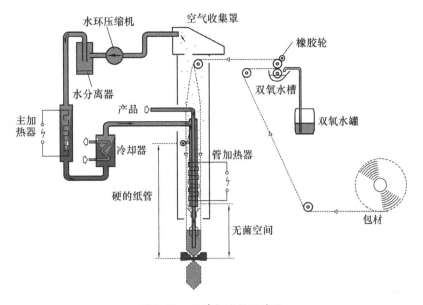

图 1.62　无菌气流循环系统

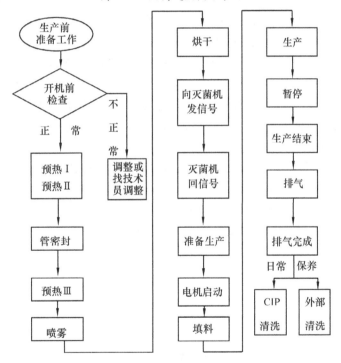

图 1.63　利乐包无菌包装机的作业流程图

④检查压力胶条,检查切刀及弹簧锁定螺杆,更换夹爪润滑油,检查夹爪冷却水有无堵塞。

（2）升温

①预热 I 。正确进行穿纸、拉纸,检查 I/P 阀压力表是否指示 0.1 bar。检查各压力表与温控仪上的读数是否正常及在该状态下其他动作位置是否正常。

②预热 II 。H_2O_2 罐液位达到,程序上箭头及预热 II 信号闪光时按动程序上,升到预热

Ⅱ,打开无菌室手动喷洒 H_2O_2,加强消毒效果。正确穿引 PPP 条,并放下 PPP 条压力辊轮,接头处用纸胶带黏合。更换当天打印日期装置及生产开始批号,并放到打印位置。检查各管接口有无漏气的地方。检查温度、压力变化是否正常。重新检查纸路。检查 I/P 阀压力表 2 bar。

③纸管密封。当纵封温度达到设定值时,按动程序上进行管封。管封时注意机器运转情况,是否有异常响声。管封结束排出的最后一包作密封检查,判断是纸管偏还是电眼灵敏度差,且与纸管的距离应适当。

④预热Ⅲ。管封后直接进入预热Ⅲ。观察 SA 处 PPP 条封合情况,有必要做一些调整,PPP 条是否偏。检查打印日期及批号是否清晰正确。检查纸路是否有拉破,挤压与夹痕现象,必要时重新管封。检查温度是否正常。重新检查纸路,折痕位置是否正确,纸路有无太大偏移。将无菌室的门确实关严。按动几下雾化器探针(复位键按下后),确保无安全门报警,否则马达不转动,设备消毒效果不好。

⑤喷雾。当预热Ⅲ预消毒温度达到 270 ℃,喷雾及程序上箭头闪光,按上箭头,开始喷雾。观察无菌室前后玻璃上有无布满 H_2O_2 雾。喷雾过程中检查管路,管接口,纸管(尤其夹爪拉耳处)无菌室门,两密封唇等处有无泄漏的现象,必要时重新升温喷雾。过氧化物发生器气压是否正确,喷雾时纸管有无吹圆。二次喷雾是一次喷雾的总和。喷雾过程中观察时间,并注意以下各时间段所发生的内容:

灌注→0～11 s,H_2O_2 通过灌注阀打入有液位监测的 H_2O_2 杯中 125 mL(过低过溢);喷雾→11～51 s,H_2O_2 杯中 H_2O_2 通过雾化器雾化的同时向无菌室喷注,送纸马达以90 r/min,转动 100 s。静止→51～112 s,喷雾静止状态,适当温度下让其充分消毒的过程。喷雾失败会出现两种状态:程序回到预热Ⅱ(20 s 前)(11～20 s H_2O_2 杯中如空),排空(50 s后)15 s,(11～51s H_2O_2 杯中还有 H_2O_2)

⑥烘干。喷雾后直接进入烘干。检查底角加热器是否有热水吹出,并检查压力是否在范围观察 H_2O_2 温度,判断 H_2O_2 是否泄漏,从而避免包材泡断用酒精棉球擦干净电眼,保证电眼保护器压力正确,过滤器显示正确打开电柜门,观察开关是否有跳闸现象。做进一步机器检查,纸路 SA 部分,无菌系统,H_2O_2 系统,液压油,润滑油系统,包材拼接装置。运动机器,作终端运动,观察各装置运动情况,位置是否正确。准备开机所使用工具,19 min B 阀关闭,使无菌系统有一个降温的过程。

⑦给 UHT 发出信号。

⑧接收信号。

(3)开始生产

①按下"OK"键,程序上及电机信号闪光。

②按程序上 9.8 s 灌注 H_2O_2,10 s 后马达开始转动(高速),观察拉纸状态,纵封板及纵封暂停加热器,压力轮等的动作情况及状态,夹爪终端部分运动状态。

③生产开始迅速剪包,以减少不必要的损失。

④生产时检查横、纵封,剪包要连续两包,观察启机排包,是否有拉破喷料现象。

⑤包装盒上线,用手摇连续两包,听有无响包。

⑥测量成品容量是否在要求范围内,必要时调节,检查管路是否有漏料现象,做渗漏实验。

⑦严格执行质量标准文件,对其成品包外观要求及料液的理化指标,感官指标的控制。

(4)生产后

生产结束停机时要关闭填充开关,及时把贴条、纵封加热器拉出,以免烫伤复合纸及密封条。使程序升到 CIP 步骤,杀菌、灌装同时清洗,灌装需打开蒸汽障。内外部清洗要求到位,相应周边卫生要做到干净。

4)利乐包无菌包装机的维护

①机器安放车间应保持清洁干燥,防止潮湿,以免影响电器及机器的使用寿命。

②工作时应注意观察运行机构有无异常噪声,如不应有的抖动、振动及松动等。

③定期检查冷却水磁性过滤器,夹爪冷却水过滤器,H_2O_2 罐过滤器,喷雾杯 H_2O_2 过滤器等。

④主压缩空气过滤器无水、油残留,排放管要畅通。

⑤定期检查洗擦器过滤网,必要时清理;定期外部清洗循环,排放过滤器,集水盘液位探头;每周清洗油墨装置(酒精,吹干),清洗上灌注管及小白轮、两个 O 形圈、小白轮轴销。

⑥定期检查清理包材及带材辊轮、纸库及 SA 装置卫生。打开 H_2O_2 槽底及顶部,检查辊轮转动及活动间隙等。清理纵封加热器及底角加热器,死角无污垢。

⑦定期检查各油位是否在范围内,且是否变质需更换;定期更换压力胶条,检查切刀及弹簧锁定螺杆,清理感应加热器,更换夹爪润滑油。

1.7.3 康美包(SIG Combibloc)无菌灌装机

1)无菌灌装机基本结构

康美包(SIG Combibloc)无菌灌装机与利乐无菌灌装机一样,都是乳制品、饮料等食品灌装常用的典型的无菌包装设备。其基本结构如图1.64所示,它主要包括驱动装置、冷却单元、纸盒仓、成型轮、盒筒的抽吸及送进器、传送站、无菌区、灌装站、排包器等装置。

2)工作原理

康美包(SIG Combibloc)无菌灌装机无菌灌装基本过程如下:

(1)康美盒的包装材料

康美盒的包装材料是已经印刷好的且其中缝已经黏结好的复合材料,即预制成的纸盒。纸盒在形成后,若中缝不经处理,其中的液体会渗入而且密封性降低即不能保证纸筒的强度,因此,中缝搭接处在灌装前要进行纵向密封的特殊处理。康美盒的中缝搭接处是将包材的一边先折叠起来,然后再搭接在一起。

经过印刷的复合纸板卷材,通过切割、折痕、纵向密封形成纸筒,纸筒是开口的,成扁平片状装箱。

(2)机器的灭菌

在机器开启前,无菌区采用双氧水蒸气和热空气的混合气体进行灭菌。在机器正常运转时,无菌部分应尽可能使大部分的空气流动呈层流状态,并在该区段保持正压以防止外部空气渗入,因此,无菌空气的分布是特殊设计的,与空气净化系统相连接。

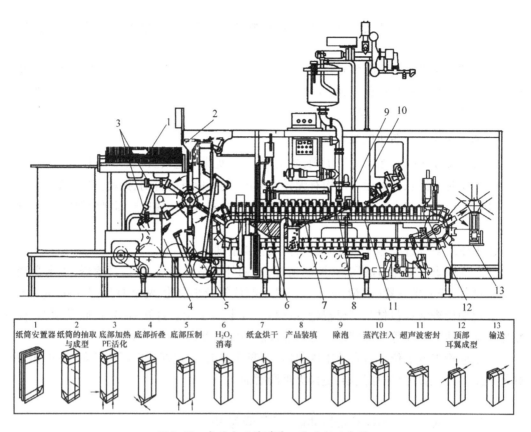

图 1.64 康美盒无菌灌装工艺过程示意图

（3）纸盒的形成

①纸盒的打开

如图 1.65 所示，纸盒被抽吸杯抽出纸盒仓、打开成方框形，张开的盒筒被抓持在打开扇块与盒筒夹件之间，然后被推上成型杆。真空泵提供抽取器抽吸力。在盒筒张开的过程中，抽吸轨使其沿着反时针旋转 90°。

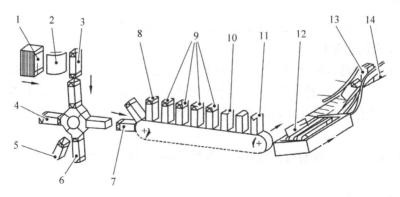

图 1.65 纸盒走向流程图

1—纸盒的送进；2—纸盒筒打开并送进；3—推纸盒入成型杆；4—底部活化；5—底部折叠；
6—底部加压密封；7—传输区；8—顶部预折叠；9—灭菌，干燥，灌装；10—顶部密封；
11—顶部成型；12—排包；13—传送到输出传送带，纸盒竖立；14—输出传送带

②纸盒的送进

打开的纸盒筒在成型杆处于静止的瞬时被推到成型杆上,一个光扫描器在与纸盒不接触的情况下进行检查,看盒筒是否已被推上成型杆。如果有不正确的情况,盒筒的送进(抽吸阶段及送进器)就自动切断,这就中断了盒筒的送进。然而,灌装机仍然在继续运转。

③底部加热

4 个热空气头插进纸盒筒加热活化盒筒,特别是加热其焊接区。所需的空气来自机器的灭菌空气发生器,由 4 个电阻加热器加热。热空气的温度由一个温度控制系统保持稳定。其功能监视由温度和气压检测执行。在机器处于停止状态时,热空气的温度应降低(停止状态),活化头移出盒筒。

④底部折叠

a. 横向折叠

旋转的横向折叠器,对纸盒的侧面三角区进行预折叠。折叠工序在成型杆转动的同时进行。每个轨道的两个折叠指装在一个轴上。由凸轮驱动折叠指来进行折叠工序。在折叠进行时折叠指与纸盒的接触点,就在折痕的交接界点处。

b. 纵向折叠

纵向底部折叠器完成底部折叠工序。纸盒筒逆着底砧的斜角边在朝着底部加压的运行过程中被推进,同时折叠板向内折叠,插进盒筒尾部。

⑤底部压制

底部压制是将已活化并折叠的底部封合起来。水冷底砧的特殊形状及成型杆的校验板,形成向内凹的空洞形的纸盒底部,使纸盒具有稳定的美好形状。安装在底部加压底砧上的横向的限制模板,保证纸盒底部尺寸的准确。纸盒底部,在成型轮区加工完成。

⑥纸盒传输

在完成纸盒筒底部加压封口后,纸盒经过传输区被推进套链。纸盒的横向顶部边缘被推出器掀起,并推下成型杆。套链是运输底部已封合好的纸盒经底部导引,依次通过各个工作区,直至最后被从套链上推出。

(4)无菌区

用双氧水溶液和热空气混合冲洗,再用无菌空气使之干燥。无菌区包括纸盒的灭菌及纸盒封口区所需的无菌条件的维持。为了在无菌条件下将产品灌装进纸盒并封口,包括充填系统在内,在生产开始前无菌区必须灭菌,无菌区包括灭菌过滤器室、预热及干燥区、灌装室及顶部密封站。

(5)灌装

产品在灌装站的两个阶段里灌进盒子,每个灌装站完成半量的灌装。灌装过程,由一个感应式流量测量系统控制,并由 PLC 监视着。这样,就能确保灌装的高精确度。定量系统据流量感应测量原则进行工作,流过定量站的产品量被连续地检测并被 PLC 在电柜里记录下来。当达到缺省值时,排放阀就关闭。随着排放阀的打开,产品由于质量而从产品桶经过定量系统流进纸盒。特定的灌装程序,可用于存储不同的产品。在操作单元可对灌装容量进行检测及调节。充填装置包括缓冲槽,槽内设置搅拌器,供料使用正位移泵,强制产

品注入容器,单管供液体的充填,双管可供带颗粒液体的充填。

(6)顶端密封、耳翼封合

纸盒顶部由于套链及底砧的移动加工而被折叠起来,接着用超声波能量焊接起来。焊接工序用的能量由超声波发生器提供。超声波焊接保证纸盒顶部在一个很窄的长条上焊接起来而不影响其中的产品。这避免了在纸盒包装材料的其他部位产生不必要的热负荷。封口所需的压力来自压缩空气气缸。

纸盒的顶部三角区及侧面被热空气加热活化,然后,顶部三角区被导轨引导着,由折杆将其对着侧壁黏合。

1.7.4 无菌袋无菌包装机

1)无菌袋包装特点

塑料袋无菌包装设备以加拿大 DuPotn 公司的百利包和芬兰 Elecster 公司的芬包为代表,两者都为立式制袋充填包装机。百利包采用线性低浓度聚乙烯为主要材料,芬包采用外层白色、内层黑色的低密度聚乙烯共挤黑白膜,也可用铝箔复合膜。这种塑料膜的包装成本远低于利乐包装材料,但是塑料耐热性较差。因此,在实际生产中,更多的是采用双氧水低浓度溶液与紫外线、无菌热空气相结合的技术,一方面使灭菌效果更加彻底有效,另一方面又克服了双氧水浓度过高对人体有伤害的问题。

2)无菌袋无菌包装机结构原理

复合塑料袋无菌灌装机结构与工作流程如图1.66所示。它主要包括包装材料供送装置、双氧水槽、空气过滤器、塑料袋成型器、纵封与横封装置等。进料口在机器消毒时用作高温水入口,生产时作为料液入口,洗涤时为洗涤液入口,装有回流装置。卷筒上的薄膜展开后,通过双氧水浴池进行18~45 s浸渍消毒,用刮板消除残留过氧化氢,用无菌热空气烘干表面。由成型器将薄膜一折为二,电热纵封装置将薄膜热合成一圆筒,包膜下行经电热横封切断,牛乳落入塑料袋,塑料袋下行一个工位,横封将塑料袋密封、切断,同时又完成了下一个塑料袋的封底。

塑袋无菌包装无菌环境的建立是通过双氧水对无菌仓的喷雾灭菌、对液体内容物通径的蒸汽灭菌,以及对灌装机构的中心外管、灌装头进行双氧水的喷淋、浸泡灭菌等程控系统自动完成的。机器的整个无菌密封室内充满无菌热空气,保持正压,使灌装、密封在无菌状态下进行。

无菌仓的灭菌,使用浓度30%左右的双氧水在双氧水泵和雾化器的作用下雾化喷入无菌仓内,充填弥漫无菌仓的各个角落,对仓内的各零部件的外表面进行杀菌。

液体内容物通路杀菌,在通路中通入 2.7 bar 蒸气,温度 140 ℃ 左右,时间不低于30 min,中心外管及灌装头杀菌:中心管的内管由蒸气进行杀菌,其外管由自上而下喷淋的双氧水接触杀菌,而灌装头则是由喷淋流入底部的双氧水浸泡杀菌。

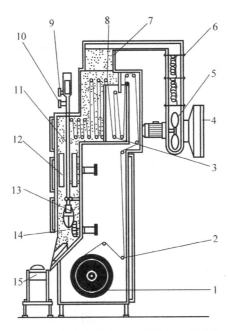

图 1.66　复合塑料袋无菌灌装机工作流程

1—薄膜卷筒;2—张紧装置;3—双氧水浴池;4—初级空气过滤器;

5—吸风机;6—电加热器;7—超微细菌过滤器;8—刮板;9—进料;10—回流管;

11—塑袋成型器;12—热封纵缝的电热钳;13—注液管;14—横向封口和切断;15—成品输送带

　　无菌环境的维持是通过无菌空气制取系统来保证的。该系统是由空气过滤器、进风机、电加热器、无菌过滤器及抽气风机等组成。经过无菌过滤的空气其洁净度大于99.9%,充入无菌仓内,保证无菌仓在正常生产情况下的正压,维持系统的无菌状态,多余的气体由抽风机抽出经过另置的管路排到车间的外部。

本章小结)))

　　乳品加工机械主要有分离机、均质机、板式换热器、管式换热器、真空浓缩设备、喷雾干燥设备及无菌包装设备等。分离机工作时根据牛乳中微粒密度的不同,可用来分离稀奶油和脱脂乳,也可以除去牛乳中的杂质。为了使悬浮液或乳化液中的分散物微粒化、均匀化,进而获得较为稳定的状态或者改善品质,可采用各种均质乳化设备。典型均质设备有高压均质机、胶体磨等设备。根据食品物料是否与加热蒸汽直接接触,可将杀菌装置分为间接加热和直接加热超高温杀菌两种类型。间接加热装置主要包括板式换热器和管式换热器,而直接加热装置根据料液与蒸汽混合方式不同可分为注入式和喷射式两种。食品物料经过真空浓缩可在较温和的温度下除去食品中大量的水分。根据蒸汽利用的次数不同,可分为单效和多效浓缩设备。多效真空浓缩常用的流程有顺流法(并流法)、逆流法、平流法及混流法。根据料液的流程不同,可分为单程式和循环式。根据料液分布状态不同,可分为薄膜式和非膜式。附属设备主要包括气液分离器、蒸气冷凝器及抽真空系统。喷雾干燥设备用于液态物料的干燥,得到的成品为粉末。食品工业中均使用洁净的干热空气作为对流型干燥设备的干燥介质,浓缩处理后的物料经雾化器雾化成的小液滴与干燥介质进行热和质交换,得到固体粉末。雾化方式有离心式和压力式,干燥塔内雾滴与介质的流动方式有

并流、逆流和混合式 3 种。喷雾干燥设备的附属装置有空气过滤器、空气除湿器、空气加热器、鼓风机及除尘装置等。无菌包装是指将流质或半流质食品物料经过超高温瞬时杀菌（UHT）或高温短时杀菌（HTST），再迅速冷却至 30 ~ 40 ℃，在无菌环境下将物料充入已灭菌的包装容器内密封的一种包装技术。本章中主要介绍了利乐砖型包无菌灌装机、康美包无菌灌装机和无菌袋无菌包装机。

复习思考题)))

1. 简述升膜式真空浓缩设备的结构、工作原理和使用。

2. 高压均质机的工作原理是什么？

3. 板式换热器有什么特点？使用时有哪些注意事项和维护保养要点？

4. 简述真空浓缩设备的常见故障、原因分析与排除方法。

5. 高压均质原理的 3 种学说是什么？

6. 举例说明间接式和直接式换热器在乳品加工过程中的应用。

7. 对比讨论高压均质机与胶体磨的特点及适用对象。

8. 设计一个可同时生产巴氏杀菌乳、炼乳、乳粉、奶油等产品的生产车间设备流程。

9. 试比较分析卷材式与预制盒式无菌包装设备特点。

10. 试述常见无菌包装机中保证包装产品无菌的条件有哪些，无菌包装设备哪些关键区域与系统需要无菌化。

11. 当生产奶粉时出现焦粉现象可能是什么原因导致的？应如何处理？

第2章 肉制品加工机械与设备

内容描述

本章主要介绍肉制品加工机械与设备中绞肉机、斩拌机、搅拌机、盐水注射机、滚揉机、烟熏炉、杀菌设备和包装机等机械设备的种类、结构组成、工作原理、使用维护方法及故障原因和解决措施。

学习目标

- 了解肉制品加工的工艺流程，以及绞肉机、斩拌机、搅拌机、盐水注射机、滚揉机、烟熏炉、杀菌设备及包装机等机械设备的用途。
- 掌握绞肉机、斩拌机、搅拌机、盐水注射机、滚揉机、烟熏炉、杀菌设备及包装机等机械设备的原理及结构组成。

能力目标

- 能够根据肉制品加工的目的和生产量选择合适的生产机械与设备。
- 能够初步掌握肉制品加工机械与设备的使用与维护。

2.1 典型肉制品加工工艺流程

我国肉制品加工在食品行业中占有很大比例，其种类较多，生产最终依赖于由一系列符合工艺要求的加工设备组成的生产线。肉制品的品种不同，其加工工艺就不同，加工所用的机械设备也有所不同，这就需要多种类型的肉类加工设备，如绞肉机、斩拌机、搅拌机、盐水注射机、滚揉机、灌装设备、杀菌设备、烟熏设备、包装设备等。也正是这些加工机械设备的应用大大促进了加工工艺的改善，提高了我国肉制品业的加工水平。

近年来，我国肉类机械取得了飞速的发展，专业制造厂生产的肉类加工设备，几乎覆盖了高温肉制品、低温肉制品、传统酱卤制品和综合利用等所有加工领域，这些设备在我国肉类工业中起到了很大的作用，推动了肉类工业的发展。目前，我国的肉类机械设备，在外观上不亚于世界先进水平，在功能上已覆盖肉类加工产品的 90% 以上，在质量和技术性能方

面也有一定程度的改进和提高。

肉制品种类繁多,各生产企业加工工艺迥异,但同类产品的加工工艺基本相同,现就几种典型肉制品加工工艺流程作一简要介绍。

2.1.1 香肠系列生产工艺流程

香肠系列生产工艺流程如图2.1所示。

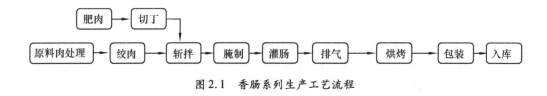

图2.1 香肠系列生产工艺流程

2.1.2 火腿系列生产工艺流程

火腿系列生产工艺流程如图2.2所示。

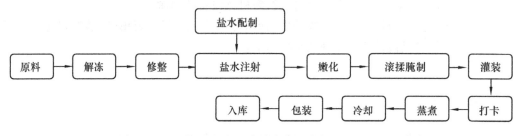

图2.2 火腿系列生产工艺流程

2.1.3 火腿肠系列生产工艺流程

火腿肠系列生产工艺流程如图2.3所示。

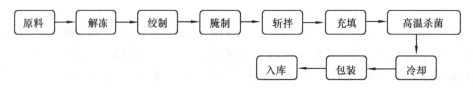

图2.3 火腿肠系列生产工艺流程

火腿肠生产工艺设备流程图如图2.4所示。

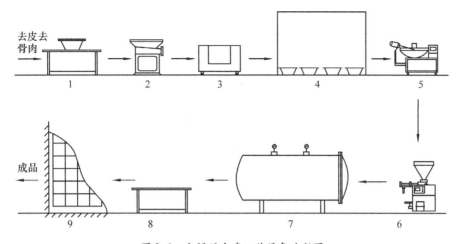

图 2.4　火腿肠生产工艺设备流程图

1—解冻台;2—绞肉机;3—搅拌机;4—腌制间;5—斩拌机;6—真空灌肠机;7—杀菌锅;
8—贴标包装台;9—产品库

2.2　绞肉机

绞肉机是把大块的原料肉切割、破碎成细小的肉粒(一般为 2 ~ 10 mm),便于后续工艺加工(如斩拌、混合等)的一种机械,是香肠加工必不可少的机械。经过绞肉机绞出来的肉可消除原料肉种类不同、软硬不同、肌纤维粗细不同等缺陷,使原料均匀,保证其制品质量。现在最新设计的先进绞肉机,除具有绞肉的基本功能外,还有搅拌、剔除筋腱、嫩化及混合的作用。

绞肉机按处理的原料分为普通绞肉机和冻肉绞肉机两类,普通绞肉机用于鲜肉(冷却至 3 ~ 5 ℃)。冻肉绞肉机可直接绞制 −25 ~ 2 ℃的整块冻肉,也可绞制鲜肉;按绞肉机的孔板数量分为一段式(1 个孔板 1 组刀)和三段式(3 个孔板两组刀);按绞肉机构造不同分为单搅龙绞肉机、双搅龙绞肉机,前者只有一个螺旋轴,后者有两个螺旋轴。

2.2.1　绞肉机的结构和工作原理

1)绞肉机的结构

绞肉机的构造由进料斗、螺旋供料器、绞刀、孔板、紧固螺母等构成。其外形及结构如图 2.5、图 2.6 所示。

料斗用来盛装肉料,其为不锈钢板焊接而成,表面经抛光处理。有的在料斗上加盖,打开盖子机器停转,关好盖子才能启动。

螺旋送料器轴后端有联接传动系统的方轴,绞刀固定在轴上,在工作过程中,绞刀随螺旋送料器转动。其多为不锈钢锻造,经抛光、表面硬化处理而成。

图 2.5　绞肉机外形图

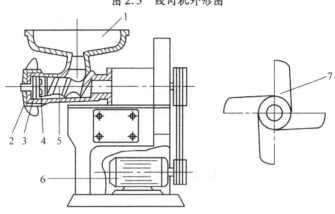

图 2.6　绞肉机结构图

1—进料斗;2—紧固螺母;3—孔板;4—绞刀;5—螺旋供料器;6—电动机;7—绞刀

绞刀刀体材料为不锈钢,刀口锋利,以便对肉料切割,如图 2.7 所示。绞刀固定在螺旋供料器上,刀刃沿某一个直径的圆切线布置,切刀随螺旋送料器旋转一起转动。在使用一段时间磨钝后,应调换新刀或重新修磨,修磨应采用专门修磨机。

孔板用紧固螺母固定在机壳上,为不锈钢板制成的带孔圆板。在孔板的外周有一键槽与圆筒体内壁的凸起相配合,以防止工作时孔板转动。孔板上有孔眼,粗孔孔眼的孔径为 10 ~ 20 mm,中孔为 3 ~ 5 mm,细孔为 2 mm,如图 2.7 所示。绞肉机的孔板可自由拆换,使用不同孔径的孔板,可加工出不同直径的肉粒。

紧固螺母是带有空格的异形螺母,中间轴孔可嵌轴套。其作用为支承螺旋送料器前端和轴向压紧一组刀具和孔板。

图 2.7　绞刀和孔板

2）绞肉机的工作原理

绞肉机将绞肉孔板紧贴绞刀安装在螺旋送料器的前端,用压板螺母固定在机头部,电动机带动螺旋输送机及绞刀一起旋转。经修整的原料肉块,从进料斗加入,由于重力作用落入螺旋供料器,随着螺旋轴的旋转,使原料肉从孔板的孔中挤出,然后经过绞刀和孔板之间的剪切作用将肉切断,通过孔板由紧固螺母的孔中排出,达到绞碎肉的目的。

2.2.2 绞肉机的操作与维护

1）绞肉机的操作

（1）绞肉机的检查及准备

在绞肉操作之前,要检查金属孔板和刀刃部是否吻合。方法是将刀刃放在金属板上,横向观察有无缝隙。如果吻合情况不好,刀刃部和金属孔板之间有缝隙,在绞肉时,肌肉膜和结缔组织就会缠在刀刃上,妨碍肉的切断。

检查结束后,从螺杆筒内取出螺杆,洗净金属孔板和刀具,对绞肉机进行清洗、消毒。

（2）绞肉机安装

将螺杆装入螺旋筒中,装上绞刀和金属孔板。在装刀具和孔板时,需按原料肉的种类、性质及制品的种类选择不同孔眼的孔板。孔板确定之后,即用固定件固定。此时需要注意的是,固定的松紧程度直接影响绞肉效果,固定得过松,在刀刃部和孔板之间就会产生缝隙,肌膜和结缔组织就会缠在刀上,从而影响肉的绞碎。固定得过紧,阻力较大,对绞刀损伤大。

（3）绞肉

安装调试结束后,就可绞肉了。将切好的肉块投入进料口,用填料棒用力将肉下按,有时即便用力下按,从孔板流出的肉量也不会增多,而且会因在螺杆筒内受到搅拌,造成肉温上升。在绞肉期间,一旦肉温上升,就会对肉的黏着性产生不良影响。因此在绞肉之前应将肉适当地切碎,同时控制好肉的温度。肉温应不高于 10 ℃,一般在 3～5 ℃才能保证肉馅的质量。

对绞肉机来说,绞脂肪比绞肉的负荷更大。如果脂肪投入量与肉投入量相等,会出现旋转困难的情况,所以,在绞脂肪时,每次的投入量要少一些。应特别注意的是,绞肉机一旦绞不动,脂肪就会熔化,变成油脂,从而导致脂肪分离,最好是脂肪处于冻结状态时绞切。

（4）清洗

绞肉机作业结束后,要清洗绞肉机。按组装的相反顺序拆下孔板、绞刀和螺杆,清理表面的肉末,然后用热碱水或洗涤剂清洗上述部件及进料斗和机筒等。清洗干净后,擦去表面水分晾干,正确将刀具分组保管,以防刀具等生锈。

2）注意事项

①绞肉机每次使用前应用热水对绞肉机进行清洗、消毒,使用一段时间后,要将绞刀和孔板修磨或更换,否则影响切割效率。

②绞肉刀与孔板的贴紧程度要适当。过紧时会增加动力消耗并加快刀、板的磨损;过松时孔板与切刀产生相对运动,肌膜和结缔组织也会缠绕在刀上,会引起对物料的磨浆作用。

③在向料斗投肉的过程中,脂肪要单独绞切,喂入量不能过大。投料后用填料棒喂料,严禁用手喂料,以免发生事故。

④绞肉机进料斗内应保持原料满载,不能使绞肉机空转,否则会加剧孔板和切刀的磨损。

⑤绞肉机进料前,要对肉块适当切割,而且要剔除骨、筋、脂肪和肉皮,这样才能加快绞肉速度,提高质量。一般应注意剔净小骨头和软骨,以防孔板刀孔眼堵塞。原料肉中不能混入异物,特别是金属。

3)绞肉机的维护

①绞肉机在工作时,注意绞刀不允许空运转。

②绞刀、孔板需定期研磨或更换,确保锋利,否则影响绞肉效果。

③锁紧螺母、孔板、绞刀,需每日工作后清洗,用食用油涂抹。

④机器可用手擦洗,也可用高压清洗器,并可用适量洗涤剂洗涤。

⑤由于经常使用,使孔板和刀刃吻合度变差,需要对刀刃和金属孔板同时研磨。

2.2.3　绞肉机常见故障分析及排除

1)绞肉机的效能降低

原因分析:刀片变钝;绞刀孔板安放错误;刀具紧固不合适;孔板的表面不清洁。

解决措施:对绞刀具进行研磨,或更换新刀具;查看说明书,正确安装绞刀、孔板等,以防安装错误;多次调试安装,紧固适当;孔板表面应该进行清洗。

2)绞肉机停转或转速降低

原因分析:刀片变钝;皮带滑动;电源电压太低;电器连接松动。

解决措施:对绞刀具进行研磨或更换新刀具;张紧皮带;调整电压或安装稳压器;紧固电线接头线路。

3)刀片异常磨损

原因分析:空转次数太多,造成严重的磨损;原料肉中混有杂质;加工热原料时,刀具发热。

解决措施:研磨或更换刀片;清除原料肉中杂质;冷却原料。

4)刀片经常折断

原因分析:原料中混入金属物;螺杆变形。

解决措施:认真挑选原料,剔除骨头、金属物等硬物;检修或更换新螺杆。

5)绞出的肉温度过高

原因分析:机器容量小,投料过多;原料中混有不易处理的杂物,如骨头等;刀具刃口变钝或螺母锁得不紧。

解决措施:按规定投料;投料时注意剔除不易绞碎的骨头等杂物;刀具要研磨或更换新刀具;将螺母锁紧,使刀具刃口与孔板紧紧贴在一起。

2.3 斩拌机

斩拌机是各种灌肠、香肠和午餐肉罐头加工必不可少的机械之一。它是把用绞肉机绞好的肉再进一步斩碎,进行细切,使原料肉馅乳化,产生黏着力的设备,在斩切肉的同时添加调味料、香辛料及其他添加物并将其混合均匀。斩拌机型号较多,有从20 kg处理量的小型斩拌机到500 kg的大型斩拌机,还有在真空条件下进行斩拌的,称其为真空斩拌机。

2.3.1 斩拌机的结构和工作原理

1)斩拌机的结构

斩拌机的结构主要由盛装原料的斩肉盘、高速旋转的斩拌刀具、上料机构、出料机构、传动系统、电器控制系统、刀盖及机架等部分组成,如图2.8所示。真空斩拌机要另加一套真空装置。

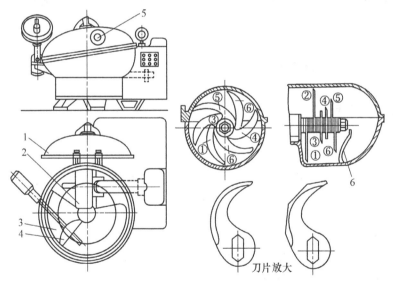

图2.8 真空斩拌机的结构

1—机盖;2—出料转盘;3—斩肉盘;4—出料转盘;5—视孔;6—刮板

①、②、③、④、⑤、⑥为刀片编号

斩肉盘用不锈钢制造。电动机的动力通过三角皮带和蜗轮蜗杆减速后,由棘轮机构带动斩肉盘轴驱动斩肉盘单向旋转,斩肉盘逆时针方向转动。

切割刀具由3~6把刀片组成,刀片安装在刀轴上,如图2.9、图2.10所示。刀具上方有保护和防止肉料飞溅的刀盖。刀轴由一台电动机通过三角皮带带动高速旋转,转速可以调节(2~3挡)。打开刀盖时,刀具自动停止转动,以保证安全。在真空斩拌机中,还有一个转盘密封盖,为的是在抽真空时起到作用。

 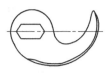

图 2.9　斩拌机刀组　　　　　图 2.10　斩拌机刀片

出料机构由一台电动机通过齿轮减速机带动转轴和出料圆盘转动,整个机构可自由活动。斩拌时将出料盘向上抬起,圆盘不转。出料时,将出料机构放入斩肉盘内,接通电源,出料圆盘转动进行出料。

传动系统由电动机分别带动环形斩肉盘、刀轴和出料转盘工作。电动机经带轮使蜗杆传动蜗轮,通过带轮机构使斩肉盘单向旋转。

2)斩拌机的工作原理

斩拌工作时,盛肉的斩肉盘以较低速度旋转,不断向刀组更次送料,刀组以高速转动,料在转盘槽中作螺旋式运动,同时被切刀搅拌和切碎,并排掉肉糜中存在的空气,利用置于转盘槽中的切刀高速旋转产生劈裂作用,并附带挤压和研磨,将肉及辅料切拌均匀混合。

真空斩拌机就是在斩拌过程中,有抽真空的作用,可避免空气打入肉糜中,防止脂肪氧化,保证产品风味。

2.3.2　斩拌机的操作与维护

1)斩拌机的操作

(1)斩拌机的检查、清洗

在操作之前,对斩拌机进行清洗、消毒。要对斩拌机的刀具进行检查。如果刀刃磨损应及时磨利。如果每天使用斩拌机,至少每隔10天磨一次刀。在装刀的时候,刀刃和转盘间要留有一定间隙,并注意刀具一定要牢固地固定在旋转轴上。刀部检查结束后,还要将斩拌机清洗干净。可先后用自来水、洗涤液和热水清洗。

(2)原辅料的准备

斩拌前,一般绞好的瘦肉和脂肪都要按配方分开处理。绞好的肉馅,要尽可能做到低温保存。按一定配方称量调味料和香辛料,混合均匀后备用。

在清洗后斩拌前,为了控制斩拌温度,一般需要在转盘中添加一些冰水,对斩拌机进行冷却处理。冰水添加量依据香肠的种类、原料肉的种类、肉的状态而定。在制造冰水时不要直接使用整冰块,而要通过刨冰机将冰处理成冰屑后再使用。

(3)斩拌操作

斩拌机使用时先将一部分瘦肉馅装入斩肉盘内,均匀铺开。开动斩拌机,逐渐加入水或冰屑、调味料、香辛料,然后加入脂肪。斩拌均匀后立即取出,准备灌制。斩拌结束后,将刀盖打开,清除刀盖内侧和刀刃部位的肉糜。最后清洗斩拌机,斩拌时投入的原料量和辅料量不可过多或过少,刀具的转速和斩拌时间应根据肉糜的种类、工艺要求、环境温度、加入的水量和脂肪量来确定,以保证斩拌质量。

斩拌时应先启动刀轴电动机,待转速正常后,再启动斩肉盘电动机。工作中途停机时,应先使斩肉盘停止转动,再使刀轴停止转动。

(4)清除残留肉末

斩拌结束后,将盖打开,清除盖内侧和刀刃部附着的肉末。附着在这两处的肉末,不可直接放入斩拌过的肉馅内,应该与下批肉一起再次斩拌,或者在斩拌中途停一次机,将清除下的肉末加到正在斩拌的肉馅内继续斩拌。

(5)清洗

认真清洗斩拌机,然后用干布擦干后将机器盖好。

2)斩拌机的维护

(1)斩拌刀的保养

斩拌刀是硬质不锈钢制成的,磨刀最好在专用的磨刀机上进行,并对磨刀石进行冷却,避免刀过热,否则会造成刀出现裂纹或折断。磨刀后,刀和刀头的压紧面必须清理干净,涂上动物油脂。安装刀以前要对刀轴进行清洗和润滑,安装的斩拌刀应两两相对,而且结构相同,质量一样(最大误差5 g)。任何不平衡都会导致刀负载加重、振动,甚至会导致机器不规则地运转,最后导致机器损坏。

(2)液压传送系统的保养

每周检查一次液压器内的油位,并检查管子和部件。每年至少检查一次过滤器,将滤网进行清洗或更换。

传送带和链条要每天检查,如果发生磨损时可以调整张力装置或更换。

(3)电子系统的保养

把所有的电子器件接口安装后一个月测试一次,正常后每6个月要测试隐蔽的控制点,开关盒和电子器件的封口要定期检查,防止开关盒和电子器件潮湿。

3)注意事项

①操作前,先检查斩肉盘内是否有杂物,检查刀刃是否锋利,注意刀一定要牢固地固定在旋转轴上,同时检查刀刃与转盘间距,看是否有接触处,一般将刀刃与转盘间距控制在两张牛皮纸厚度的范围。检查转盘减速器油位、清洁度,然后盖好护盖。空车旋转几转,确保无误后方可上料斩拌。

②操作时,应先开启刀轴电机,待转速正常后再启动斩肉盘电机。中途停机时,应先停斩肉盘电机,再停刀轴电机。

③操作过程中,随时监听主轴及其他机械传动声响,发现异常立即停车,检查轴承是否损坏,避免因轴承损坏导致主轴径向跳动,损伤剁刀与转盘。

④操作结束后,切断电源,搞好卫生,刷洗剁刀、护盖、转盘。

⑤机器必须由专人操作,所有必要的附加设备正确安装在机器上,无松动,无附加物;斩拌期间,不要把手伸到刀具盖下面。机器装料时,启动臂举起时,严禁在启动臂下站人;机器在维修、保养时为安全起见应切断电源;清洗机器时,机器的防护罩应盖上,以免水冲进空气压缩管或电子器件内发生危险。

2.3.3 斩拌机常见故障分析及排除

1)转盘不转

原因分析:蜗杆皮带轮、皮带严重磨损;减速器蜗轮齿面严重磨损,蜗杆不能带动蜗轮;轴承因严重缺油而抱轴。

解决措施:更换蜗杆皮带轮、皮带;更换减速器蜗轮;调整减速器,更换轴承。

2)主轴转速严重降低

原因分析:皮带滑动;皮带松动。

解决措施:调整电机皮带轮与主轴带轮中心距或更换三角带。

3)刀片和转盘有异常磨损

原因分析:空转次数太多,造成严重磨损;原料中混有杂质;刀刃与转盘间隙太小。

解决措施:更换刀片;清除原料肉中杂质;调整刀刃与转盘间隙。

2.4 搅拌机

搅拌机是灌肠类制品生产中常用的一种用于搅拌和混合肉馅、香辛料等添加物的机器。它能把各种不同规格的原料肉与添加剂、香辛料、淀粉、冰水等辅料按工艺要求进行搅拌,使它们充分混合。在制作压缩火腿时,用于混合肉块和肉糜,在制作香肠中用于混合原料肉馅和添加物。

根据是否带抽真空功能,可以把搅拌机分为敞口式搅拌机和真空搅拌机两种,使用真空搅拌机可以提高肉馅的嫩度,改善组织状态。在混合时为了除去肉馅中的气泡,常采用真空式搅拌机。根据搅拌机旋转轴数量可分成单轴搅拌机和双轴搅拌机。根据搅拌机旋转轴的不同,又可分为桨片搅拌机、带状叶片搅拌机等。

2.4.1 搅拌机的结构和工作原理

1)搅拌机的结构

在肉类加工中,搅拌机的种类较多,但其基本结构是一致的,主要由搅拌装置、轴封、搅拌槽、驱动装置等部分组成。搅拌机的外形如图2.11所示,其结构如图2.12所示。

(1)驱动装置

搅拌机由电机通过减速机带动搅拌轴转动,驱动装置是赋予搅拌装置和其他附件运动的传动件组合体。

(2)搅拌桨和搅拌轴

搅拌器主要作用是通过自身运动使搅拌容器中的物料按某种特定的方式运动,从而达到某种工艺要求。

图2.11 卧式单轴搅拌机外形图

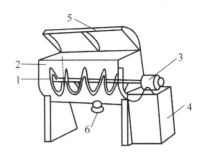

图2.12 卧式单轴搅拌机结构示意图

1—螺带;2—搅拌槽;3—驱动装置;

4—机架;5—盖子;6—卸料口

搅拌轴可分为单轴、双轴,双轴搅拌轴要比单轴作用力大、能力强、效果好。有的只向一个方向旋转,但大多数可正反旋转,这样就增加了对肉的挤压、撕裂和混合作用。

搅拌桨如图2.13所示。

图2.13 搅拌桨

(3)搅拌容器

搅拌容器也称搅拌槽,它是底部近似圆形的容器,用来容纳搅拌器与物料,并在其内进行搅拌。作为食品搅拌容器,除保证具体的工艺条件外,还要满足无污染、易清洗等技术要求。

目前搅拌容器都是采用不锈钢板制作,槽身要比槽底厚。

(4)轴封

轴封是安装在搅拌轴与搅拌容器间的密封装置,它的作用是防止容器内物料与轴承润滑剂或外界物质相互泄漏,造成污染。

2)工作原理

搅拌机工作过程中,将肉馅、香辛料、添加剂等物料分别放入搅拌容器内,减速器带动搅拌桨叶转动,搅拌桨叶以一定的速度旋转,将物料搅拌均匀,达到充分混合后,逆时针旋转桨叶,将卸料口打开,按出料按钮,在螺旋搅拌桨叶的推紧压力作用下,物料即可从卸料口排出。

2.4.2　搅拌机的操作与维护

1)操作

(1)清洗

操作前要认真清洗叶片和搅拌槽。

(2)搅拌准备

按照配方称量原料肉、脂肪、调味料和香辛料等。

(3)搅拌及操作

关闭出料门,按开盖按钮,真空盖打开(开到一定角度会自动停止)。先投入瘦肉,投肉时,要尽可能先投入肉质较硬的,然后按量的大小依次投入。接着添加香辛料和调味料,添加时,要洒到叶片的中央部位,靠叶片从内侧向外侧的旋转作用使料分布均匀。

关真空盖,打开真空泵抽真空,真空室旁有真空表指示真空度,达到要求的真空度即可启动搅拌机自动运行。搅拌时间依据搅拌机的旋转速度和能力、制品种类、有无添加剂等确定。

打开真空室前,要先打开真空管上的放气阀,解除真空状态。待真空表的指针回到零位后方可出料,打开出料门,启动出料按钮,即可出料。

使用完毕,关闭出料门,打开真空盖,再次加料,进行下一次搅拌。

(4)清洁

搅拌结束后关机,打开盖清除搅拌槽内物料,认真清洗,然后用干布擦干后将机器盖好。

2)注意事项

①开机前检查搅拌筒内有无异物,若有,必须清除干净。

②检查皮带的松紧程度,调到合适。

③设备运转时不要触碰搅拌轴。

④在关闭出料门时,切不可将手伸入出料口。

⑤为保证安全,操作及检查时不要将身体部位探入搅拌室。

3)维护

①搅拌机用后应及时清洗,可用高压清洗器并加适当的洗涤剂清洗,也可用手工清洗。清洗时注意电动机和电控箱部分要防止水分侵入受潮。

②定期检查皮带的松紧情况,调整时皮带不要对皮带轮产生过高压力。

③控制面板切勿受热或与硬物碰撞摩擦,防止划伤损坏。

④电气控制部分要经常检修,控制电路较为复杂,若出现故障检修时,要慎重处理,最好找专业人员检修。

2.4.3　搅拌机常见故障分析及排除

1)按启动按钮后,机器不启动

原因分析:电机发生故障。

解决措施:检修电机。

2) 搅拌叶片不动或转动失常

原因分析：电机发生故障；皮带打滑；皮带断裂；齿轮输出轴上的键损坏；齿轮损坏。

解决措施：检修电机；张紧皮带；更新皮带；修理或更换新齿轮。

3) 出料门漏料

原因分析：橡胶密封损坏；关门气缸的气压过低。

解决措施：更换橡胶垫；检查气压。

4) 异常噪声

原因分析：可能来自电机齿轮或出料门轴承。

解决措施：检查、修理或更换这些部件。

5) 电机过热

原因分析：过载；启动及反向过于频繁；电压过高或过低；通风不良。

解决措施：测量负载；再次接通前，让电机休息；解决电气电路问题。

6) 电机转动不平稳

原因分析：轴承故障；联轴器或皮带松动；皮带传动装置损坏。

解决措施：更换轴承；张紧皮带；修理或更换传动装置。

2.5 盐水注射机

盐水注射机的功用是将一定浓度的腌制液(广泛含义的盐水,包括腌制剂、调味料、黏着剂、填充剂、色素等)迅速均匀地注射到肌肉组织中,这样可以加快腌制速度,使盐水均匀扩散、渗透,可缩短 1/3 以上的腌制时间,提高肉制品的质量,改善肉制品的保水性和出品率。

盐水注射机按用途可以分为不带骨盐水注射机、带骨注射机、注射嫩化两用机。目前最先进的盐水注射机通过更换针头,大都既能注射带骨肉块,又能注射去骨肉块,还能进行嫩化处理。按操作动力分为手动和自动两种,手动的盐水注射机不适合规模化生产,目前规模化生产都是采用全自动的盐水注射机。

2.5.1 盐水注射机的结构和工作原理

1) 盐水注射机的结构

盐水注射机的外形图和结构如图 2.14 和图 2.15 所示。盐水注射机由电动机、曲柄滑块机构、针板、注射针、输送链板及盐水循环系统等组成。

(1) 注射针

注射针一般由管径 3 ~ 4 mm 不锈钢无缝管制造,长度 180 ~ 200 mm,在距针头 5 ~ 10 mm 的管壁上钻有直径 1 ~ 1.5 mm 的小孔,最多可达 20 个。注射针的针管侧壁上有许多小孔,腌液可从小孔流出。不同型号的机器针排数、每排的个数也不同。

图 2.14　盐水注射机外形图

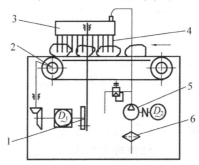

图 2.15　盐水注射机结构示意图

1—曲柄滑块机构;2—棘轮机构;3—针板;4—注射针;5—盐水泵;6—过滤网

注射针在针板上的安装有两种方法:

①固定安装。即将针座通过螺纹拧在针板的螺孔内,适于去骨肉的注射。

②弹性安装。针座头通过弹簧安在针板上,注射时针头除了与针板一起上下运动外,还可作相对运动,当针头碰到骨头和其他硬物时,该针头停止下降,不会损坏注射针头,因此很适合注射带骨肉。

(2)针板运动机构

一般注射针固定在针板上,由曲柄连杆机构带动针板上下往复运动来完成注射操作。

(3)肉料输送机构

肉料的输送多为间歇输送,输送机构实际是一网带式输送机构。间歇动作是由一组棘轮-棘爪机构控制,以完成输送带的步进,如图 2.16 所示。

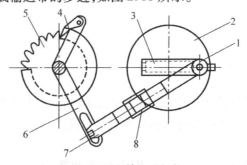

图 2.16　肉料输送机构

1—滑块;2—主动轮;3—丝杆;4—棘爪;5—棘轮;
6—摆杆;7—连杆;8—螺母

（4）盐水过滤与循环系统

这一系统对盐水注射的均匀性以及产品出品率是极为重要的,盐水循环系统如图2.17所示。

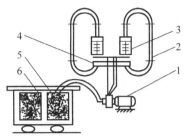

图 2.17　盐水循环系统简图

1—盐水泵;2—输送管;3—针头;4—回流过滤器;5—动态过滤器;6—吸液过滤器

盐水循环过程中的主要问题是多余盐水回流时夹着肉屑和肉组织流失的水分,它一方面造成盐水浓度的降低,另一方面造成针管中喷孔(针眼)的堵塞,因此,回收的盐水必须过滤,过滤网的孔眼一般为 0.85,1,3 mm。回收大量盐水时,可用转筒形滤网过滤处理。

2）工作原理

工作时,先启动盐水泵,调整盐水压力。开动驱动电机,将肉块放在喂料传送带上,再经过一整套的过滤器,压力泵从盐水槽吸取盐水,再经过针盒上部的截止阀(用于控制盐水注射量),将泵所抽取的盐水运送到注射针。输送带带动肉块向前移动,注射针向下移动到中间点时,输送带停止运动,压板压住肉块,注射针刺入肉块并连续注射,直到达到设定的时间。注射结束,阀门关闭,针头上升,针盒处于最高位置,传送带步进,把肉块送出。同时,传送带将下一批肉送入,开始新的循环。未注射的盐水再在机器内收集,过滤后,再流回盐水槽。

2.5.2　盐水注射机的操作与维护

1）操作

（1）清洗

开机之前,机器必须进行清洗,用温热水(最高50 ℃)冲洗盐水槽,再加去污剂,把盐水注射机的盐水泵启动运转,至少要运行 5 min,以便把软管和注射针清洗干净,再用干净水冲洗,将去污剂全部去除掉。

（2）启动机器

机器运行之前,应按下放气阀,以保证盐水泵的正常运行。

（3）调节装置

调节注入盐水的压力,调节输送带的速度与注射针的速度。一般来说,以上这些在安装试车时调定后,就不再调整。

（4）输送带的调定

在针从肉中完全脱离出来之后,即针尖头处于最高位置时,输送带立即执行动作。根据工艺调定速度,输送带将肉移向前方,进入机器。

输送带速度与针盒注射速度相耦合。一般来说,输送带在安装试车时调定后,也就不再调整。

(5)注射

原料肉修整完毕,配好盐水,注射机准备好后,将肉倒入输送带,就可以注射。对于出品率要求较高的产品,可以注射两遍。

(6)清洗

生产完毕,必须清洗设备。一般都备有一个捅针(金属丝)用于注射针的清洗,钩形扳手用于盐水保护过滤器的开启。

2)注意事项

①当机器运转时,不要对机器进行调整或修理。除非机器停止或按了"急停",在任何情况下,永远不要把手伸进机盖、机罩、观察窗和保护器的保护区域内。

②机罩、机盖、观察窗和保护器不到位时,不要操作机器。

③使用时,盐水箱不能空,否则盐水泵和密封垫将会被损坏。供冷却用的水管必须开着,使液压油温不超过规定油温。永远不要在设备没有过滤器的情况下操作机器。

④为了很好地注射,必须每天清洗针头。阻塞的针头在沸水中泡几分钟,用压缩空气反方向吹气。更换针头,不要忘记针头盖的复位,仔细检查针头是否完全进入位置。

⑤工作完毕,盐水箱中盐水必须倒空。装满清水,将盐水泵的注射量调到最大,运转10 min,否则盐水在泵中干燥,引起密封垫损坏,循环泵堵塞。不要把任何工具或物体放在传送带上,因为操作时会毁断针头。

⑥清洗安全窗和塑料机器元件,不能用很热的水,因为热水易使它们变形。

⑦经常保持机盖和机门关闭,因马达和液压活塞在空气中会降低它们的使用寿命。

3)保养

①供料支杆的支撑点、供料棒支撑点、带球轴承的连接杆和传动齿轮、传动套中螺纹接套必须每两周进行正确地上黄油,上油时应拆下两侧板。

②做好设备卫生管理工作,每次注射结束后应彻底清洗设备和盐水容器,以减少肉料被微生物污染的因素。

2.5.3 盐水注射机常见故障分析及排除

1)注射流不正确

原因分析:在回吸管和快速连接器中有空气循环;盐水箱中液体不足,空气被吸进;进口阀和出口阀没有很好密封;液体从传送管中漏出。

解决措施:排除回吸管空气;盐水箱补足盐水;紧固进口阀和出口阀;检查或更换密封垫圈;检查或更换液体传送管路。

2)机器注射空气或产生泡沫

原因分析:针头堵塞;水泵翼缝和垫片泄漏。

解决措施:检查或更换针头;紧固或更换垫片。

3)液压泵产生噪声

原因分析:连接轴坏了;吸油路损坏;回吸过滤器脏了,吸油不足使空气被吸入;冷却管漏水进入液压箱,引起泵的分离器和注塞缸的破坏。

解决措施:更换或修理冷却器;更换机油;检查油路,使其中无水。

4)机器速度降低

原因分析:针头堵塞;压力下降;液压箱吸油过滤器堵塞。

解决措施:清洗针头;检查并重新调整压力;疏通过滤器。

5)传送带上的肉不能向前走

原因分析:传送带上的导引格栅不能充分移动。

解决措施:调节导引格栅的高度。

6)机器运转正常,但没有压力

原因分析:压力表坏了;隐秘的阀门关闭,压力表不动作。

解决措施:检查阀门;更换压力表。

2.6 滚揉机

滚揉机是将已经注射盐水和嫩化的肉块进行滚揉的机械,它能使肉块得到均匀的挤压、按摩,加速肉块中盐溶蛋白的释放及盐水的渗透,增加黏着力和保水性能,改善产品的切片性,提高出品率。滚揉机是生产大块肉制品和西式火腿的理想设备。

滚揉机按肉块的滚揉方式可分为滚筒式和搅拌式(按摩式)。按滚筒的配置分为立式和卧式,前者也称为按摩机,目前绝大多数已不使用,后者才称滚揉机(但也有立式的),它是目前使用最多的一种。按压力情况分,又有真空和非真空两种,有的直接安装一套制冷装置,称为制冷式滚揉机(目前使用较少)。

2.6.1 滚揉机的结构和工作原理

1)滚揉机的结构

现以真空滚揉机为主来介绍,外形如图2.18所示,结构如图2.19所示。它由滚揉罐、定位滚轮、真空阀门、叶片、驱动装置、防倾倒安全装置、可调推杆支脚及机架组成。固定机架上装有防倒限位开关,滚揉罐和罐盖之间采用O形橡胶密封环密封。

(1)滚揉罐罐体

由不锈钢材料制成直径为1 200～1 500 mm的滚筒,内设有桨叶,在滚揉时可将肉块刮起,对肉块进行挤压、摔打。

图 2.18 真空滚揉机外形图

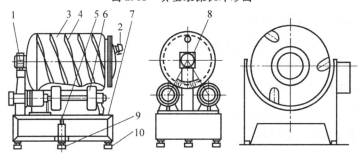

图 2.19 真空滚揉机结构示意图

1—定位滚轮;2—真空截止阀门;3—滚揉罐;4—内螺旋叶片;5—滚压推杆;6—驱动装置;
7—可倾机座;8—防倾倒安全装置;9—支脚;10—机架

（2）可倾斜装置

由机座、滚压推杆、传动装置、限位开关等组成。启动液压开关,使装置处于直立状态,就可把滚揉筒从机架下推卸下来,随地移动,在其他位置进行装料、封盖、抽真空,然后推上机架,重新将倾斜装置放平,进行滚揉。

（3）真空阀门

常压滚揉机中,不需要抽真空,没有真空截止阀门,只有要求在真空状态下滚揉的真空滚揉机中才有真空截止阀门。在运转之前,抽出筒体内的空气,使肉块处于真空状态,再拆下真空泵接头,启动驱动装置使筒体运转。没有倾斜装置的真空滚揉机,是在中心轴处装有旋转导气管接头,连接筒内垂直向上的吸气管,它可防止肉末吸入真空泵,另一端与真空泵连接,启动真空泵将筒内抽真空。筒体后部设有变速转动装置,筒体在旋转状态下连续抽真空。

（4）驱动装置

驱动装置由电机经过减速器带动 4 个摩擦轮组成,摩擦轮用树脂的轮缘、外绕包尼龙层,加大驱动轮与筒体间的摩擦。在固定式滚揉筒中,也有用电机经减速器用链条或齿轮带动滚揉筒的中心轴转动的,4 个小轮只起支承作用。

（5）控制系统

控制系统现在大多数都是触摸屏控制,能设计并输入滚揉程序,圆满地完成滚揉时间、停歇时间、正转、反转、开始、结束等程序。

2）工作原理

滚揉机的外形是滚筒,滚筒内部有浆叶,经注射后的肉块在滚筒内随着滚筒的转动,浆叶把肉块带到上端,随即一部分肉块在重力的作用下摔下,与低处的肉相撞击,同时,由于桨叶作用,使肉块在滚揉机内与腌制液一起互相摩擦、挤压、摔打(立式按摩机只是在搅拌桨叶的作用下,肉块相互摩擦、挤压、按摩)。由于旋转是连续的,所以每块肉块都有自身翻滚、肉间互相揉搓和互相撞击的机会。这样,可使原来僵硬的肉块软化、肌肉组织松弛、盐水容易渗透和扩散、肉发色均匀,同时起到拌和作用。真空滚揉机就是在滚揉的同时,能够保持罐内一定的真空度。

2.6.2　滚揉机的操作与维护

1)操作

(1)检查

检查机器的完整情况和周围环境,清除影响操作的物品。

(2)装料

对于可移动式滚揉筒,用固定式提升机将原料肉送入滚揉滚筒内,装到额定的加工量。对于固定式滚揉筒,先关闭筒盖,点动启动机器,使进料口停止于旋转中心上方合适位置,取下进料口的封口,装上进料管接通滚筒与料车。开启真空泵将肉料吸入筒体。关闭真空泵,取下吸料管,封闭进料口,再启动真空泵。

(3)封盖

滚揉滚筒需加盖,筒盖配有三爪(或四爪)挂钩和密封用食品橡胶垫。旋紧筒盖上的手柄,使筒盖压紧、密封。

(4)抽真空

把真空泵箱上的真空管插入滚揉滚筒筒盖上的快换接头连接体,启动真空泵抽真空。当达到所需真空度时,拔下真空管,然后关闭真空泵。在滚筒运动时,不能进行抽真空(呼吸式的除外)。

(5)准备滚揉

将抽过真空后的滚揉滚筒推入滚揉机机架后,启动液压泵,将滚揉滚筒上升至滚揉位置,准备滚揉(固定式滚揉筒无此步骤)。

(6)设定滚揉程序

根据被加工肉块的种类及不同出品率的要求来设定滚揉的总时间、运转时间、暂停时间及高速正转、停止、逆转、停止等周期性循环运转的滚揉程序。注意正转时间和逆转时间的相同性。

(7)开始滚揉

程序设定完毕后,就可根据生产工艺要求开始滚揉。可高速滚揉,也可低速滚揉。若要中断滚揉程序,按下停止按钮即可。重启动时,应调整总时间,将前面已运转用去的时间减去。

(8)卸料

滚揉结束后,把标准料车推到滚揉机出料口下方,用快换接头插入滚揉滚筒盖上的连接体,空气经过快换接头进入滚揉滚筒消除真空后取下筒盖,开动液压泵使滚揉筒上升至卸料位置,按动卸料启动按钮,使滚揉筒旋转,以利于卸料。卸料结束时,按下滚揉筒停止按钮,滚揉筒停止转动,然后将滚揉筒恢复至起始位置,准备下一轮工作或关闭滚揉机备用。

2)注意事项

(1)滚揉时间要控制得当

滚揉时间越长,肌纤维蛋白的溶解和抽提越充分。但时间过长,溶解抽提出的蛋白质还会返回到肌肉组织中去,并且也会产生过多气泡,影响产品的保水力和切片性。一旦采纳了可以生产出标准化产品的程序,这个程序或工艺就应保持不变。

(2)转速控制

转速越大,蛋白质溶解和抽提越快,但对肌肉的破坏程度也越大。滚揉速度控制肉块在滚揉机内的下落能力。转速一般控制在 10 ~ 12 r/min。另外,滚揉机应柔和地推挤、按摩、提升和摔落肉块,以达到较好的滚揉效果。

(3)真空度控制

一般真空度要求为 60.8 ~ 81 kPa。

(4)间歇滚揉

滚揉机的运转不要连续进行,一般的方法是采取间歇滚揉的工艺。设备若有反转功能,也可采取正—反—停间歇滚揉的工艺进行,这主要是为了避免由于摩擦而引起的肉温上升,同时也使肉组织不容易受到破坏。

(5)装入量

装入肉的量影响滚揉的效果,装入量越多,肉每次下落的高度越小,肉块在滚揉筒内起不到挤压、摔打的作用。装载太少,则肉块下落过多会被撕裂,导致滚揉过度,肉块太软和肉蛋白质变性,从而影响成品的质量。因而在滚揉时,根据滚揉罐的设计容量确定装载的多少,一般按容量计装载 70% 即可。

3)保养

①每日工作完后对整机进行清洁卫生工作,在清洗时,一定要注意防止机身开关箱受潮,严禁将水溅入开关箱。滚揉机不使用时,应将其处于滚揉状态的位置。

②做到机器的完整、清洁、润滑,开机前对机器的主要部位进行检查,发现问题及时处理。电气系统每周进行一次检查维护,以确保运转灵敏。

③首次加油运转一周后应更换新油,并将内部油污清除干净,以后每半年更换一次新油。

④每周对翻转传动注一次油,每月对转向节部分的轴承注一次油;每半年对翻转系统中的双向推力轴承、滚动轮装置上的轴承等部位进行清污、润滑;减速机上的链轮、传动链要定期加润滑油。

⑤注意观察真空泵上的油位,油位降至 2/3 以下时,应加真空泵油。若发现油变成乳白色,可能是水进入泵内,应立即更换新油。

⑥定期检查液压系统的连接,确保液压系统中各元器件工作正常,不得有堵塞和渗油现象。

2.6.3 滚揉机常见故障分析及排除

1)泵启动时颠簸之后出现过载反冲现象

原因分析:马达两相转动;过载调节器设置太低;输入功率错误或线太细。

解决措施:检查与电源连接的每一根线;设置过载放大器;检查电源线。

2)泵启动时有"喀啦"声,放大器读数高

原因分析:泵旋转方向错误;加油过满;很长时间未用过泵;长时间未更换过油;过滤器堵满了废弃物。

解决措施:改正泵旋转方向;加油到建议油位(看最大、最小油标);盖上泵口,旋转泵直到发热;用50%的油和50%的汽油混合清洗泵,密封进口凸缘转30 min,排出混合油;更换过滤器,给泵充添新油。

3)真空度不够或抽真空时间延长

原因分析:真空管漏;储油箱中没油或油位太低;机油过滤器堵塞;轴密封垫漏或被挤出;油线漏;过滤器塞满了废弃物;进口滤网塞满了东西;过滤器进口塞满了东西。

解决措施:检查真空泵是否漏,更换循环部分;往储油箱中加油到建议油线上;换油过滤器;换轴密封垫;换油线,严密接合液压系统;更换过滤器元件;拆卸进口凸缘,清洗进口滤网,检查阀门垫。

4)泵旋转时过热

可能造成故障的原因:泵没有足够通气量;泵的通气阀或蛇形冷却管被堵满;油箱中的油过多;废物过滤器被堵满了。

解决措施:给泵提供较多的空气量,或者把泵移动到另一个地方;高压空气或洗涤剂清洗泵的通风阀;放油到建议用的油位;更换新的废物过滤器元件。

5)泵漏油

原因分析:液压系统接头、螺旋或圆筒塞有松动;密封垫被破坏了;过滤器被堵满,产生负压。

解决措施:用清洗剂清洗漏区,紧固变松了的液压系统接头、螺旋或圆筒塞;更换密封轴垫;更换新的过滤器元件。

6)马达转而泵不转

原因分析:连接轴磨损或被损坏。

解决措施:更换连接轴、垫圈。

2.7　灌装充填机

灌装充填机是把经斩拌或搅拌后的肉糜或腌制滚揉的火腿肉块等向肠衣内充填的机械,也称灌肠机。灌装充填机类型多种多样,若按作用力形式,可分为手动、气压、液压和电动式;按送料机构形式,可分为活塞式和机械泵式;按机器外形,可分为立式和卧式;按操作方式,可分为间歇式和连续式;按运行时的压力,可分为真空和非真空灌肠机。

常用的灌肠机有活塞式灌肠机、全自动真空灌肠机和火腿肠自动充填机等。

2.7.1　活塞式液压灌装机

1)结构

活塞式液压灌肠机由盛肉料斗、灌装嘴、肉缸、挤肉活塞、液压油缸、液压油泵等组成。其外形和结构如图2.20、图2.21所示。

图2.20　活塞式液压灌肠机外形图

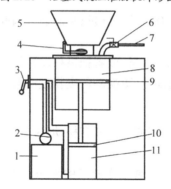

图2.21　活塞式液压灌肠机结构示意图

1—液压油箱;2—液压油泵;3—手柄;4—进料阀门;5—盛肉料斗;6—灌装阀门;
7—灌装嘴;8—肉缸;9—挤肉活塞;10—液压活塞;11—液压油缸

2)工作原理

电动机通过皮带带动齿轮泵,产生压力油。手柄的作用是控制压力油的流动方向,操纵手柄,可使压力油进入下活塞的上腔(或下腔),而使下腔(或上腔)的油通过回油管流回油箱。下活塞的作用是把压力油的压力转化为推力,推动挤肉活塞移动。下活塞用铝合金或铸铁制成,它与挤肉活塞用活塞杆联接。为防止下活塞上腔的油漏入盛肉缸内,在活塞杆处用几道橡胶密封圈密封。挤肉活塞的作用是将盛肉缸内的肉糜压入肠衣内。

3)活塞式液压灌装机操作与维护

(1)操作

①首先检查灌肠机整体状况,查看灌肠机内是否有异物。

②接通电源,启动开关,观察运转过程,看其运转是否稳定。

③使用前用温水、清水清洗灌肠机。

④打开缸盖,待料缸活塞运行至最低,将肉糜装满盛肉缸,盖上缸盖,并拧紧缸盖上的

手轮。先进行排气,然后物料灌完后,打开盖子,继续放料。按上述步骤重复操作,继续灌制。

⑤灌制完成后,取出剩余物料。清洗设备,关闭开关,切断电源。

(2)维护

①每次用完,清洗料缸,内壁涂植物油防锈。

②定期保养电机和检修液压传动的油路和各种阀门。

③加料要平、实、满,如果料缸不满时要抹平物料表面,并使活塞上升至接近料缸出口避免内部空气太多。

④检查料缸盖板的密封圈是否完整、压紧时是否严密,避免物料挤出。

⑤排气时轻开阀门,用料盆挡住灌肠管出口,避免物料快速冲出。

⑥清洗时注意灌肠管内部的清洗。

2.7.2 火腿肠自动充填机

火腿肠自动充填机是一种高自动化灌装设备,该机只可使用塑料肠衣,既可灌装高黏度物料或糊状物,又可灌装液体状内容物。具有自动打印、定量充填、塑料肠衣自动焊接、充填后自动打卡结扎、剪切分段等功能。其可在一定范围内随肠衣的宽度和长度的改变而改变充填量,有的机器可在每个产品上印刷上生产日期。

1)结构

火腿肠自动充填机主要由料斗、地面泵、送料直管、液压回料管、机上泵、灌肠管、成型板、焊接肠衣机构、薄膜供给辊轮、日期打印装置、挤开滚轴、结扎往复式工作台、自动监测装置、机械传动机构、机座及控制系统等组成。

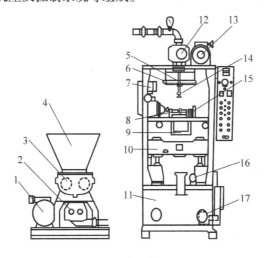

图2.22 火腿肠自动充填机工作原理

1—电机及地面泵变速-减速器;2—地面泵;3—喂入辊;4—料斗;

5—成型板;6—薄膜输送辊;7—电机及薄膜进给变速-减速器;8—薄膜进给辊轮;

9—挤空机构;10—往复台;11—驱动箱;12—机上泵;13—电机及机上泵变速-减速器;

14—充填管;15—挤空差动装置;16—调整装置;17—电机及三级皮带轮

(1)地面泵

工作时先将物料倒入料斗,调速电机带动齿轮泵转动,通过两根齿轮轴上的一对齿轮带动加压输送辊,把物料挤压入齿轮泵腔内。同时,物料经齿轮泵不断挤压由出料管输到机上泵。

(2)机上泵

机上泵主要由泵体、两个大小相等的斧式转子和泵盖组成,转子分别固定在两根传动轴上。机上泵在调速电机的作用下,带动叶片泵中的叶片轴转动,将物料从下面的出料口挤出泵体,送到出料管处完成充填。

(3)薄膜供给与热合装置

一对送进滚轮夹着薄膜,薄膜送进滚轮的外缘是橡胶树脂,薄膜随滚轮的相对旋转而被拖动,形成薄膜的不断供给。片状的一卷薄膜经3个导辊装置导入肠衣成型板,成筒状并自然叠压。同时,灌肠管通过成型板,灌肠管上的负电极与压在薄膜外部的正电极碳棒对向下行走的叠压部分薄膜由高频震荡电流进行热合,使片状的薄膜变成筒材,即可盛放由灌肠管送来的料馅。填有料馅的筒状薄膜在上述薄膜送进滚轮的作用下,继续下行。

成型板的位置可以在小范围内调整,既调整薄膜叠加的宽度,同时也调整火腿肠的质量。热合的高频电流也可以调整频率,以达到热合的最佳匹配。薄膜送进辊的电机也是无级变速,可以随时调整送进速度,以调整产品长度和质量。

(4)打印装置

在薄膜送进成型板之前,有一套打印装置。打印滚轮旋转到下方时,字模浸蘸油墨,旋转到上方时,与正在运行的薄膜接触,即将字迹打印在薄膜上。随即,由吹风机送进的热风将字迹吹干。字迹滚轮的旋转速度与往复台的速度同步,以确保每件产品上都有生产日期。

(5)挤开滚轴

随着填充有肉馅的薄膜的下行,在往复台与薄膜送进滚轮之间有一对挤开滚轴,回转的线速度与薄膜下降速度同步,并在曲柄的带动下完成合并、分离动作。当滚轴合并时,将肉馅挤向中间部位,使一段筒状薄膜挤空,以便结扎。

挤开位置可调整,以确定两个滚轴的合并时间和分离时间,确定挤开长度和火腿肠长度(质量)。

(6)往复台(结扎装置)

往复工作台的工作目的是为结扎(打卡)机构铝丝卡位和香肠剪切分段。它以电机为动力,靠联合减速器、曲柄装置把圆周运动变成上下直线往复运动。

结扎机构是由联合减速器内十字轮传动机构联接水平伞齿轮转动,把水平旋转变成垂直旋转来实现的。铝丝输送由固定在曲轴上的凸轮把铝丝输送进入工作台内的金属打卡模内,由金属打卡模把铝丝切断并打卡。

打卡完成的同时,金属模具中间夹层的切刀(刀片)在凸轮的作用下,周期性地伸出,将上下梅花卡中间薄膜切断,打卡在先、切断在后,就形成了一根根的火腿肠。切断后的香肠通过出料导槽滑出,完成定量充填加工工序。

2)工作原理

如图2.22所示,当已搅拌好的肉料送到料斗中后,由料斗喂入地面泵,再经机上泵增压后进入填充管与肠衣汇流;肠衣薄膜经成型板及纵封机构纵封成筒状的肠衣,进而由肠衣进给滚轮(薄膜进给辊轮)作纵向进给,肠衣填充了肉料,起先是棒状物,当其运行过挤空机构时被等距挤压分节,在分节处留下空肠衣;在往复台内完成结扎封口;最后由往复台内的切料装置从分节处的中点切断,从而得到符合规格长度的半成品火腿肠。

3)自动充填机操作与维护

(1)操作

①操作前检查各联接部件(特别是管箍)安装是否严紧,避免物料在输送过程中空气混入或充填物外漏。

②通过调试作薄膜密封试验,确定工艺操作参数。打开开关,启动薄膜送进旋钮,输送辊的速度可通过调速电机调节;启动热合旋钮,放下正电极碳棒,调节高频振荡器频率,使热合良好。调试时同时要作结扎实验,把制动马达开关转到"安全手动"位置,用手盘车使往复工作台运转一周。待确认金属打卡模具不相碰撞时,把铝丝输送杆倒向右,在一次成型机上插入铝线。再把铝线夹输送杆向左,用手转动,操作工作台使卡结扎,检查卡空打有无异常现象,务必使卡扣高度、形状符合要求。

③自动运转—启动地面泵—启动薄膜输送—启动密封—启动机上泵—启动结扎装置—进入运转状态。在生产过程中,务必不断检查并调整热合的牢固程度、卡扣的形状和牢固程度、产品的长度和质量等。

④生产结束后,清洗全部泵配管、地面泵料斗、输送辊、不锈钢齿轮及机上轮、填充管等部件。清扫薄膜、金属打卡模,松开铝丝输送夹。

(2)保养

①检查各部分油位,严格按油类加油,发现油质变性应及时更换。

②检查薄膜输送辊运转是否平稳,各弹簧出销滚子是否正常。

③检查金属打卡模是否相碰、打卡模螺钉是否松动、成型环是否正常。

④充分紧固机上泵轴的紧固螺钉。

2.8 烟熏炉

烟熏作为一种工艺,它是利用木材、木屑、甘蔗皮、红糖等材料的不完全燃烧而产生的熏烟,使肉制品吸收而增添特有的熏烟风味,以提高产品质量的加工方法。

肉制品加工中烟熏方法按照产生烟雾的状态,可分为气态烟熏法(木熏法)和液态烟熏法(液熏法);按照烟熏的温度,可分为冷熏(< 30 ℃)、温熏(30~50 ℃)、热熏(50~80 ℃);按照发烟方式,可分为直接发烟式和间接发烟式等。直接发烟式最常用的设备就是烟熏土炉,间接发烟式以前用的是半自动烟熏炉,现在用的是全自动烟熏炉,它们都分为烟熏室和发烟器两部分,发烟器用于制造熏烟,通过烟道进入烟熏室来熏制产品。

不管什么形式的烟熏室,应达到以下要求:

①温度和发烟要能自由调节。

②烟在烟熏室内能均匀扩散。

③要防火、通风。

④熏材的用量要少。

⑤建筑费用应尽可能的少。

⑥操作便利,最好可调节湿度。

2.8.1 烟熏炉的结构和工作原理

1)烟熏炉的结构

全自动烟熏设备具有多种功能,除烟熏外,还可用于蒸煮、冷却、干燥及喷淋等。全自动烟熏炉结构如图2.23所示。它主要由熏蒸室、熏烟发生器、蒸气喷射装置、冷却水喷管、熏制车及控制系统等部分组成。

(1)熏室

熏室以普通型钢焊接而成,内外多数采用不锈钢板,中间填充硬脂聚氨发泡材料或矿渣棉等隔热材料,增强了绝热性。组装时在各板缝隙处用特制的橡胶带和专用密封涂料加以密封,并采用内外夹板和自攻螺钉予以固定,成为坚固的一体。

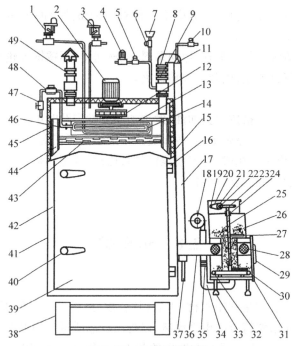

图2.23　全自动熏蒸炉

1—高压蒸气电磁阀;2—循环风机;3—低压蒸汽电磁阀;4—管道泵;5—清冲洗电磁阀;
6—清洗剂电磁阀;7—清洗剂桶;8—进烟蝶阀;9—加空气蝶阀;10—喷淋电磁阀;
11—喷头;12—风机叶轮;13—上隔板;14—盘管散热器;15—内壁包板;16—门铰链;
17—输烟管道;18—鼓风机;19—送屑电机;20—三角皮带;21—大带轮;22—蜗杆;
23—蜗轮;24—轴承座;25—主轴;26—木屑;27—小拨叉;28—滤网;29—玻璃透窗;
30—大拨叉;31—发烟室门;32—电热管;33—支架;34—进风管道;35—可调风门;
36—方形烟道;37—排水管;38—坡度板;39—熏室门;40—门把手;41—外壁包板;
42—炉体;43—隔流板;44—风管;45—保温隔层;46—法兰盘;47—疏水阀门;
48—疏水器;49—排气阀

（2）箱门

箱门采用不锈钢板外壳，中间填充硬脂聚氨发泡材料、矿渣棉等隔热材料，每扇门用两个可调铰链与箱前面板联接，每扇门上装两个压杆锁柄，可从任一方向开锁，门与箱前板采用全向密封条加以密封，烟熏架进口处，装有不锈钢倾斜板桥，供架车进出。

（3）循环风机

循环风机机组主要由一台（或两台）特制风机组成，吸入端借助于固定夹板安装在加热机组的顶板上。交替活门是构成循环风机机组的另一个重要部件，它的开启调节受一台减速机通过链条带动，特制的风机叶轮不允许有任何木焦油等存积物，必须经常保证处于动静平衡良好状态下稳定运转，如图2.24所示。

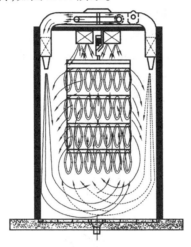

图2.24 全自动烟熏室内烟流状况

（4）导气管装置

导气管装置为全不锈钢结构，安装在交替活门的后面、烟熏箱上顶板左右两侧，导气管设有许多锥形喷嘴，运转时循环风机不断地将热空气、蒸气、烟雾等混合气体通过交替活门注入导气管，然后通过喷嘴喷射到烟熏箱内，运转中左右活门交替开闭，形成稳定的气流，使被加工的食品平衡均匀地达到干燥、烟熏、熟化和灭菌的目的。导气管装置如图2.25所示。

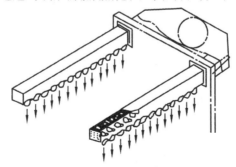

图2.25 导气管装置

（5）新鲜空气活门

新鲜空气活门用于向箱内配给新鲜空气，以取得改变湿度、提高干燥速度的效果。平板式活门安装在平行导轨上，通过气缸驱动。气缸受电磁阀控制，电磁阀的换向动作又受

电器控制系统的预编程序动作,该机组采用法兰螺栓联接在加热器的后背板上,法兰与后板之间采用特殊橡胶材料予以密封。

（6）排气风机

风机借助于法兰及压紧板与箱顶板联接,一般可根据排气出口现场位置任意调整。整机由不锈钢制造,风机可在短时间内排掉箱内的气体。

（7）烟雾发生器

烟雾发生器为木料产生烟雾的装置。木料在烟雾发生器内发烟,浓烟通过洗涤净化后送到加热循环系统,对炉内的肉制品进行烟熏。目前的全自动烟熏炉、半自动烟熏炉都采用这种发烟装置,也就是发烟和烟熏是在两个不同地方进行的。

常用的烟雾发生器有以下4种方式:

①燃烧法。将木屑放在电热燃烧器上燃烧,所产生的烟雾借风机与空气一起送入烟熏室内,烟熏室的温度取决于烟的温度和混入空气的温度,烟的温度通过木屑的湿度进行调节。这个方法一般以空气的流动将烟雾附着在制品上。发烟机与烟熏室保持一定距离,以防焦油成分附着过多,装置如图2.26所示。

图 2.26　燃烧法烟雾发生器

②摩擦发烟法。这种方法是在硬木棒上施加压力,使硬木棒与带有锐利摩擦刀刃的高速转轮接触,通过摩擦发热使削下的木片热分解产生烟,烟的温度由燃渣容器内水的多少来调节,如图2.27所示。

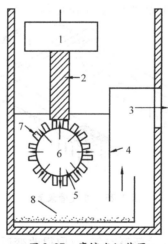

图 2.27　摩擦发烟装置

1—重石;2—棒;3—烟;4—遮蔽板;5—摩擦车;6—气流;7—刃;8—燃渣容器

③湿热分解法。将水蒸气和空气适当混合,加热到300 ℃,高温热气通过木屑产生热分解,因为烟和蒸气是同时流动的,故变成潮湿烟,由于温度过高,需经过冷却器冷却后进入烟熏室,冷却可使烟凝缩,附着在制品上,故此法又称凝缩法。其装置如图2.28所示。

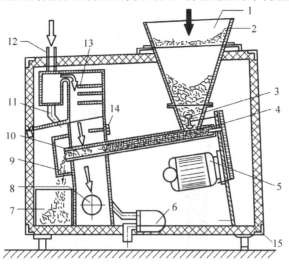

图2.28 湿热分解装置

1—木屑;2—筛子;3—搅拌器;4—螺旋传送带;5—电机;6—排水;

7—燃容器渣;8—出烟口;9—木屑挡板;10—汽化室;

11—凝缩管;12—蒸气口;13—过滤器;14—温度计;15—熏室

④流动加热法。如图2.29所示,这个方法是用压缩空气使木屑飞入反应室,经过300～400 ℃的过热空气,使浮游于反应室内的木屑热分解,产生的烟雾随气流进入烟熏室。由于气流速度较快,灰化后的木屑残渣很容易混入其中,需要通过分离器将二者分离。

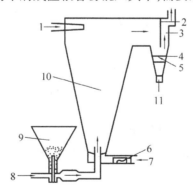

图2.29 流动加热烟熏装置

1—空气进口;2—遮蔽板;3—分离机;4—灰耙;5—筛子;6—加热装置;

7—空气进口;8—压缩空气;9—残渣;10—反应室;11—燃渣

(8)清洗装置

清洗装置是由蒸气喷射器和控制元件组成。它可把清洗液或水喷射到箱内各个部分,定期清洗箱内所有循环系统的各个部件的焦油、污物,以保证热效率和产品的卫生。

2)工作原理

烟熏室用型钢焊接而成,内外均用不锈钢制造,中间有良好的绝热层。由烟雾发生器

生成的烟由下而上吸入室内顶部的鼓风机,经增压后再从两侧喷嘴喷出,对室内肉制品进行烟熏,部分烟雾则从顶部经防污染的过滤器过净后排出。在增压区内设有蒸气加压装置,以保证烟雾流动速度并保持一定湿度。在鼓风机下部设有热交换器,供给干燥用的温风和冷却所需的冷风以及湿热蒸汽,完成干燥、冷却、蒸煮工作。烟雾发生器设在烟熏室附近,供给新鲜熏烟。室外壁设有电气控制板,用以控制烟熏浓度、烟熏速度、相对湿度、室温、物料中心温度及操作时间,并由仪表显示。其原理如图 2.30 所示。

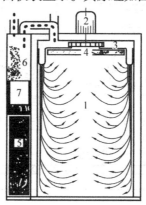

图 2.30　烟熏炉原理示意图

1—烟熏室;2—鼓风机;3—增压区;4—热交换器;
5—烟雾发生器;6—滤烟器;7—电气控制板

2.8.2　烟熏炉的操作与维护

1)操作

①不论是锯末还是木粒,发烟前都要拌入一定的水分,以进行良好的不完全燃烧,同时增加了烟雾湿度,提高烟熏效果。

②操作前要认真清理烟熏室,检查烟雾发生器、鼓风机、滤烟器等部件。

③根据肉制品种类和工艺要求,确定合理的程序和工艺参数,如温度、湿度、熏制时间、烟雾浓度等。

④将原料肉装入烟熏室,关闭箱门进行熏制。

⑤烟熏结束后关机,打开箱门立即取出制品,待烟熏炉降温后清除物料残渣。

2)注意事项

①烟熏前一定要将制品表面的污物洗净。如果有肉馅附着在肉表面,这些部分将不会有烟成分附着而产生烟熏斑点。

②烟雾浓度、温度、湿度要根据制品工艺要求而设定,烟熏结束后立即将制品从烟熏室取出,若继续放在烟熏室内冷却,会引起制品收缩,影响制品外观。

③操作时要注意烟熏室的严密性,若有漏气漏烟发生,要查找出漏烟位置进行填堵,同时也要注意烟熏室烟雾的浓度。

3)保养

①每班开机前须认真检查各蒸气气源、压缩空气气源和电源是否正常。

②每班须检查木粒发烟器发烟是否正常,是否出现明火,木粒是否足够。

③每班须检查整机是否有漏气和漏烟等缺陷。若有,须及时处理。

④保护电气控制系统,特别是电脑的保护,不能让水冲溅到控制箱和电脑上,避免不必要的损失。

⑤每班工作后,应把箱体内部清洗干净,及时清理木粒发烟器中的烟灰等。

2.8.3 烟熏炉常见故障分析及排除

1)循环风机噪声大

原因分析:电动机转向不对。

解决措施:按图重新接线。

2)箱门与箱体处漏气

原因分析:门铰链及门把手有松动。

解决措施:重新紧固或通过调整垫片来校正。

3)疏水阀不排水或不畅

原因分析:疏水阀坏或堵塞。

解决措施:更换疏水阀或清理过滤网。

4)气控角座阀不工作

原因分析:压缩空气气压不够;压缩空气方向不对;控制电磁阀失灵。

解决措施:调整压缩空气压力;检查控制线路或更换电磁阀。

5)蒸汽管道漏气

原因分析:螺栓松了;石墨垫片损坏。

解决措施:紧固螺栓;更换石墨垫片。

6)排烟(排废气)不畅

原因分析:蝶阀失灵;控制蝶阀的气缸不动作。

解决措施:修复蝶阀;检查气压和控制气缸的电磁阀。

7)烟雾发生器可能出现的故障

原因分析:木粒送料机构不准确;进料口堵塞。

解决措施:调整送料刮板至合适位置;将木粒进行过滤,把不符合要求的木粒去除。

8)不发烟

原因分析:发烟电热丝发生故障。

解决措施:检查接线是否正确或更换电热丝。

9)出现明火

原因分析:木粒进给不畅。

解决措施:调整送料刮板位置,保证木粒不断料。

10) 箱内烟不足

原因分析:进烟阀门不畅。

解决措施:修复即可。

2.9 杀菌设备

杀菌是食品加工中一个十分重要的环节,杀菌的目的是杀死食品中的微生物,使食品在特定的条件下有一定的保存期,同时要尽可能保护食品的营养成分和风味。杀菌设备种类较多,根据操作方式分为间歇式和连续式,间歇式设备有立式、卧式杀菌锅和间歇式回转杀菌锅等。连续式有常压连续式杀菌设备;根据杀菌设备的结构分为板式杀菌设备、管式杀菌设备和釜式杀菌设备;根据杀菌压力和温度分为常压杀菌设备和加压杀菌设备。常压杀菌设备的杀菌温度在 100 ℃以下,用于酸性食品杀菌。加压杀菌温度在 100 ℃以上,压力高于 0.1 MPa,常用于肉类罐头的高温杀菌和乳液、果汁等食品的超高温杀菌;根据杀菌设备所用的热源分为蒸汽加热杀菌设备、微波加热杀菌设备、远红外线杀菌设备和欧姆杀菌设备等。本节就常用的肉类杀菌设备作一介绍。

2.9.1 蒸煮池

蒸煮池实际就是一个水池,其结构简单、造价低廉(甚至可用土建池)、使用方便。常用作盐水火腿、西式灌肠的低温蒸煮(煮制)。

蒸煮池主要由蒸煮架、电动葫芦升降设备和蒸煮锅 3 部分组成,配有必需的控制仪表,有温度计、控制阀、安全阀、电气开关按钮、指示灯、程序控制器等。

电动葫芦设在升降设备上部,用链条与横杆及蒸煮架联接,只要启动按钮,即可使蒸煮架上下升降,把蒸煮架送到蒸煮池内。

蒸煮架用来盛放火腿或吊挂香肠。在架子的上方有用来吊起的挂钩,供升降吊挂使用,如图 2.31 所示。

图 2.31　蒸煮架　　　　　　　　图 2.32　蒸煮锅

如图 2.32 所示,蒸煮池内外层均用不锈钢制造,中间有绝热材料保温,常用的有长方形的,也有用圆形的,锅内净尺寸要大于蒸煮架外形尺寸,并保留足够的储水间隙,锅底部设有蒸汽加热排管,管上开有许多小孔,蒸汽从小孔中喷出,使水加热成为热水,火腿即被加热。同时也有自来水管路。蒸汽和自来水管路上都可以安装电磁阀,对水温进行自动控制。在蒸煮池的下方开有放水口,在上方开有溢水口,供排水使用。

常用的蒸煮池同时可放置两个蒸煮架,顶部设有两个铰链开启式密闭保温盖,待装入蒸煮架后关闭保温盖便可进行蒸煮杀菌作业。蒸煮池在蒸煮过程中可采用编程开关屏进行自动控制,直至制品中心达到要求温度为止。然后放掉热水放进冷水进行冷却或换锅冷却。

2.9.2　立式高压杀菌锅

立式杀菌锅可用于常压或加压杀菌,由于在品种多、批量小的生产中较实用,加之设备价格较低,因而其在中小型罐头厂使用较普遍。

1)结构

如图2.33所示为具有杀菌篮的立式杀菌锅。

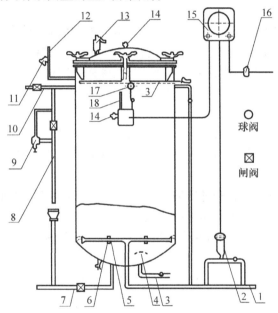

图2.33　立式杀菌锅的结构

1—蒸汽管;2—薄膜阀;3—进水管;4—进水缓冲板;5—蒸汽喷管;
6—杀菌篮支架;7—排水管;8—溢水管;9—保险阀;10—排气阀;
11—减压阀;12—压缩空气管;13—安全阀;14—泄气阀;
15—调节阀;16—过滤器;17—压力表;18—温度计

球形上锅盖铰接于锅体后部上缘,上盖周边均匀分布6~8个槽孔,锅体的上周边铰接于上盖槽孔相对应的螺栓,以密封上盖与锅体,密封垫片(密封填料)嵌入锅口边缘凹槽内,为了锅盖开启轻便,可借助平衡锤。锅的底部装有十字形蒸汽分布管(吹泡管)以送入蒸汽,蒸汽从管道进入,喷气小孔开在分布管的两侧和底部,以避免蒸汽直接吹向罐头。锅内放有装罐头用的杀菌篮,杀菌篮与罐头一起由电动葫芦吊进与吊出。冷却水由装于上盖内的盘管的小孔喷淋,此处小孔也不能直接对着罐头以免冷却时冲击罐头,造成破裂。锅盖上装有排气阀、安全阀、压力表及温度计等,锅体底部装有排水管。锅体外侧装有温度

计,温度计下端装有液位计和很小的放气阀,以排出温度计的死角空气。锅体上部内侧有压缩空气进口,供反压冷却时打入压缩空气。

2)操作与维护

在操作时,提前将罐头在吊篮中直接码好,杀菌火腿肠时,要用小盘将火腿肠摆放整齐,然后装入吊篮,杀菌软包装的其他罐头时,可以错开乱放在吊篮中,但要注意轻拿慢放,以免包装袋的硬角刺破其他包装袋。以罐头高温杀菌为例,其操作步骤如下:

(1)操作前的检查

检查水、电、气的压力是否够用;水阀、气阀、气泵、水泵是否灵活和泄漏;安全阀是否能够跳起;密封圈、锁紧装置是否脱落或不安全;温度计、压力表是否灵敏准确。

(2)罐头进锅

罐头要相互交错地摆放在吊篮中,用电动葫芦平稳缓慢地装入锅内(运行时不能左右摆动,进锅时不能撞击),然后锁紧锅盖。

(3)升温

将进水阀、排水阀和进压缩空气阀关闭,开蒸汽阀、泄气阀,开始升温,在此过程中要不断开排水阀,以排出冷凝水,还要注意温度与压力的一致。当温度到 100 ℃ 以上时,缓慢关闭泄气阀,并继续升温。当温度到 119 ~ 120 ℃ 时,缓慢关闭进蒸汽阀,当到达 121 ℃、压力 1.5 atm(1 atm = 101 325 Pa)时,彻底关闭各种阀门。

(4)恒温

这个阶段要注意温度与压力的一致,当温度下降时,要轻微打开蒸汽阀补充蒸汽,始终保持温度压力的一致,有必要时要开冷凝水阀。当达到工艺要求的恒温时间时,开始降温。

(5)降温

反压冷却,关闭各种阀门,开进压缩空气阀门,提高压力到 2.2 atm,然后进冷水,开始要缓慢进行,观察压力表,一手操作进冷水阀,一手操作压缩空气阀,绝对不能使压力突然大幅度降低,以免造成胖听。当温度达到 80 ℃ 时,开始放气,40 ℃ 时降温结束。

(6)排水

继续保持泄气阀的启开,关闭其他阀门,开启排水阀,把冷却水排出。

(7)出锅

用电动葫芦将吊篮吊出,对罐头进行擦水、检查。

操作时要求有高度的责任心,特别在恒温阶段要保证温度压力的一致;反压操作时,一定不能使压力大幅度降低,特别是 100 ℃ 以上时。

2.9.3 卧式高压杀菌锅

卧式高压杀菌锅一般比立式杀菌锅要大,通常不需要电动葫芦和杀菌篮,但需有杀菌小车,一般都是 4 个小车。这种杀菌锅可用来对罐头高温杀菌,其可以用水杀菌,也可以用气杀菌,但从传热学的观点出发,用水杀菌的传热速度要比气杀菌快得多。

1)结构

如图 2.34 所示,卧式高压杀菌锅是一个平卧的圆柱形筒体,筒体的前部有一个铰接着的锅盖,末端则焊接了椭圆封头,锅盖与锅体的闭合方式与立式杀菌锅相同。

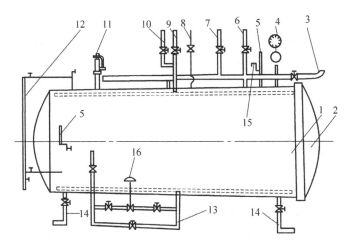

图 2.34　卧式杀菌锅装置图

1—锅体;2—锅门;3—溢水管;4—压力表;5—温度计;6—回水管;7—排气管;
8—压缩空气管;9—冷水管;10—热水管;11—安全阀;12—水位表;13—蒸汽管;
14—排水管;15—泄气阀;16—薄膜阀

锅体的底部装有两根平行的导轨,供杀菌车推进推出之用。蒸汽从底部进入锅内的两根平行管道(上有吹泡小孔)对锅进行加热,蒸汽管在平行导轨下面。由于导轨应与地面成水平,才能顺利地将小车推进推出,故锅体有一部分处于车间地平面以下。但现在一般都是通过支架将锅体抬高,轨道正好与杀菌小车上盛放肉制品的盘子的底轮高度一致,杀菌时只要将小车上的轨道与锅内的轨道对齐,就能轻松地将杀菌盘推入锅内。

为了有利于杀菌锅的排水(每杀一次都需大量排水),因此,在安装杀菌锅的地方都有一个地槽。在锅体上同样安装有各种仪表和阀门,还有温度计和压力表。

2)操作与维护

以高温火腿肠为例,使用双层卧式杀菌锅,采用水杀的方式,操作规程如下:

(1)杀菌前对设备进行全面检查

①压力表、温度计、安全阀、液位计均应正常完好。

②供蒸汽管道内压力应在 0.4 MPa 以上,供水管内压力应在 0.25 MPa 以上。

③冷热水泵电器、机械均应正常。

④杀菌锅盖密封圈应完好、严密,锅盖开闭灵活、销紧可靠。

⑤除液位计阀以外,所有阀门均应关闭。

(2)热水锅充水、升温

①开启热水锅冷水阀、冷水泵进水阀、热水锅泄气阀,开动冷水泵。

②当水位升到热水锅液位计 3/4 左右时,停冷水泵,关闭热水锅过冷水阀,关闭热水锅泄气阀。

③开启热水锅过蒸汽阀,使锅内冷水升温,开启时要缓慢,避免锅体振动。

④温度升到 120 ℃时,关闭进气阀,以备杀菌使用。注意压力不能超过 0.11 MPa。

⑤水位不得完全淹没液位计。

(3)杀菌

①将装好的火腿肠用锅内小车均匀地装进杀菌锅,如果量不足时,应在 4 个小车上装

同样多,尽可能使锅内产品在同一高度。

②关闭杀菌锅盖,锁紧并扣上安全扣。开启杀菌锅进压缩空气阀,锅内压力缓慢升高到 0.22~0.24 MPa 时,关闭进气阀。

③开启杀菌锅与热水锅的压力平衡阀。开启热水锅出水阀将热水放入杀菌锅,然后关闭此阀。检查水位能否淹没锅内制品,若水位不够时,可开启冷水泵,开杀菌锅进冷水阀向锅内补水,补足水后,关闭进冷水阀及冷水泵。

④缓慢开启杀菌锅进蒸汽阀,开启热水泵的进水阀,开热水泵,开启杀菌锅进热水阀,使锅内水升温循环。当水温升到 121 ℃ 时,关闭进蒸汽阀,开始保温。保温时间根据产品规格确定。温度保持 121 ℃,在升温、保温(及降温)全过程中,通过控制进空气阀、泄气阀调节锅内压力,保持在 0.22~0.24 MPa。

⑤保温 5 min 后,停热水泵,以后每隔 2 min 开动热水泵 1 min,直到保温结束。保温过程中,锅内水位不应超过液位计最上端,热水泵的密封器部位应供冷却水。

⑥保温结束后,关闭蒸汽阀,关闭杀菌锅进热水阀,开启热水锅进热水阀,开热水泵,将杀菌锅内的热水泵入热水锅。当热水锅水位即将淹没液位计上端时,关闭热水锅进热水阀,停热水泵。

⑦开动冷水阀,开启杀菌锅上部进冷水阀,泵进冷水。当冷水全部淹没锅内产品时,关闭进冷水阀,停冷水泵。

⑧关闭杀菌锅与热水锅的压力平衡阀,开启杀菌锅放水阀、泄气阀,当锅内水气排空后,打开锅盖,推出产品,清理锅内,准备下一轮循环。

(4)注意事项

①注意安全,若发现压力表、温度计、安全阀、液位计有异常时,应及时修理或更换。锅内压力不应超过 0.25 MPa,温度不应超过 125 ℃。

②杀菌锅、热水锅内不允许充满水,必须留有膨胀空间。

③小心保护玻璃液位计,不能敲、碰。不能触摸裸露的管子,以免烫伤。非操作人员不准随便接触阀门及电气开关等。

2.10　肉品包装机械与设备

肉及肉制品营养丰富,除了少数发酵产品和干制品以外,肉及肉制品的水分含量均很高,有利于微生物的生长繁殖。因此,为了保证产品的安全性、实用性和可流通性,必须根据产品的不同特点,选择不同的包装形式进行包装。

2.10.1　真空/充气包装机

肉制品常用的包装方法包括薄膜裹包、真空包装和充气包装等。将物品装入包装容器,抽出容器内部的空气,达到预定的真空度后进行热合封口的机器,称为真空包装机。将物品装入包装容器后,用氮、二氧化碳等气体置换容器内的空气,并完成封口工序的机器,称为充气包装机。用抽真空的方式置换气体的充气包装机也称为真空充气包装机。实际上,绝大多数真空包装机都带有充气功能,所以通常也把以上机械统称为真空包装机。

真空包装机机型众多,功能各异,按基本型号可分为两类,即吸管插入式和真空腔室式。从真空腔结构来分类,可分为台式、传送带式及回转式。

台式是用手工将物品放入一个或两个固定的腔室,腔室的大小要适应各种器材的大小。传送带式是台式的改进型,在传送带上把物品并排放置,自动送入腔室内,进行抽真空、充气和热封,然后排出。这种型号的包装机通常是把许多物品同时送入腔室,因而能够实现批量生产。回转式是数个腔室设置在回转式工作台上,工作台在回转过程中能完成给袋、充填、除气、密封和排出等动作。这种形式的真空包装机在我国使用较少。

1) 台式真空包装机

台式真空包装机有单室式、双室式和多室式,常用单室式和双室式。其中,双室式真空包装机的两个真空室共用一套抽真空系统,可交替工作,即一个真空室抽真空、封口,另一个同时放置包装袋,使辅助时间与抽真空时间重合,大大提高了包装效率。

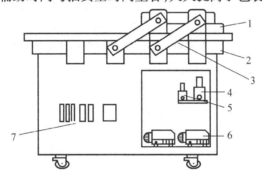

图 2.35 真空包装机外形图

1—上工作室;2—下工作室;3—摇杆;4—放气阀;

5—气囊阀;6—真空泵;7—控制面板

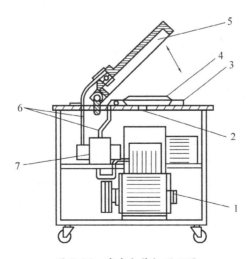

图 2.36 真空包装机原理图

1—真空泵;2—加热器;3—盛物盘;4—包装物品;5—盖;6—管道;7—转换阀

（1）结构

各种台式真空包装机的基本结构相同，由上真空室、下真空室、机身、电气控制、真空系统 5 大部分组成。其外形和结构如图 2.35、图 2.36 所示，台式真空包装机真空系统由一组电磁阀和真空泵组成，通过控制器控制各阀启闭，自动完成抽真空—热封操作或抽真空—充气—热封操作。

压紧器和加热器。压紧器有两种加压方式，真空加压和空压加压，在真空加压压紧器中有小气室，小气室设在真空室盖上，且与真空室隔绝，它和压条、缓冲垫条、活塞（或气囊）等组成袋口压紧器。

抽气系统。抽气系统在一个工作循环中，其动作程序为真空泵经由电磁阀对真空室抽真空，同时经三通电磁阀对小气室抽真空；当真空度达到预定值时，三通电磁阀切换对小气室放气解除真空；橡胶膜片膨胀向下凸，推动压紧器压紧袋，待热封冷却后，二通电磁阀（真空截止阀）切换，对真空室放气解除真空，真空室盖打开，取出包装制品，进入下一工作循环。

电控系统。电控系统包括电源控制、抽气控制、加压加热控制等。各种机器的电控系统的基本原理相近，但也存在差别。一般情况下，时间继电器在出厂时已经调好，故在使用中不应随意调节，否则会损坏电器元件。热封应根据所用包装材料的热合温度、当地的气候条件等选择最佳热合时间和电压的匹配。

真空室盖自动抬起机构。真空室盖自动抬起机构工作原理是当真空室解除真空时，真空室盖便在拉伸弹簧、平衡锤的重力作用下，经杠杆而使其（真空室盖）绕支座回转，从而敞开真空室。

真空泵。真空泵性能的优劣直接关系到真空室所能达到的真空度大小，其决定真空包装机的适用范围。

（2）工作原理

工作过程中，当机器正常运转时，由手工将已充填了物料的包装袋定向放入盛物盘中，并将袋口置于加热器上；闭合真空室盖并略施力压紧，使装在真空室盖的燕尾式密封槽内的 O 形橡胶圈变形，密封真空室；同时控制系统的电路被接通，受控元件按程序自动完成抽真空、压紧袋口、加热封口、冷却、真空室解除真空、抬起真空室盖等动作。

若需实现充气包装，在工作前将选择开关旋至"充气"挡，包装机可在达到预定真空度后自动打开充气阀，充入所需的保护气体，然后合拢热封装置，将包装口封住。

2）传送带式真空包装机

传送带式真空包装机是一种自动化程度和生产效率较高的机型，由传动系统、真空室、充气系统、电气系统、水冷及水洗装置、输送带、机身等组成，真空泵安装在机外。传动系统和电气系统安装在机身两侧的箱体内。如图 2.37 所示为带式真空包装机的结构。

它是利用输送带作为包装机的工作台和输送装置。输送带可作步进运动，包装袋置于输送带的托架上，随输送带进入真空室盖位置停止，真空室盖在输送带上方，活动平台在输送带下方，真空室盖自动放下，活动平台在凸轮作用下抬起，与真空室盖合拢形成真空室，随后进行抽真空和热封操作；操作活动平台降下而真空室盖升起，输送带步进将包装袋送出机外。输送带上有使包装袋定位的托架，只要将盛有包装物品的包装袋排放在输送带上，便可自动完成以上循环。

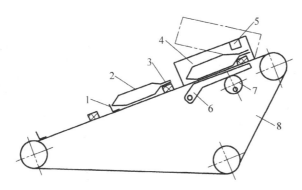

图 2.37　带式真空包装机结构

1—托架;2—包装袋;3—耐热橡胶垫;4—真空室盖;
5—热封杆;6—活动平台;7—凸轮;8—输送带

操作时只需将被包装物品按袋排放在输送带上,便可自动完成循环。抽气、充气、封口、冷却时间、封口温度均可预选,既可以按程序自动操作,又可单循环操作。其输送带可作一定角度的调整,使被包装物品在倾斜状态下完成包装工作,故特别适用于粉状、糊状及有汁液的包装物品,在倾斜状态下包装物品不易溢出袋外。

3) 充气包装机

充气包装机与真空包装机工艺基本相同,其差别是在抽真空后、加压封口前增加一充气工序。充气包装机有真空充气包装机、瞬间充气包装机,而真空充气包装机又有喷嘴式、真空室式和喷嘴与真空室并用式。其基本结构主要由真空室、真空及充气装置、电器控制系统和机架组成。充气包装机原理如图2.38所示。

充气工艺中主要是用气体混合装置,混合装置由微机控制器、压力传感器、电磁阀、气体混合桶及真空泵组成。

操作时,充气量根据包装袋的大小和包装要求而定。因袋内充气量与充气时间、充气后真空室内的压力有较稳定的对应关系,故可通过调整充气时间,改变充气后真空室的压力来调整充气量。充气可充单一气体,也可充混合气体,充气种类及配比根据包装物品的性质确定。充单一气体可用瓶装气、管道气。充混合气体时需使用气体混合装置,按定比混合后再充入包装袋。有时这种装置是作为整机的一部分,有时又是作为配套设备。在微机上设定两种或3种气体比例值,启动真空泵排除气体混合桶内的气体,由各电磁阀分别向桶内充气,当桶内压力达到预定总压值后由放气阀向充气包装机供气。

包装机每次充气后,微机控制器将根据桶内剩余总压力,再次启动各充气电磁阀向气体混合桶叠加配气,以保持放气电磁阀向包装机连续供气。由于气体比例混合装置仅需在第一次气体混合时抽除桶内气体,以保证所混合气体的配气精度,故不需单独配置真空泵,可利用真空充气包装机的真空泵抽气。

输入气体的压力应在保证充气量的前提下尽量小,否则会使热封压力下降,影响热封质量。压力大小可通过减压阀调整,由压力表显示。因充一种气体前需将管道中的混合气体抽掉,先充入的气体被抽出的次数就更多些,即损耗大些,故应将贵重气体后充入。此外,气嘴要插入包装袋,当充气嘴数多于包装袋数时,多余气嘴应关上或封堵,这样可节约气体。

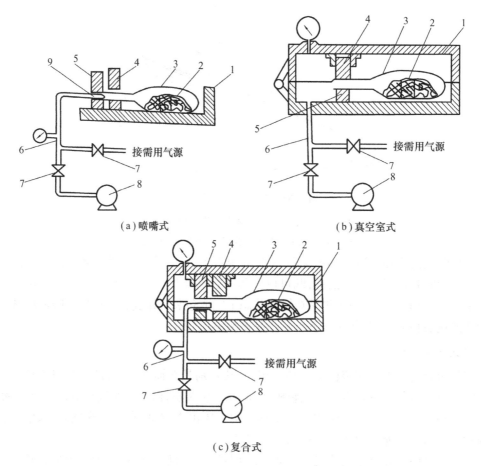

（a）喷嘴式　　　　　　　　　　　（b）真空室式

（c）复合式

图 2.38　充气包装机工作原理

1—真空室;2—被包装物;3—包装袋;4,5—热熔封口装置;6—夹装压头;

7—气流道路;8—真空泵;9—喷嘴

4)设备操作与维护

（1）操作

①检查操作面板上电源开关、真空表、指示灯、转换开关、电位器、按钮等。

②调整真空度。若使用的为电接点式真空表,只需将上限指针拨至所需真空度即可;若使用时间继电器间接控制真空度,可让时间稍微滞后一些,使包装袋的真空度能与真空室的真空度趋于一致。

③充气量要根据包装袋的大小和包装要求而定。

④热封时间与温度这两个参数应配合调整。冷却时间一般为 2~3 s,最长不超过 5 s,时间过长会影响生产效率。

⑤可充单一气体,也可充混合气体,充气种类及配比根据包装物品的性质确定。

（2）注意事项

①腔室式真空包装机通常都带有许多垫板,其作用是将包装袋垫到便于封口的最佳高度。可在确保包装操作方便和质量可靠的前提下,尽量多放一些垫块以缩短抽真空的时间。

②真空室盖因种种原因可能有轻度翘曲变形,致使关闭不严,抽气时真空室压力不降低。这时可用手按一下翘起的部位,压力开始下降后即可松手,若效果不明显需修理或更换。

③定时对真空室进行清理,一可确保包装质量,二可确保清洁卫生。

④操作人员最好经过培训取得合格证再上岗。

(3)维护

①定期检查,及时添加和更换泵油。如油位下降到油标的 1/4 高度时,应补充到 3/4 高度;每隔 50 h 检查油质,如变质应换新油,换油前至少运行 15 min,停泵后立即放油更换;若泵长期不用,应放油清洗,注入新油,关闭吸气口,运转 1~2 min 使新油充分进入泵内各部分,对泵起保护作用。

②根据包装工作环境对排气过滤器、进气口过滤器和过滤网进行清洗和更换。

③经常检查确保真空系统密封清洁,维护对象是真空系统中除泵之外的所有阀、管道、接头及其联接处、密封面等。

④真空室除保持清洁、班后清洗之外,还需注意保持干燥,防止电热带短路。如发现使用中真空度不稳定,有缓慢下降的现象时,应检查盖子与室体的密封。真空室盖上的橡胶密封圈,一定要防止划伤、断裂和腐蚀。若已有损坏,须及时更换。

⑤热封装置的维护也十分重要,特别要强调电热带不能空载加热,覆盖在电热带上的聚四氟乙烯玻璃纤维布应保持清洁,可涂以硅脂保护,防止黏袋。若纤维布出现焦化、断裂、破损时,应及时更换,更换时应注意黏结平整,贴合可靠、牢实。

⑥每班进行检查,与包装袋封口处相接触的耐热橡胶垫也应保持清洁,防止腐蚀和老化。若已出现老化现象时,务必及时更换。

5)设备常见故障分析及排除

真空包装机的每一个组成部分均有发生故障的可能,这里主要介绍真空包装机特有的真空系统、充气系统和热封装置的故障分析及排除方法。

(1)真空泵不能抽真空

原因分析:泵未启动;真空室盖未合拢;真空时间继电器损坏;泵至真空室之间的阀未开启。

解决措施:维修、解除;用力按一下;修理或更换;检修或更换。

(2)真空室达不到极限真空度

原因分析:泵达不到极限真空度;管子泄漏;管接头处松动;小气室(或气囊)处泄漏;真空室大密封圈破损;真空室大密封圈或真空室上平面不平;抽真空时间不够。

解决措施:检修泵;更换管子;拧紧、箍紧管接头;堵漏;更换密封圈;适当调整机身下的支撑螺栓;调长抽真空时间。

(3)真空室盖打不开,真空室不能导入大气

原因分析:放气电磁阀未开启。

解决措施:修理或更换。

(4)真空室真空度正常,但袋内始终残留气体

原因分析:热封条复位不好,开挡距离过小。

解决措施:修至能复位到开挡距离正常。

(5)不能封口

原因分析:热封选择开关旋转不到位;热封熔断器烧坏;电热带故障;封口接触器故障;热封条卡住不动作。

解决措施:旋转到热封位置;更换;检查线路,保持干燥或更新;修复;维修使其能灵活运动。

(6)袋封口处布纹不匀、不平整

原因分析:电热带松动;热封压力不够;冷却时间短。

解决措施:调紧;调短充气时间;调长冷却时间。

(7)封口不牢

原因分析:封口处不清洁;封口时间不适合;热封电压选择不当;电压变化;聚四氟乙烯绝缘布焦化、破损;包装袋质量不好。

解决措施:注意保持清洁;调整封口时间;调整挡次;更换绝缘布;换用质量好的包装袋。

(8)抽真空时爆袋

原因分析:热封条复位不好,开挡距离小,空气未排出,在袋内产生压力。

解决措施:修至复位灵活。

2.10.2 热成型—充填—封口机

热成型—充填—封口机是在加热条件下,使用柔软的可热封塑料薄膜制作包装,然后向包装中充填物料后封口并切断的多功能包装设备。

按类别分为制袋成型充填封口机、热成型充填封口机、冲压成型充填封口机几种。热成型—充填—封口包装又称拉伸膜包装,是在加热条件下,对热塑性片状包装材料进行深冲,形成包装容器,在装填物料后再以薄膜或片材进行封口的包装方式。完成这种包装工作的机器为热成型—充填—封口机,又称拉伸膜包装机。

1)结构

如图 2.39 所示为全自动热成型真空包装机外形图。全机大致可分为底膜预热区、热成型区、装填区、热封区及分切区,主要由热成型系统、封合装置、分切装置、薄膜牵引系统、色标定位系统、边料回收装置及控制系统等组成。

(1)热成型系统

热成型系统由预热装置及加热成型装置组成,是全自动热成型真空包装机的主要系统,包装薄膜在此实现热成型,形成可充填物料的容器,为整个包装提供先决条件。

①预热装置

预热装置由罩体和发热板组成。底膜在薄膜牵引系统的作用下实现步进,首先停留在预热区接受加热。薄膜运行时平贴在其发热面下,通过螺杆可调节发热板与薄膜表面的距离,从而达到理想的加温效果。

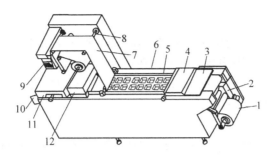

图2.39 全自动热成型真空包装机外形图

1—底膜;2—底膜导引装置;3—预热区;4—热成型区;5—输送链;6—装填区;7—上膜;

8—上膜导引装置;9—控制屏;10—出料槽;11—裁切区;12—热封区

②加热成型装置

全自动热成型真空包装机上的成型方式主要为差压成型法。差压成型就是使加热片材两面具有不同的气压而获得成型压力,使塑料片材变形成型。差压成型法热成型装置主要由上下两部分组成,上部分是加热部件,下部分是成型部件。加热部件的主体由加热室和发热板以及调整装置等组成。底膜运行时贴近发热板通过,使已预热的薄膜继续升温并达到适宜的成型温度。在热成型系统中,加热装置起到重要作用。

(2)封合装置

底膜经热成型制盒并接受充填物料后,在牵引装置的牵引下进入封合室。在封合室内,成型盒将被覆盖上膜并进行封合。如图2.40所示为封合装置示意图。

封合装置主要由上下两部分组成,上面是一个压封室座,下面是一个承托模部件,两者组合成一个封合室。工作时,在驱动气缸的带动下,承托模可形成密封室。封合室内装置有一块热封板,在室座上安装有气缸,这是热封合的驱动装置。当气缸动作时,带动热封板上下运行,完成热封合动作,使上膜与底盒热熔压合在一起。

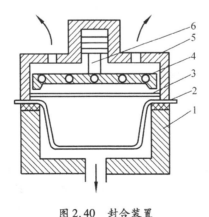

图2.40 封合装置

1—承托模;2—成型;3—上膜;4—热封板;5—上室座;6—气缸

(3)分切装置

片材经热成型、装料及封合后,形成了一排排连体的包装,必须经分切整形才能成为单个完美的包装体。分切装置包括横切机构、切角机构、纵切机构等,每一个机构均可作为独立的模块,按需装配到包装机上。

（4）薄膜牵引系统

薄膜牵引系统主要包括链夹输送装置、薄膜导引装置等。包装机的纵向两侧分别装配有一条长链条,链条每一节距均装配有弹力夹子。底膜的传送正是依靠两侧链夹的夹持牵引。底膜从导入完成包装、分切、输出的全过程均被夹子夹持。由于夹子在链条纵向分布,数量众多,因此可将底膜平展输送。

（5）色标定位系统

在热成型包装机中底膜用于成型,而上膜则采用有色标带图案的印刷薄膜。在底膜成型盒进入热封区后,上膜随即覆盖其上,为使印刷图案完整美观,必须保证每一次上膜图案能准确定位在盒面正中位置,这个过程主要通过光电检测控制系统来完成。由于上膜与下膜封合后并不马上切断,而是黏合在一起受链夹牵引前行。因此,一般采用单向补偿的光电检测控制系统定位上膜。

在全自动热成型真空包装机中,先进的控制系统均采用可编程序控制器或微电脑控制,各包装工序可通过编程输入达到协调动作,精确控制机器各工序的执行机构主要以气动为主,再以少量电动机构配合,形成一个复杂的气动系统。

（6）边料回收装置

分切过程中的边条薄膜由收集器收集。根据薄膜的软硬和分切方法的不同可采用真空吸出、破碎收集或缠线绕卷的方式。

2）工作原理

热成型包装如图 2.41 所示,塑料片卷放出的片材,经加热装置加热软化,然后移至成型装置制成容器,容器冷却后脱模,随送料带送到计量充填装置进行物料的充填灌装;薄膜卷放出薄膜将连续输送过来的容器口覆盖(视包装需要可进行抽真空或充入保护气体的处理),并送至热熔结封口装置加热盖封;再输送到冲切装置,切刀将盖封周围多余片材切除,废料由废料卷取装置卷收;包装成品由输送机送出。

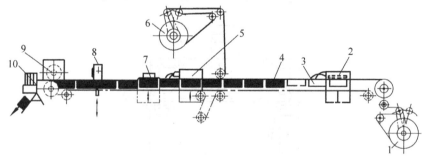

图 2.41　热成型—充填—封口包装机包装过程示意图

1—底膜卷;2—热成型;3—冷却;4—充填;5—热封;6—盖膜卷;
7—封口冷却;8—横向切割;9—纵向切割;10—底模边料引出

3）操作与维护

（1）操作

①开机前检查电路、机器部件完好。

②开机根据膜的种类设定加热温度,调整转轴等的速度。

③根据需求选择膜的种类,将选好的膜按要求装入热成型器内,膜加热成型冷却。

④开启灌装装置向容器内灌入物料,然后在容器上覆盖盖膜,之后送入热封器封口。

⑤操作完成后关机,清理设备。

(2)维护

①对机器在使用过程中产生的一些灰尘和余屑应及时进行清理,重点是辊子、热封、成型部件、光电传感器的镜头、风扇、鼓风机的罩壳,此外链条、链轮也要定期进行清理和擦拭。

②定期对设备进行润滑,各润滑油池要保持一定的油面高度。

③根据材料性质调整适宜的热成型温度和加热时间。传感器的灵敏度和机器的运转部件都要适当调整。

④在机器运转期间,应经常进行检查,以及时发现故障并随时排除。

4)常见故障分析及排除

(1)成型不完整、烧焦、变色或起皱、厚薄不均、棱角开裂、翘曲变形

原因分析:热成型工艺不合理或模具设计不合理。

解决措施:调整热成型温度和加热时间或改进模具设计,为防止成型时容器边角厚度骤减,可在凸模边角上加散热衬垫。

(2)容器口盖封不严

原因分析:热封温度过低、热封压力过小或加热时间过短;热封模封接面不平整。

解决措施:调高热封加热温度、延长加热时间、增大热封压力;可修配上、下封盖模封接面至平整,或更换盖模具。

(3)容器边冲裁不整齐、封边宽度不匀称

原因分析:容器定位不准和冲裁模模口不直。

解决措施:检查包装机各工位的调整是否合适,冲裁模模口是否平直,并修正。

本章小结)))

肉制品生产过程中所用到的机械设备有绞肉机、斩拌机、搅拌机、盐水注射机、滚揉机、灌装充填机械、烟熏炉、杀菌设备、包装机等机械设备。

绞肉机是将原料肉绞碎的设备,它主要是将原料肉切割破碎。斩拌机是对破碎的肉进一步细切,具有乳化和混合的作用。搅拌机主要是将原料和各种辅料混合均匀。盐水注射机和滚揉机是用于肉块动态腌制的设备,具有加速盐水渗透、使盐水分布均匀、提高产品出品率和改善组织结构的作用。烟熏炉除具有干燥、烟熏、蒸煮的主要功能外,还具有自动喷淋、自动清洗功能,是加工西式灌肠必不可少的设备。杀菌设备主要用来给制品杀菌,其常用的有立式和卧式杀菌设备。灌装充填机械主要是将斩拌或搅拌后的肉糜向肠衣充填的机械。包装机械主要有真空/充气包装机和热成型—充填—封口机。它们主要是为保证产品安全性、可流通性对产品进行包装的设备。

本章对以上机械设备的工作原理、结构、操作及维护保养分别作了介绍。同时要特别指出的是,以上机械设备在操作时要特别注意安全。

复习思考题)))

1.简述绞肉机的工作原理。

2. 绞肉机操作时应特别注意哪些问题？

3. 简述斩拌机的构造、用途及操作要求。

4. 简述搅拌机的构造和操作要求。

5. 简述盐水注射机的工作原理。

6. 简述滚揉机的构造及操作要求。

7. 要取得良好滚揉效果应注意的问题有哪些？

8. 灌肠机的种类有哪些？说明其特点和操作要求。

9. 全自动烟熏炉的结构有哪些？

10. 杀菌设备的种类有哪些？说明其特点和操作要求。

11. 真空包装机的工作原理是什么？

12. 真空包装机操作时应特别注意哪些问题？

第3章 果蔬加工机械与设备

内容描述

  本章主要介绍果蔬加工机械与设备中预处理设备(输送设备、清洗设备、去皮设备和预煮设备)、打浆机、压榨机、过滤机和干燥设备的种类、结构组成、工作原理、使用和维护方法等。

学习目标

- 了解典型果蔬产品的加工概况和加工工艺流程。
- 掌握输送设备、清洗设备、去皮设备和预煮设备、打浆机、压榨设备、过滤设备和干燥设备的种类、结构与工作原理、使用与维护。

能力目标

- 能够根据果蔬加工的目的和生产量选择合适的生产机械与设备。
- 能够初步掌握果蔬加工机械与设备的使用与维护。

3.1　典型果蔬产品加工工艺流程

  果蔬加工是利用现代手段对果蔬进行制汁、杀菌、包装等处理,克服新鲜果蔬保藏时间短,不耐运输等缺点,打破果蔬供应的季节限制和地域限制。目前,果蔬加工产品门类繁多,有传统的新鲜果蔬、腌制品、干制品、罐头制品,也有近年来发展的脱水蔬菜、速冻果蔬、果蔬汁、果蔬粉等深加工产品。

  近年来,随着我国经济发展和科技的进步,果蔬加工水平也有很大的发展,形成了不少能与外资食品企业竞争的果蔬加工企业。这些企业的出现带动了我国果蔬加工技术如生物技术、膜分离技术、高温瞬时杀菌技术、真空浓缩技术、微胶囊技术、微波技术、真空冷冻干燥技术、无菌储存与包装技术、超高压技术、超微粉碎技术、超临界流体萃取技术、膨化与挤压技术及相关设备的发展和进步。

果蔬原料不同,加工工艺不同,所得产品也不同,一般果蔬加工中所用的机械设备基本上可分为原料清洗、分级分选、破碎切割、分离过滤、杀菌、果汁脱气、灌装和冷冻干燥等设备。把这些机械设备按照一定的工艺要求用输送设备联接起来,就组成了不同的果蔬制品生产线,可生产出不同的果蔬制品。

3.1.1 果蔬汁加工工艺流程

1)果蔬汁的分类

(1)果汁饮料类

原果汁:以成熟度适宜的新鲜或冷藏水果为原料,经机械加工(如榨汁)所得的,未发酵,具有该种水果原有特征的汁液。原果汁根据清浊可分为清汁和浑汁。

浓缩果汁:用物理分离方法,从原果汁中分离出去一定比例的天然水分所得的,具有该种水果原有特征的果汁。

原果浆:水果或其可食部分经打浆工艺制得的,未去除汁液、未发酵的,具有该种水果原有特征的浆状制品。

浓缩果酱:用物理分离方法,从原果浆中除去一定比例的天然水分所得的,具有原果浆特征的酱状制品。

果汁饮料:原果汁或浓缩果汁加糖、酸等调配成的,原果汁含量≥10%的制品。分清汁和浑汁、混合果汁饮料。

(2)蔬菜汁类

蔬菜汁:新鲜蔬菜汁(冷藏蔬菜汁)加食盐或糖等调配而成的制品。

混合蔬菜汁:两种或两种以上新鲜蔬菜汁(冷藏蔬菜汁)经加食盐或糖等配料调制而成的制品。

2)加工工艺

果蔬汁的加工流程如下:

原料→预处理(挑选、分级、清洗、热处理、酶处理等)→取汁、均质→脱气 →调整→杀菌→灌装冷却 →成品

(1)原料的选择和清洗

榨汁前原料须使用洗果机清洗干净,蔬菜原料应去根以除去泥沙,去除果蔬表面附着的尘土、沙子、部分微生物、农药残留等,带皮榨汁的原料更要重视清洗。

(2)原料的破碎和压榨

果蔬在榨汁和打浆前应对水果或蔬菜进行破碎处理,破碎之后可进行压榨和打浆。压榨前,可在已破碎的果块中加入果胶酶处理或进行加热,以提高出汁率。

(3)澄清与过滤

为了使过滤效果更好,在过滤之前,一般应先澄清。澄清后的果汁即可进行过滤,通常分为粗滤和细滤两步。

（4）均质、脱气

浑浊果蔬汁为了保持其稳定的外观，一般要利用均质机对其进行均质处理。脱气的目的是去除果汁中的气体，以免果汁营养成分被氧化损失，也可减轻果汁色泽和风味的变化。

（5）营养成分调整

为使果蔬汁符合一定的标准，在生产果蔬汁饮料时，常需要对成分进行调整，即果蔬汁进行糖酸调整，同时也可添加适量的食用香精和食用色素等。

（6）杀菌、灌装、包装

杀菌最常用的方法是高温短时杀菌后立即进行灌装，灌装可采用高温灌装（热灌装）和低温灌装（冷灌装）两种方式。灌装后立即在无菌条件下封口，再进行包装。

3.1.2　果酱加工工艺流程

果酱是由果蔬的汁、肉加糖煮制浓缩而成，呈黏糊状、胶态状的产品，属高糖高酸食品。一般作为调味品用来拌面包、饼干或其他食品食用，分泥状及块状果酱两种，含糖量55%以上，含酸1%左右。甜酸适口，口感细腻。

加工工艺流程如下：

原料处理→加热软化→加热、配料→浓缩→装罐和密封→杀菌和冷却成品。

3.2　预处理设备

3.2.1　输送设备

1）带式输送机

（1）工作原理

带式输送机是一种具有挠性牵引构件的运输机械，它主要由封闭的环形运输带、托辊和机架、驱动装置、清扫器、张紧装置所组成。封闭的输送带绕过传动滚筒和导向滚筒，上下有托辊支承，并有张紧装置将其张紧在两滚筒间。当电动机经减速器带动传动滚筒转动时，由于滚筒与输送带之间摩擦力的作用，使输送带在传动滚筒和导向滚筒间运转，这样，加到输送带上的物料即可由一端被带到另一端。

（2）带式输送机的组成

带式输送机如图3.1（a）、（b）所示。

①输送带

输送带为牵引件并兼作承载件。要求其强度高、挠性好、耐磨性强、延伸率及吸水性小。常用的输送带有橡胶带、钢带、网状钢丝带和塑料带等。

橡胶带是由若干层棉织品、麻织品或人造纤维衬布等材料制成的强力层，用橡胶加以胶合而成的。塑料带具有减摩、耐油、耐腐蚀和适应温度范围大等优点,已被逐渐推广使用。塑料带分多层芯式和整芯式两种。多层芯塑料带和普通橡胶带相似,其成本低,强度高,但挠性较差。钢带和钢丝网带的共同特点是强度高、耐高温,通常适用于需经油炸或高温烘烤的产品。

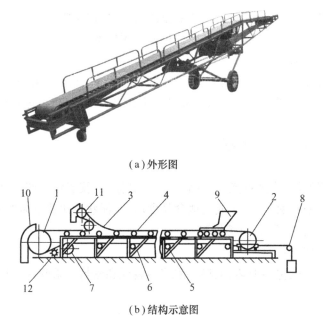

(a)外形图

(b)结构示意图

图 3.1 带式输送机

1—驱动滚筒;2—张紧滚筒;3—输送带;4—上托辊;5—下托辊;6—机架;7—导向滚筒;
8—张紧装置;9—进料斗;10—卸料装置;11—卸料小车;12—清扫装置

②机架和托辊

带式输送机的机架多用槽钢、角钢和钢板焊接而成。可移式输送机的机架装在滚轮上以便移动。托辊在输送机中对输送带以及其上的物料起承托的作用,使输送带运行平稳。板式带不用托辊,因它靠板下的导板承托滑行。托辊分上托辊(即载运段托辊)和下托辊(即空载段托辊)。槽形托辊是在带的同一横截面方向接连安装 3 条或 5 条平型辊,底下一条水平,旁边的倾斜而组成一个槽形,主要用于输送量大的散状物料。

③驱动装置

驱动装置一般由一个或若干个驱动滚筒、减速器、联轴器等组成。倾斜输送时,还应设有制动装置。驱动滚筒通常用钢板卷制后焊接制成,为了增加滚筒和输送带之间的摩擦力,可在滚筒表面包一层木材、皮革或橡胶等材料。滚筒的宽度比带宽大 100 ~ 200 mm。驱动滚筒一般制成鼓形,即中间部分直径比两侧直径稍大,使之能自动纠正胶带的跑偏。驱动滚筒的布置方式如图 3.2 所示。

④张紧装置

为了补偿输送带在使用过程中的延伸,避免带与滚筒之间的打滑,带式输送机需要安装张紧装置。常用的张紧装置有重锤式、螺旋式和压力弹簧式等几种,螺旋式和重锤式如图 3.3 和图 3.4 所示。

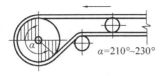

（a）利用导向轮增大包角

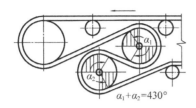

（b）利用两个驱动滚轮增大包角

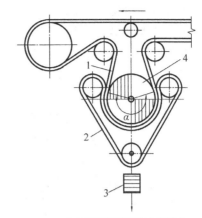

（c）利用压紧带增大牵引力

图3.2 驱动滚筒布置

1—传送带;2—压紧带;3—重锤;4—驱动轮

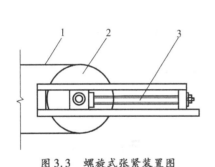

图3.3 螺旋式张紧装置图

1—输送带;2—导向滚筒;3—螺杆

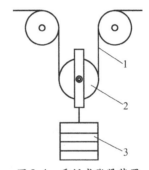

图3.4 重锤式张紧装置

1—输送带;2—导向滚筒;3—重锤

（3）带式输送机的使用维护

①应按时进行日常维护保养,如清洁输送带、调节张紧装置和润滑各处轴承等。

②输送机一般应在空载的条件下启动,加料时要均匀。料应加在输送带的中心线附近,防止带的振动或走偏。

③尽量使加料的初速方向与带的运动方向相同。减小加料高度,以减轻对带的冲击。

④向上输送物料的倾角过大时,最好选用花纹输送带,以免物料滑下。

⑤对于倾斜布置的带式输送机,给料段应尽可能设计成水平段。

⑥操作人员必须随时观察输送机的工作情况,如发现异常应及时处理。机械工人应定期巡视和检查任何需要注意的情况或部件。

2）斗式提升机

斗式输送机是一种在垂直或大倾角倾斜向上输送粉状、粒状或小块状物料的连续输送机械,在食品工业中得到广泛应用,如粮油工业中输送豆粕、散装粉料,罐头食品厂把蘑菇从料槽升送到预煮机,以及番茄、柑橙制品生产线中也经常采用。

斗式提升机按输送物料的方向,可分为倾斜式和垂直式两种;按牵引机构的不同,可分为皮带式和链条式（单链式和双链式）两种;按输送速度,可分为高速和低速两种。

（1）斗式提升机结构及工作原理

如图3.5所示为倾斜式斗式提升机。为了改变物料升送的高度,以适应不同生产情况的需要,料斗槽中部有一可拆段,使提升机可以伸长也可以缩短。支架也是可以伸缩的,用螺钉固定。支架有垂直的也有倾斜的,倾斜支架固定在槽体中部,有时为了移动方便,机架装在活动轮子上。

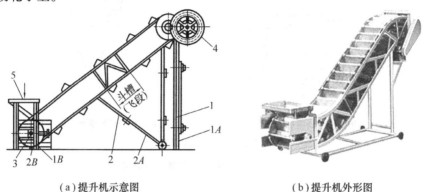

(a)提升机示意图　　　　　　　　(b)提升机外形图

图 3.5　倾斜式提升机

1,2—支架;3—张紧装置;4—传送装置;5—装料口

如图3.6所示为垂直式斗式提升机,它主要由料斗、牵引带（或链）、驱动装置、机壳和进料口及卸料口组成。物料装入料斗后,提升到上部进行卸料。

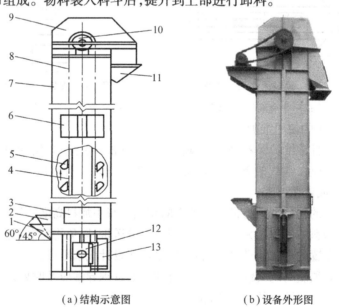

(a)结构示意图　　　　　　　　(b)设备外形图

图 3.6　垂直式提升机

1—低位装载套管;2—高位装载套管;3,6,13—孔口;4,8—带子;5—料斗;7—外壳;
9—上鼓轮外壳;10—鼓轮;11—下料口;12—张紧装置

（2）斗式提升机的主要部件

①料斗

料斗是提升机的盛料构件,根据运送物料的性质和提升机的结构特点,料斗可分3种

不同的形式,即圆柱形底的深斗、浅斗和尖角形斗。

②牵引件

斗式输送机的牵引构件为带或链。常用的带有纱带和帆布橡胶传动带。纱带是用棉纱织成,适用于输送高度小、生产量小的斗式输送机。橡胶传动带是用棉帆布作芯层,用橡胶黏结硫化而成,根据芯层的布置可分为叠层式和包层式两种。橡胶传动带的优点是价廉、自重小,运行平稳,可采用较高的工作速度,适用范围广。

③机头

机头由头轮、机头外壳、停止器、传动装置等组成。

④机筒

机筒由厚为 2~4 mm 的钢板制成,起密封作用。

⑤机座

机座由机座外壳、底轮、张紧装置及进料斗组成。

(3)装料与卸料

斗式提升机的装料方式有掏取法和灌入法两种,如图 3.7 所示。

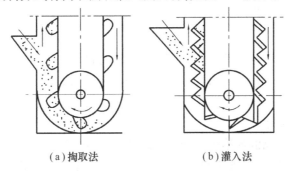

(a)掏取法　　　　　　(b)灌入法

图 3.7　斗式提升机的装料方式

①掏取法

物料加到提升机底部,被运转着的料斗直接挖取而提升。这种装料方法适合于小或磨蚀性小的粉状物料。其运行阻力较小,故料斗的速度较高,一般为 0.8~2 m/s。

②灌入法

物料直接由装料口加到运行的料斗中,这种装料法适用于料块较大及磨蚀性较大的物料,料斗是密接布置的,其斗速较低,一般低于 1 m/s。

斗式提升机的卸料方式有离心式、离心重力式及重力式 3 种,如图 3.8 所示。

离心式卸料是利用离心力将物料从卸料口卸出,物料的提升速度高,通常为 1~2 m/s。离心卸料要求料斗间的距离要大些,以免砸伤料斗,此种卸料方式适用于粒度较小、流动性好、磨蚀性小的物料。

离心重力式卸料是利用离心力和重力的双重作用卸料,物料的提升速度为 0.6~0.8 m/s。这种卸料方式适用于流动性不太好的粉状料及潮湿物料。

重力式卸料是依靠物料本身的自重卸料。物料的提升速度较低,通常为 0.4~0.6 m/s。重力卸料时物料是沿前一个料斗的背部落下,所以料斗要紧密相接。这种卸料方式适宜提升块度较大、磨蚀性强及易碎的物料。

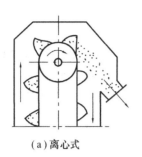  

（a）离心式　　　　　　　（b）离心重力式　　　　　　（c）重力式

图3.8　斗式提升机的卸料方式

（4）斗式提升机的使用维护

①斗式提升机应在空载下启动,在停车前应将机内物料全部卸出。

②因斗式提升机对过载较敏感,所以加料要均匀且不能过量,防止卡死或超负荷运行。

③及时补加润滑油,以免磨损。

④通过孔口定期观察和调整牵引件的张紧程度,以防发生振动或跑偏。

⑤链条和料斗严重磨损时及时更换。

3)螺旋输送机

螺旋输送机属于没有挠性牵引构件的连续输送机械。它常被用作喂料设备、计量设备、搅拌设备、烘干设备、仁壳分离设备、卸料设备以及连续加压设备。螺旋输送机也被广泛应用于果蔬物料的输送中。

（1）工作原理与结构

带螺旋片的轴在封闭的料槽内旋转,使装入料槽的物料由于自重及其与料槽摩擦力的作用而不与螺旋一起旋转,只能沿料槽横向移动。在垂直放置的螺旋输送机中,物料是靠离心力与槽壁所产生的摩擦力而向上移动。

如图3.9所示,螺旋输送机由料槽、转轴、螺旋、轴承及传动装置等部分组成。

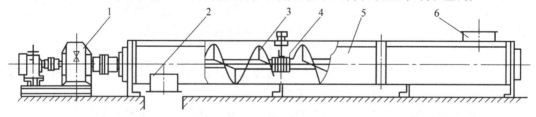

图3.9　螺旋输送机

1—驱动装置;2—出料口;3—螺旋轴;4—中间吊挂轴承;5—壳体;6—进料口

①螺旋

螺旋可以是单线的,也可以是多线的,可右旋或左旋。螺旋叶片大多是由厚4～8 mm的薄钢板冲压而成,然后互相焊接或铆接到轴上。

如图3.10所示,螺旋叶片分为3种类型。当运送干燥的小颗粒或粉状物料时,宜采用实体螺旋,这是最常用的形式;输送块状或黏滞性物料时,宜采用带式螺旋;当输送韧性和可压缩性物料时,宜采用叶片式或齿形式螺旋,这两种螺旋在运送物料的同时,还可对物料进行搅拌、揉捏及混合等工艺操作。

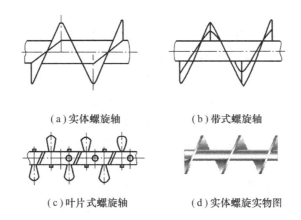

(a)实体螺旋轴 (b)带式螺旋轴

(c)叶片式螺旋轴 (d)实体螺旋实物图

图 3.10 螺旋面形状示意图

②轴

轴可以是实心或空心的,它一般由长 2~4 m 的各节段装配而成,通常是采用钢管制成的空心轴,在强度相同情况下,质量小,互相联接方便。轴的各个节段的联接,可利用轴节段插入空心轴的衬套内,以螺钉固定联接起来。

③轴承

轴承可分为头部轴承和中间轴承。头部应装有止推轴承,以承受由于运送物料的阻力所产生的轴向力。当轴较长时,应在每一中间节段内装一吊挂轴承,用于支承螺旋轴。

④料槽

料槽是由 3~8 mm 厚的薄钢板制成带有垂直侧边的 U 形槽,为了便于联接和增加刚性,在料槽的纵向边缘及各节段的横向接口处都焊有角钢。每隔 2~3 m 设一个支架。槽上面有可拆卸的盖子。料槽的内直径要稍大于螺旋直径,使两者之间有一间隙。螺旋和料槽制造装配越精确,间隙就越小。

(2)螺旋输送机的使用与维护

①开车前应判明电机旋转方向是否符合工作要求。检查料槽内有无杂物,特别是中间悬挂轴承处的堵塞物,以免发生堵塞故障。

②进入输送机的物料,应先进行必要的清理,以防止大块杂质或纤维杂质进入输送机,保证输送机正常工作。

③启动时应保证空载启动,停车时应待机内物料排净后再停车。

④在运行过程中,如发现大块杂质或纤维性杂质进入料槽,应立即停车处理。不能在没有停机的情况下,直接用手或借助其他工具伸入料槽内掏取物料。

⑤输送黏性较大、水分较高的物料时,应经常清除机内各处的黏附物,以免引起输送量下降甚至产生堵塞。

⑥输送机顶盖必须盖严,以防止外界物品进入料槽、机内灰尘外扬,甚至发生安全事故。同时,还应禁止在机盖上踩踏行走,以防人身安全事故的发生。

⑦传动装置及轴承部位应定期注入润滑油,以免磨损。

4)离心泵

离心泵具有结构简单、流量大、操作方便的优点。它在食品加工中得到广泛应用。

(1)离心泵的工作原理

离心泵的外形如图3.11所示。其结构及工作原理如图3.12所示。泵轴上装有叶轮,叶轮上有若干弯曲的叶片。泵轴受外力作用,带动叶轮在泵壳内旋转。液体由入口沿轴向垂直进入叶轮中央,并在叶片之间通过而进入泵壳,最后从泵的液体出口沿切线排出。

离心泵多用电动机带动。开动前泵内要先灌满所输送的液体,开动后,叶轮旋转,产生离心力,液体在离心力的作用下,从叶轮中心被抛向叶轮外周,形成很高的流速,随后在壳内减速,经过能量转换,达到较高的压力,然后从排出口进入管路。叶轮内的流体被抛出后,叶轮中心处形成真空,泵的液体入口一端与叶轮中心处相通,另一端浸没在被输送液体内,在液面压力与泵内压力的压差作用下,液体经液体入口进入泵内,填补了被排出液体的位置。只要叶轮的转动不停,离心泵便不断地吸入和排出液体。

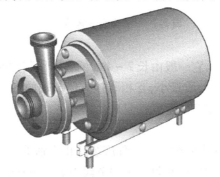

图 3.11　离心泵外形图

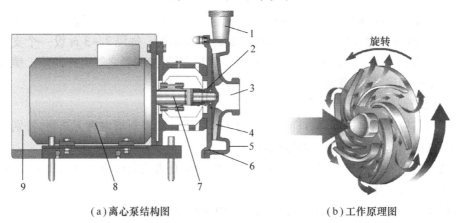

(a)离心泵结构图　　　　　　　(b)工作原理图

图 3.12　离心泵结构原理图

1—输送管线;2—轴封;3—吸入管线;4—叶轮;5—泵壳盖;6—泵壳;
7—电机轴;8—电机;9—不锈钢罩

离心泵若在启动前未充满液体,则泵壳内存在空气。由于空气密度很小,所产生的离心力也很小,在吸入口处所形成的真空不足以将液体吸入泵内,虽启动离心泵,但不能输送液体,此现象称为"气缚"。为便于使泵内充满液体,在吸入管底部安装带吸滤网的底阀,底阀为止逆阀,滤网是为防止固体物质进入泵内,损坏叶轮的叶片或妨碍泵的正常操作。

(2)离心泵的主要部件

典型离心泵的结构如图3.12所示。离心泵主要由泵体、泵盖、轴、叶轮、轴承、密封部件及支座等构成。

①叶轮

叶轮是离心泵的最重要部件,按结构可分为以下3种:开式、半闭式和闭式叶轮,如图3.13 所示。开式叶轮两侧都没有盖板,制造简单,清洗方便。但由于叶轮和壳体不能很好地密合,部分液体会流回吸液侧,因而效率较低。它适用于输送含杂质的悬浮液。半闭式叶轮片吸入口一侧没有前盖板,而另一侧有后盖板,它也适用于输送悬浮液。闭式叶轮叶片两侧都有盖板,这种叶轮效率较高,应用最广,但只适用于输送清洁液体。

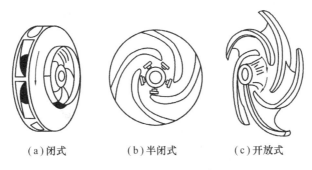

(a)闭式　　　(b)半闭式　　　(c)开放式

图 3.13　离心泵的叶轮

②泵壳

离心泵的外壳多制成蜗壳形,其内有一个截面逐渐扩大的蜗形通道。叶轮在泵壳内顺着蜗形通道逐渐扩大的方向旋转。有的离心泵为了减少液体进入蜗壳时的碰撞,在叶轮与泵壳之间安装一固定的导轮,如图3.14 所示。导轮具有很多逐渐转向的孔道,使高速液体流过时能均匀而缓慢地将动能转化为静压能。

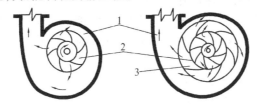

图 3.14　泵壳和导轮

1—泵壳;2—叶轮;3—导轮

③轴封装置

泵轴与泵壳之间的密封称为轴封,作用是防止高压液体从泵壳内沿轴的四周漏出或外界空气漏入泵壳内。轴封装置有填料密封和机械密封两种形式。用于输送食品物料的泵采用机械式密封更好一些,由于其具有液体泄漏量小,使用寿命长,功耗低,密封性能好等优点。但机械加工复杂,成本高。常用的机械式轴封结构如图3.15 和图3.16 所示。

单一机械密封如图3.15 所示,在食品工业中是应用最广泛的一种。其中,静密封圈被固定在泵腔的后部叶轮上,动圈安装在泵里或泵外,带一个O形圈密封,动圈随着轴旋转,并依靠弹簧压在静圈上,从而起到密封的作用。

精制式机械密封如图3.16 所示,由两个密封圈组成,水或蒸汽在两个密封的空隙间循环,起到冷却或清洗密封的作用,在产品和大气间造成一个屏障。以下情况下可使用这种密封形式:

当泵送灭菌产品必须防止二次污染时,该密封可形成一个蒸汽屏障。

该轴封可用于泵送黏性液体或结晶产品,如糖液等。

当物料沉积在轴的密封上时,密封表面的高温可能引起燃烧时,可采用水冷轴封,如巴氏杀菌机里的调压泵。

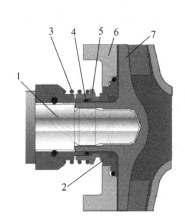

图 3.15 单一机械密封
1—轴;2—固定环;3—弹簧;4—O 形环;
5—动环;6—泵壳;7—叶轮

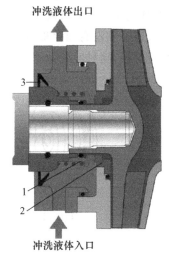

冲洗液体出口

冲洗液体入口

图 3.16 精制式机械密封
—静环;2—动环;3—唇状密封

（3）离心泵的操作

①准备与检查。检查各部螺栓有无松动、是否齐全;油量是否适当,油环转动是否灵活正确;填料松紧适当,真空表和压力表的旋钮要关闭,指针在零位;检查吸水管路是否正常,底阀没入吸水深度符合要求;检查闸阀开闭是否灵活,开泵前将闸阀全闭,以降低启动电流。

②灌液。向泵和吸水管中灌入输送液体,同时打开放气阀,直到放气阀上不冒气而完全冒液体为止,再关上放气阀和放液阀。

③启动电机。关闭水泵排水管上的闸阀,使水泵在轻负荷下启动。

④开阀。待电动机转速达到正常状态时,慢慢将水泵排水管上的闸阀全部打开,同时注意观察真空表、压力表、电压表、电流表的指示是否正常,若一切正常表明启动完毕。若根据声音及仪表指示判断水泵没有上水,应停止电机运行,重新启动。

⑤停车。慢慢关闭出水闸阀,按下停止按钮,停止电机运行。

（4）离心泵的维护

①泵的出入口压力、流量及电机电流维持正常操作指标,严禁泵长时间抽空。尽量控制离心泵的流量和扬程在标牌上注明的范围内,以保证离心泵在最高效率点运转。

②经常检查泵的密封情况,检查油箱内润滑油质量和油标,如发现变质立即更换。

③检查泵底座、电动机是否紧固,如果松动会引起泵的振动。发现泵有异常声响应立即停车检查。

④离心泵在工作过程中应定期更换或补加润滑油以免磨损。经常检查机械密封是否滴漏,如有滴漏应及时调整动环的压紧程度保证密封面不漏出为宜,切忌压得太紧而缩短

密封的使用寿命。

⑤离心泵在寒冬季节使用时,停车后,需将泵体及管路里的液体放净,防止冻裂。长期停用,需将泵全部拆开,擦干水分,将转动部位及接合处涂以油脂装好妥善保护。

3.2.2　物料清洗机械设备

食品原料如水果、蔬菜在其生长、成熟、运输及贮藏过程中,会受到尘埃、泥土、微生物及其他污物的污染或农药残留。因此,加工前必须进行清洗。根据食品原料的性质、形状、大小等,洗涤方法和机械设备的形式也很繁多,但所采用的手段不外乎刷洗、浸洗、喷洗和淋洗等。有代表性的果蔬原料清洗设备有滚筒式清洗机、鼓风式清洗机、刷洗机和刷果机等。

1)原料清洗机械

(1)浮洗机

浮洗机主要用来洗涤水果类原料,该设备一般配备流送槽输送原料,目前果汁生产线上常配此设备。它主要由洗槽、滚筒输送机、机架及传动装置构成,如图3.17所示。

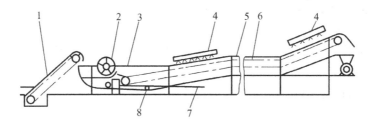

图3.17　浮洗机

1—提升机;2—翻果轮;3—洗槽;4—喷淋水管;5—检选台;

6—滚筒输送机;7—高压水管;8—排水口

输送机分为3段,下倾斜段下部浸在洗槽中,上倾斜段接入破碎机,中间水平段作为检选段。在倾斜段各装有4根喷淋水管,每根喷淋管各有两排与喷淋管成90°的喷水孔。该设备一般配备流送槽输送原料。

工作时由流送槽将原料预洗、输送并经提升机送入洗槽前半部浸泡,经翻果轮拨入洗槽后半部。此处装有高压水管,其上分布有许多距离相同的小孔,由于高压水从小孔喷出,使原料翻滚并与水摩擦,原料间也相互摩擦,使表面污物洗净。再由滚筒输送机带着经高压喷淋再度冲洗,进入检选台检出烂果和修整有缺陷的原料,再经喷淋后送入下道工序。

滚筒输送机与带式输送机结构类似,只是其输送带是在两根链条中间安装了许多圆柱滚筒,当驱动链轮带动链条运动时,物料便在滚筒上向前滚动。

(2)洗果机

洗果机是中小型企业较为理想的果品清洗机,其结构紧凑,清洗质量好,造价低,使用方便。洗果机主要由洗槽、刷辊、喷水装置、出料翻斗及机架和传动装置等组成,结构如图3.18所示。

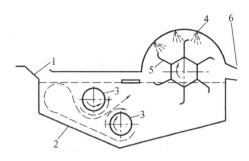

图 3.18　洗果机

1—进料口;2—洗槽;3—刷辊;4—喷水装置;5—出料翻斗;6—出料口

物料从进料口进入洗槽内,装在清洗槽上的两个刷辊旋转使洗槽中的水产生涡流,物料便在涡流中得到清洗。同时由于两刷辊之间间隙较窄,故液流速度较高,压力降低,被清洗物料在压力差作用下通过两刷辊间隙,在刷辊摩擦力作用下又经过一次刷洗。接着,物料被顺时针旋转的出料翻斗捞起,出料,在出料过程中又经高压水喷淋得以进一步清洗。

操作时,刷辊的转速需调整到能使两刷辊前后造成一定的压力差,以迫使被清洗物料通过两刷辊刷洗后能继续向上运动到出料翻斗处。该机生产效率高,生产能力可达2 000 kg/h,破损率小于2%,洗净率达99%。

(3)鼓风式清洗机

鼓风式清洗机又称为冲浪式清洗机、鼓泡式清洗机,适合于果蔬原料的清洗。其清洗原理是用鼓风机把空气送进洗槽中,使洗槽中的水产生剧烈的翻动,对果蔬原料进行清洗。由于利用空气进行搅拌,因而既可加速污物从原料上洗除,又能在强烈的翻动下保护原料的完整性。

鼓风式清洗机的结构如图 3.19 所示。它主要由洗槽、输送机、喷水装置、空气输送装置、支架、电动机及传动系统等组成。

洗槽的截面为长方形,送空气的吹泡管设在洗槽底部,由下向上将空气吹入洗槽中的清洗水中,原料进入洗槽,放置在输送机上。输送机设计为两段水平输送、一段倾斜输送。第 1 段水平段处于洗槽的水面之下,用于浸洗原料,原料在此处被空气搅动,在水中上下翻滚,洗除泥垢;倾斜部分设置在中间,用于清水喷洗原料;第 2 段水平段处于洗槽之上,用于检查和修整原料。由洗槽溢出的水顺着两条斜槽排入下水道,污水从排水管排出。

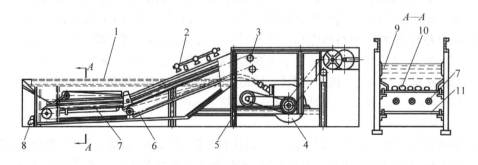

图 3.19　鼓风式清洗机

1—洗槽;2—喷水装置;3—压轮;4—鼓风机;5—支架;6—链条;
7—空气输送装置;8—排水管;9—斜槽;10—原料;11—输送机

（4）滚筒式清洗机

滚筒式清洗机适合清洗柑橘、橙、马铃薯等质地较硬的物料，主要由清洗滚筒、喷水装置、机架和传动装置等组成。

滚筒式清洗机的结构如图3.20所示。传动轴用轴承支承在机架上，其上固定有两个传动轮。在机架上另装有两根与传动轴平行的轴，其上有两个与传动轮对应的托轮，托轮可绕其轴自由转动。清洗滚筒用钻有许多小孔的薄钢板卷制而成，或用钢条排列焊成筒形，滚筒两端焊有两个金属圆环作为摩擦滚圈。滚筒被传动轮和托轮经摩擦滚圈托起在整个机架上。

工作时，电动机经传动系统使传动轴和传动轮逆时针旋转，由于摩擦力作用，传动轮驱动摩擦滚圈使整个滚筒顺时针旋转。由于滚筒与水平线有5°的倾角，因此在其旋转时，物料一边翻转一边向出料口移动，并受高压水冲刷而清洗。污水和泥沙由滚筒的网孔经底部集水斗排出。

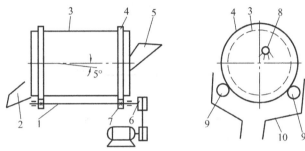

图3.20　滚筒式清洗机

1—传动轴；2—出料槽；3—清洗滚筒；4—摩擦滚圈；5—进料斗；6—传动系统；

7—传动轮；8—喷水管；9—托轮；10—集水斗

2）包装容器清洗机械

包装果蔬产品所用的玻璃瓶、马口铁罐等容器，在生产、运输及储放过程中，都会受到外界环境的污染，因此在灌装前必须对包装容器进行清洗。

（1）容器清洗的基本方法

容器清洗的方法基本分为浸泡、喷射和刷洗3种或3种结合的方式进行。

①浸泡

将瓶子浸没于一定浓度、一定温度的洗涤剂或烧碱液中，利用它们来软化、乳化或溶解黏附于瓶上的不清洁物，并加以杀菌。

②喷射

洗涤剂或清水在一定的压力（0.2~0.5 MPa）下，通过一定形状的喷嘴对容器的内外进行喷射，利用洗涤剂去除污物。

③刷洗

用旋转洗刷将污物刷洗掉。此法是用机械方法直接接触污物，去污效果好。

目前，可用机械方式进行清洗的包装容器主要有玻璃瓶、塑料瓶和罐头用金属空罐等。

（2）半机械式洗瓶装置

半机械式洗瓶装置用于清洗玻璃瓶，它是由浸泡槽、刷瓶机、冲瓶机、沥干器等单机组

成的,结构简单,生产能力小,但占地小,成本低,适合小企业使用。

①浸泡槽

浸泡槽是用来浸泡脏瓶的。在一定温度(40~50 ℃)、一定浓度(4%~5%)的碱液中浸泡一定时间后,玻璃瓶中的绝大多数脏物松散、脂肪乳化,瓶外的旧标签易脱落,有利于下一步的刷瓶操作。

浸泡槽结构如图3.21所示。在水槽上设一转轴,其上装有5~6个无底的转斗,瓶子不断被放进转斗中,当转斗被装满时,用力在左边将转斗往下压,转斗转过一个角度,其中的瓶随之往下浸入碱液中。然后将右边已露出水面的转斗中的瓶子拿出,倒出碱液。进入下道工序,空转斗则被翻到左边,继续放瓶。浸泡槽中的碱液靠通入的蒸汽来加热。

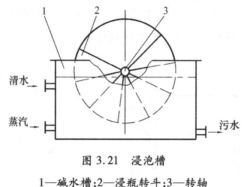

图 3.21 浸泡槽

1—碱水槽;2—浸瓶转斗;3—转轴

②刷瓶机

刷瓶机用来进一步刷去残留在瓶内的污物(见图3.22)。毛刷一般成对地安装在机头两边,毛刷杆插入转刷套的孔中。然后用转刷套上径向安装的螺钉将毛刷杆压紧,固定毛刷。为了保护操作人员,刷瓶机上设置有防护罩。

③洗液槽

洗液槽主要是将经刷洗后的瓶子再进行氯水浸泡。此种浸泡的目的是消毒和去除刷下的污物,浸泡时间较短。洗液槽为一矩形槽,在其适当位置设置进水管和排水管,使用中定时、定量投放漂白粉。

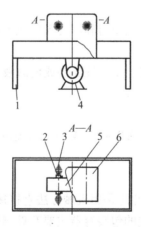

图 3.22 刷瓶机

1—机架;2—转刷套;3—毛刷;4—电机;5—转刷机头;6—防护罩

④冲瓶机

冲瓶机的作用是将瓶中的洗液冲净,其结构如图3.23所示。将瓶子手工倒置于冲瓶机圆盘架的锥孔中,并使锥孔下的喷嘴伸入瓶口部。工作时,喷水管与圆盘架一起缓慢转动,在分配器的控制下使喷嘴在一定的转动角度范围对瓶进行喷射冲洗。冲净后手工将瓶取出。

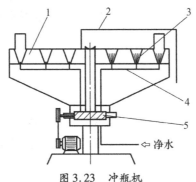

图3.23 冲瓶机
1—转动圆盘;2—防水罩;3—喷头;4—水管;5—蜗轮蜗杆减速器

⑤沥干器

冲净的瓶子倒置于沥干器上,使瓶内残留水分控制在一定范围内。沥干器比较简单,一般有两种形式:一种为圆盘式:在一根立柱上置一圆盘,圆盘上开有与冲瓶机圆盘上相同的锥孔,圆盘可手工或利用机械转动,瓶子在转动过程中沥干;另一种是输送式:水平输送机的传送链条上联接塑料制成的瓶托,瓶托中间为锥孔,瓶子倒置在瓶托上,边输送边沥干。

(3)三片罐清洗机

三片罐清洗机是饮料灌装线上与灌装机配套使用的空罐清洗设备,可清洗能用磁力进行输送的空罐。该设备为一箱式结构,主要由磁力输送机、清洗喷嘴、进出罐圆盘及传动系统和机架箱体等组成,其结构如图3.24所示。

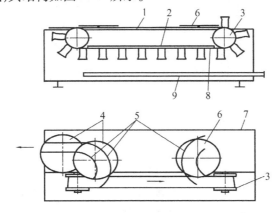

图3.24 三片罐清洗机
1—托板;2—磁铁板;3—磁性转鼓;4—出罐圆盘;5—空罐导向板;6—进罐圆盘;
7—机架箱体;8—尼龙带;9—喷水管

该设备主体为磁力输送机,由尼龙带和两个磁性转鼓构成,尼龙带张紧在转鼓上,输送机上部设有承托尼龙带的托板,下部有一与尼龙带等宽的磁铁板,紧贴尼龙带的内表面,托板和磁铁板均固定在箱体的侧面。清洗时,洗空罐由进罐圆盘经导向板导向进入磁力输送机的尼龙带上,并随带移动,当空罐到达右边磁性转鼓时,即被磁力吸在尼龙带上绕转鼓移动,当空罐带转至下方时,由于磁铁板的作用,仍被吸在尼龙带的下表面随带一起由右至左移动。此时喷嘴对着罐口喷水,冲洗空罐内部。当罐被输送到左边转鼓上方时,由导向板、出罐圆盘拨出送至灌装机前方的输送机上,以待装罐。冲洗水由箱体收集、排出。

磁力输送机由传动系统驱动运行,通过电子调速开关控制电动机运转速度可调节其运行速度,以便与后面的灌装机速度一致。

3.2.3 果蔬去皮机

果蔬原料去皮机按去皮原理可分为两大类:一类是靠机械摩擦去皮的,常用作块根类原料的去皮,另一类靠碱液腐蚀去皮,可用于多种果蔬的去皮操作。

1)擦皮机

擦皮机的工作原理是利用机械摩擦去除原料的表层薄皮。其结构如图3.25所示,它的主要工作部件为一个内表面粗糙的工作圆筒和一个表面呈波纹状的旋转圆盘。工作时,电动机通过齿轮带动轴转动,进而带动圆盘旋转,物料从加料斗进入工作圆筒内,落到旋转的圆盘波纹状表面,在离心力作用下被抛向四周,与工作圆筒筒壁的粗糙表面相摩擦而被去皮。水通过喷水嘴注入圆筒内部,将擦下的皮从排污门冲走。出料舱口在擦皮过程中用把手封住,出料时打开,去皮后的物料,利用本身的离心力作用,从出料舱口卸出。由于在装料和卸料时电动机都在运转,因此,卸料前应先关闭水阀门,停止注水,以免舱口打开后水从舱口溅出。

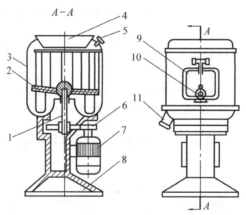

图3.25 擦皮机

1—轴;2—旋转圆盘;3—工作圆筒;4—加料斗;5—喷水嘴;6—齿轮;
7—电动机;8—底座;9—出料舱;10—把手;11—排污口

擦皮机适合处理胡萝卜、马铃薯等块根类原料。因为去皮后的原料表面不够光滑,所以只能用于切片或制酱的罐头中,不用于整块蔬菜罐头的生产。

2)碱液去皮机

碱液去皮机工作时,首先利用热的稀碱液对被处理的果蔬原料表皮进行腐蚀,然后用水冲洗或用机械摩擦将皮层剥离。碱液去皮机设计的适用范围较宽,适用于桃、杏、梨、苹果、番茄、马铃薯及红薯等多种果蔬原料的去皮操作。对不同果蔬原料或同一原料不同品种、成熟度时,可采用不同的碱液浓度、腐蚀时间,还可在碱液处理之外用高压蒸汽处理,以顺利去皮。碱液去皮机根据用水量的大小可分为湿法去皮和干法去皮两类。

（1）湿法碱液去皮机

湿法碱液去皮机的构造如图 3.26 所示。主体为一条回转的链带,由安装在机架上的传动装置带动。被处理的果蔬原料放置在链带上,根据去皮工艺,依次通过热稀碱喷淋段、腐蚀段及冲洗段。该机适合于桃、梨的去皮。

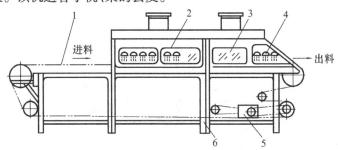

图 3.26　碱液去皮机

1—输出链带;2—淋碱段;3—腐蚀段;4—冲洗段;5—传动系统;6—机架

（2）干法碱液去皮机

干法去皮机如图 3.27 和图 3.28 所示。

去皮装置用铰链和支柱安装在底座上,呈倾斜状。可通过改变支柱的长度,将调节螺柱插进选定的位置内,调整去皮装置的倾斜度,倾斜角以 30°～45°为合适。去皮装置的两侧为一对侧板,电动机通过传动带和回转链带使一系列轴旋转,回转链带与链轮之间用压轮压紧。每根轴上都装有随轴旋转的数对夹板,每对夹板之间夹着用薄橡胶制成的柔软而富有弹性的圆盘。每根轴上的圆盘与相邻轴上的圆盘错开排列,即一根轴上的圆盘处于另一轴的两个圆盘之间。

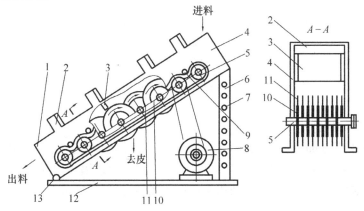

图 3.27　干法去皮装置示意图

1—去皮装置;2—构件;3—挠性挡板;4—侧板;5—主轴;6—支柱;7—调节螺栓;
8—电动机;9—压轮;10—夹板;11—圆盘;12—底座;13—铰链

工作时,原料靠质量把柔性圆盘压弯,在圆盘表面与物料之间形成接触面,由于圆盘旋

转的速度比物料落下速度快,因相对运动产生了揩擦动作,随着物料的下移,与圆盘接触不断变化,直至全部表皮除完。

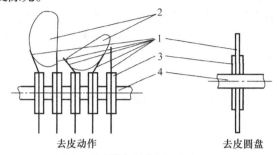

图 3.28　去皮动作及去皮圆盘
1—圆盘;2—物料;3—夹板;4—主轴

为了增强去皮效果,使果蔬在圆盘间通过,而不是在圆盘上面通过,两边侧板装有一组桥式构件,每一个构件上有一挠性挡板,用橡胶或织物制成,作用是阻滞、强迫原料从圆盘间通过。去皮后的果蔬,可用少量净水(约为原料量的 10%)冲洗,将皮除去,从出料口处卸出,皮则从装置中落下收集于盘中。

3.2.4　预煮设备

预煮又称烫漂,是制作果酱、罐头、果汁及脱水干制等产品中常用的一道工序。这道工序对于该类食品加工过程与质量的提高有重要的意义。

果蔬原料预煮机械一般分为间歇式和连续式两大类,间歇式有夹层锅和预煮槽;连续式可分为链带式和螺旋式两种,链带式可分为刮板式和斗槽式两种,螺旋式可分为水平式和倾斜式两种。

1)夹层锅

夹层锅又称二重锅、双重釜。它的通用性强,除用作预煮外,还可以化糖、配制调味料和熬煮一些浓缩产品。常用的有可倾式夹层锅和固定式夹层锅两种,如图 3.29 所示。

固定式夹层锅的进蒸汽管安装在与锅体中心线成 60°角的壳体上,出料通过底部接管,利用落差排料,或在底部接口处安装抽料泵,把物料用泵抽至其他高位容器。因此固定式夹层锅常用来调配汤汁等液体物料。当容器大于 500 L 或用作加热稠性物料时,常带有搅拌器。

可倾式夹层锅的进蒸汽管从安装在支架上的填料盒中接入夹层。锅体由两层球形壳体组成,内层材料是 3 mm 厚的不锈钢板,外层材料是 5 mm 厚的普通钢板,内外两层壁板相互焊接。操作时可先将物料倒入锅内,夹层里通入蒸汽,通过锅体内壁进行热交换,用以加热物料。加热结束后,转动手轮,驱动蜗轮使锅体倾斜,倾斜角度可在 0~90°的范围内任意改变,以倒出物料。

夹层锅锅体两侧焊制轴颈,支撑于支架两边的轴承上,轴颈一般采用空心轴,蒸汽管从这里伸入夹层中。为防止漏气,周围加填料制成填料盖(或称填料盒)密封。

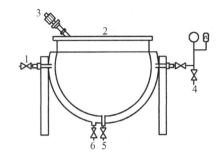

（a）固定式夹层锅

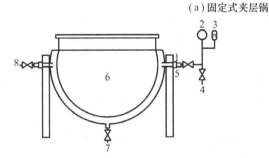

（b）可倾式夹层锅

图3.29 两种夹层锅

（a）1—不凝气体出口;2—锅盖;3—搅拌器;4—进蒸汽管;5—物料出口;6—冷凝水出口
（b）1—蜗轮;2—压力表;3—安全阀;4—蒸汽进管;5—手轮;6—锅体;7—不凝气体出口

机架用槽钢或两个具有 T 形断面的铸铁支架和一根联接两个支架的螺杆组成。进气管在夹层锅装有压力表的一端,不凝气体排出管在另一端。压力表旁装有一个安全阀,生产中如果排气端因故受阻或其他原因引起压力升高,超过允许压力时,安全阀能自动排气,以确保夹层锅的安全生产。

每次使用完毕后,要将夹层内的冷凝水放净,以便下次使用。夹层锅内壁球体部分用不锈钢板焊接而成,焊缝部分经不起长时间、高浓度的盐溶液或酸溶液等物料的腐蚀,在生产结束后,必须及时清洗,避免将此类物料长时间存放于锅内。蜗轮蜗杆和锅体两边的轴承油杯处要经常加润滑油,始终保持润滑。夹层锅使用时要定期进行耐压试验,若发现焊接部分过薄甚至漏气时,就要停止使用,进行维修,以防事故发生。

2）链带式连续预煮机

链带式连续预煮机用链带作为牵引构件,在链带上装上斗槽即为斗槽式,如青刀豆连续预煮机;在链带上装上刮板即为刮板式预煮机,如蘑菇连续预煮机。如图3.30所示为刮板式连续预煮机示意图。它主要由钢槽、刮板链带和传动装置组成,用于果蔬原料的预煮。

钢槽是整个设备的主要外壳和骨架,许多部件都安装在它上面,是用厚钢板焊接而成。传送装置的刮板、链条、压轮全部在钢槽里,也都是用不锈钢制造。在两根链条之间的链板上,为了增加刮板的强度,在刮板背面用不锈钢条作支撑,适当钻些小孔,小孔的直径小于物料的直径,这样可以减少刮板在运行中的阻力。压轮使链带从水平方向改变过渡到倾斜方向出料,同时也起到张紧链带的作用。

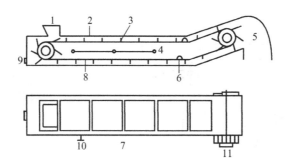

图 3.30　刮板式连续预煮机

1—进料斗;2—盖;3—刮板;4—蒸汽管;5—卸料斗;6—压轮;

7—钢槽;8—链带;9—排污口;10—溢流口;11—传动系统

物料从升运机送到料斗后,落到具有刮板的链带上。钢槽中盛满水,由蒸汽吹泡管直接加热。由于链带的移动,把物料从进料口送到卸料口卸料,在此过程中物料被加热预煮。吹泡管上开有吹蒸汽小孔,小孔的总截面积应等于加热管的截面积。加热的蒸汽压力要求大于 0.4 MPa。

预煮的温度由蒸汽阀门控制,一般水温为 80～100 ℃,预煮的时间则由调速电动机或调换传动轮控制,调节链带的速度一般为 0.01 m/s。

3) 螺旋式连续预煮机

螺旋推进式连续处理设备供经过洗涤后的果蔬进行预煮,经过调速也适合部分其他果蔬品种。螺旋式连续预煮机的结构如图 3.31 所示。

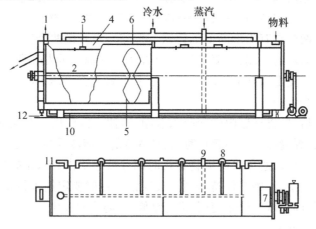

图 3.31　螺旋式连续预煮机

1—排气口;2—螺旋轴;3—铰带;4—机壳;5—螺旋叶片;6—筛网圆筒;7—进料口;

8—重锤;9—进水管;10—蒸汽进管;11—溢流管;12—排水口

预煮时,首先从进水管加入冷水至溢流水位,开启蒸汽进管通入蒸汽,将冷水加热至 96～100 ℃。接通电源,使螺旋轴转动,然后由提升机将原料送到进料口连续进料,这时原料在筛网圆筒内边预煮边由螺旋叶片推进至出料转斗中,出料转斗随螺旋轴一起转动,把预煮后的原料带入出料斜槽,由斜槽滑入冷却槽冷却。

靠近出口处有排气口,将预煮液中的不凝气排放掉。加热蒸汽从预煮机底部进入,从两根喷管的喷口中喷出蒸汽直接对水进行加热。预煮机两边各有一溢流管,将设备内超过规定水位的水和浮在水面的杂物排放出去,底部有排水口,可将机内脏水全部排掉,便于设备清洗。筛网圆筒由不锈钢板辊压而成,圆筒钻有许多小孔,孔的排列为正三角形,筛网圆筒固定在机壳上。螺旋轴贯穿筛网圆筒,支承在机壳轴承上,由电动机和传动系统驱动。

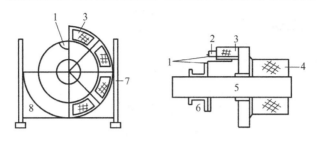

图 3.32 出料转斗

1—出料槽;2—端板;3—转斗;4—筛筒;5—螺旋轴;6—密封圈;7—机架;8—机壳

出料处有出料转斗(见图3.32),出料转斗沿圆周分布许多斗室。出料转斗与螺旋轴固接,转速与螺旋轴转速相同。当物料由螺旋叶片推至出料转斗时,旋转的转斗将物料捞进斗室里,当已进料的斗室转到最高位置时把物料倾倒至出料斜槽中,斗室一个接一个回转从水中捞起预煮后的物料,转到最高处卸料。

3.3 打浆机

打浆机主要用于番茄酱、果酱罐头的生产中,它可将水分含量较大的果蔬原料擦碎成为浆状物料。

3.3.1 打浆机结构与工作原理

1)工作原理

工作时,物料由下料斗进入筛筒并被破碎,由于刮板的回转作用和导程角的存在,物料沿着圆筒向出料口端移动,在移动的过程中受离心力作用而被擦碎,汁液和浆状肉质从筛孔中漏到收集料斗中,皮和籽等物则从圆筒另一开口端排出。

2)结构

打浆机的结构如图3.33所示。机壳内水平安装着一个开口圆筒筛,圆筒筛用0.35 ~ 1.20 mm 厚的不锈钢卷成,有圆柱形和圆锥形两种,其上冲有孔眼,两边多有加强圈以增加其强度。传动轴上装有使物料破碎的桨叶和使物料移向桨叶的螺旋推进器及擦碎物料用的两个刮板,刮板用螺栓和安装在轴上的夹持器相联接,通过调整螺栓可调整刮板与筛筒内壁之间的距离。刮板是用不锈钢制造的一块长方形体,对称安装于轴的两侧,且与轴线有一夹角,该夹角称导程角。为了保护圆筒筛,常在刮板上装有耐酸橡胶板。

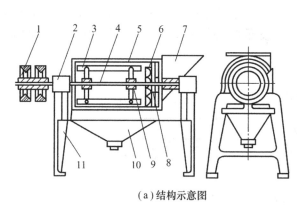

（a）结构示意图　　　　　　　　　　（b）实物图

图 3.33　打浆机

1—传动轮；2—轴承；3—棍棒（刮板）；4—传动轴；5—圆筒筛；6—破碎桨叶；

7—进料斗；8—螺旋推进器；9—夹持器；10—出料漏斗；11—机架

（1）破碎盘

破碎盘的外形如同一个球缺，凹面对着入料口，固定在转动轴上，在它的边缘嵌焊有4个破碎叶翅。当其随轴一起转动时，将来自料斗的物料打碎并抛向筛筒内壁。

（2）打浆板

打浆板是一个长方形不锈钢板，共3根，互成120°固定在两个轴套的6根螺杆上。轴套与转动轴用螺栓固定。通过调节螺杆的长短可调节打浆板与筛筒壁之间的距离。根据工作需要改变固定打浆板的长孔位置，即可调整导程角的大小。

（3）圆筒筛

圆筒筛是渣汁分离装置，它水平安装在机壳内，筒身用0.35～1.20 mm的不锈钢板冲孔后弯曲制成两个半圆筛体再联接而成。筛孔孔径为0.4～1.5 mm，筛孔的总面积约为筛筒面积的50%。用冲孔法加工筛网时，一般不锈钢板的厚度要小于冲孔的直径。

3.3.2　打浆机的操作与维护

①每次工作结束后，应立即拆洗打浆机，不能留有污垢及残存的果汁果浆，以避免杂菌生长。清洗结束后对各零部件需加入90 ℃以上的热水进行清洗，清洗时间约为10 min，或对机腔蒸汽杀菌处理。每次使用前也要经过相同的清洗工作。

②零部件重新安装时，要有坚固平坦的底座。打浆机宜定期使用，以保持电机干爽；如长期不用，应保存在干燥通风处，以防电机受潮发霉。

③主机座严禁用水冲洗，应用湿布擦拭干净。其他部件可直接放入水中以洗涤剂冲洗。

④经常使用时，应每月将打浆机的破碎桨叶、刮板、筛筒等拆下清洁干净。传动系统和轴承内定时注入润滑油。

⑤打浆机的操作人员应经过培训，方可上岗。

3.3.3 打浆机常见故障分析及排除

1)打开开关,设备不能运转

可能存在的问题有:如电源出现故障,各部件连接不当,设备电机损坏;或者一次性投料过大,负荷过重,导致电机无法启动。根据故障原因采取相应的措施以排除故障。

2)打浆过程中,打浆机破碎声音异常或声音过大

这可能是破碎桨叶损坏,或由于物料中含有杂料、石块所致,或者传动装置出现问题。

3)出浆率低,浆渣含汁率高

可能是由于设备使用时间过长,破碎桨片受损严重,应更换破碎桨片;另外,如果筛筒堵塞严重,也可能导致上述结果,应及时对其进行清洗。

4)打浆过程中,物料突然从进料口溢出

可能存在的原因如下:进料量过多;启动操作时,一次性投料过多,使筛筒内物料过多,结果造成进料量大于出料量,使物料从进料口溢出。出料口、出渣口或筛孔被堵塞,造成浆汁、渣无法排出,使物料面上升而溢出;电机工作不正常,物料在筛筒内跳动严重而外溢。

3.4 压榨机

榨汁机是利用压力把固态物料中所含的液体压榨出来的固液分离机械。榨汁是果蔬饮料生产的重要环节,其主要靠施加的机械外力(压力)破碎果蔬组织的细胞结构,使果蔬汁与结合的蛋白质、纤维素、木质素等分开,连续地将汁液分离出来。

根据施加的机械力的方式,将榨汁机分成以下几类:以螺旋方式产生推动力的螺旋榨汁机;利用同向旋转的锥形盘旋转产生力的锥盘式榨汁机;利用辊压产生力的辊筒式榨汁机;靠泵活塞的往复运动产生力的活塞式榨汁机(液压式和气囊式)以及利用离心力榨汁的离心榨汁机。

3.4.1 螺旋榨汁机

1)工作原理

工作时,物料经大端进入,螺旋的旋转使得物料向前移动,但沿物料流动方向上,螺旋轴与榨笼壁之间的间隙尺寸逐渐变窄,使榨腔工作空间也随之变小,压力随之增加,液体通过压榨筒上的缝隙挤出从而达到挤压物料的目的,残渣经出料口排出。榨饼出口为压榨机的最后一部分,一般用一可调锥或其他构件使其部分被挡,这样可以改变出料口的大小从而调节作用于物料上的出口压力,使榨腔内工作正常。操作时,启动机器,先将环形出渣口调至最大,以减小负荷。启动正常后加料,物料就在螺旋推力作用下沿轴向向出料口移动,由于螺距渐小、螺旋内径渐大,所以对物料产生预压力。然后逐渐调整出渣口环形间隙,以达到榨汁工艺要求的压力。

2)结构

螺旋压榨机是一种使用较广泛的连续压榨机,常用于水果榨汁和油料榨汁等。如图3.34 所示,其主要由螺杆、顶锥、料斗、圆筒筛、离合器、传动装置、汁液收集器及机架组成。

（1）圆筒筛

一般用不锈钢板卷成。为便于清理及检修,可分成上下两半,然后用螺栓接合。为方便制造,较长的圆筛分成2~3 段。圆筛的孔径一般为 0.3~0.8 mm。开孔率可以从两个方面考虑:一是榨汁的要求;二是强度要求。由于螺杆挤压产生的压力可达 1.2 MPa 以上,圆筛的强度应能承受这个压力。

（2）压榨螺杆

压榨螺杆是螺旋榨汁机的主要工作部件,采用不锈钢材料铸造后精加工而成,螺旋杆的外径尺寸不变,但沿着废渣排出口方向螺杆内径逐渐加大。螺旋杆的螺旋终端制成锥形,与调压头的内锥形面相对应,渣料即从二者锥形部分之间形成的环状间隙中排出,此间隙的大小通过调压装置来改变。轴由两端的轴承支承在机架上,传动系统使螺杆在圆筒筛内作旋转运动。

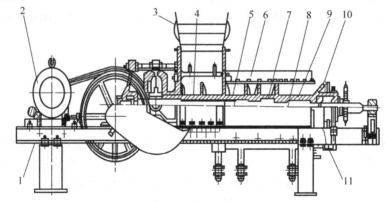

（a）结构示意图

（b）外形图

图3.34　螺旋榨汁机

1—机架;2—电动机;3—进料斗;4—外空心轴;5—第一棍棒;6—冲孔滚筒;7—第二棍棒;
8—内空心轴;9—冲孔套筒;10—锥形阀;11—排出管

3.4.2 带式压榨机

1)主要结构

带式榨汁机结构如图3.35所示。它由驱动装置、张紧装置、防跑偏装置、压榨辊、清洗装置和滤带等组成。其工作原理就是利用两条张紧的环状网带夹持果糊后绕过多级直径不等的榨辊,使得绕于榨辊上的外层网带对夹于两带间的果糊产生压榨力,从而使果汁穿过网带排出。

2)带式压榨机工作过程

带式压榨机工作过程主要分为预处理、重力脱水、楔形区脱水、压榨脱水及高压脱水5个步骤,如图3.36所示。首先进行预处理,滤浆在脱水前需添加一种或两种以上的絮凝剂与物料充分混合絮凝,有利于提高榨汁效果;随后果浆进入重力脱水区,通常为较长的水平运动段或以很小角度上升的运动段。在重力的作用下,脱除滤浆中的自由水;楔形区脱水,主要作用是使滤浆平整,厚度均匀,同时受到轻度的挤压。此时滤浆已脱去大部分自由水,从而失去流动性,为下一步进行压榨脱水作好准备;然后进入压榨脱水区,滤浆在滤带的张力及呈S形排列的压榨辊的曲率所产生的压榨压力作用下进一步脱水;有的带式榨汁设备最后还要进行高压脱水,包括高压带、高压辊等部件组成的高压压榨机构,在高压脱水区,总的压榨压力增加,提高了脱水效果,进一步减少了滤饼的含液量。

图3.35 带式榨汁机结构图

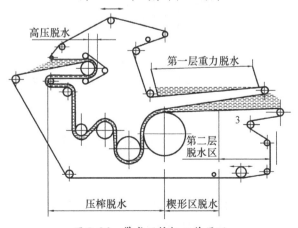

图3.36 带式压榨机工作原理

带式榨汁机具有结构简单、工作连续、生产率高、通用性好、造价适中等特点,可制造带宽 2 m 以上,处理能力 20 t/h 以上的超大型榨汁机。带式榨汁机的主要缺点是榨汁作业开放进行,果汁易氧化褐变;整个受压过程物料相对网带静止,排汁不畅;网带为聚酯单丝编织带,张紧时孔隙度较大,果汁中的果肉含量较高;网带孔隙易堵,需随时用高压水冲洗;果胶含量高及流动性强的物料易造成侧漏,生产率下降。

3)使用与维护

①滤带需保持清洁,以免发生滤带堵塞现象,随时检查清除滤带表面及滤带之间的坚硬异物,以免损伤滤带。

②应时刻保持滤带适当的张紧程度,保证生产的顺利进行。

③经常打开并检查滤带清洗装置的高压喷嘴是否有堵塞现象。

④压榨辊要有足够的强度和刚度,如果挠度过大,容易引起滤带打褶和起拱等现象。

⑤定期对压榨辊的支承轴承等润滑点进行润滑。

⑥停机顺序为先关加料泵,再关闭进料阀,待滤带上的全部滤饼卸完、洗净后关停电动机,切断电源。

3.4.3 液压榨汁机

液压榨汁机是利用液压对物料进行压榨的机器。液压系统由高压泵、液压泵、活塞、蓄力器及调节阀组成。

如图 3.37 所示为板式液压榨汁机的结构示意图。它由 4 根支柱、两块压榨板、液压缸及活塞等组成。物料包裹在布袋中,分别放在多层压榨板之间,当液压缸通入压力油后活塞上升,使物料受到挤压,汁液顺压榨板上的沟槽流出,经通道排出机外,当活塞下行复位后,把压榨的渣饼卸出。液压机压力大,工作平稳,生产能力大,劳动强度小。

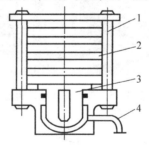

图 3.37 板式液压榨汁机

1—活塞筒;2—压榨板;3—汁液贮桶;4—卸料口

3.5 过滤机械与设备

过滤是利用混合物内相的截留性差异进行分离的一种操作。它可用于连续相(或介质)为流体(液体或气体),分散相为固体混合物的分离。

一般过滤介质易堵,连续性差,特别是食品、生物类物料,形成的滤床具有很大的可压缩性,以至于过滤操作不能正常地进行,这个问题常常必须通过使用助滤剂来得到改善。

过滤操作过程一般包括过滤、洗涤、干燥及卸料4个阶段。

1)过滤

悬浮液在推动力作用下,克服过滤介质的阻力进行固液分离;固体颗粒被截留,逐渐形成滤饼,且不断增厚,因此过滤阻力也随之不断增加,致使过滤速度逐渐降低。当过滤速度降低到一定程度后,必须停止过滤。

2)洗涤

停止过滤后,滤饼的毛细孔中包含有许多滤液,须用清水或其他液体洗液,以得到纯净的固粒产品或得到尽量多的滤液。

3)干燥

用压缩空气吹或真空吸,把滤饼毛细管中存留的洗涤液排走,得到含水量较低的滤饼。

4)卸料

把滤饼从过滤介质上卸下,并将过滤介质洗净,以备重新进行过滤。

过滤机按过滤推动力可分为重力过滤机、加压过滤机和真空过滤机;按过滤介质的性质可分为粒状介质过滤机、滤布介质过滤机、多孔陶瓷介质过滤机和半透膜介质过滤机等。按操作方法可分为间歇式过滤机和连续式过滤机等。间歇式过滤机的过滤、洗涤、干燥、卸料4个操作工序在不同时间内,在过滤机同一部分上依次进行。间歇式过滤机有重力过滤器、板框压滤机、厢式压滤机、叶滤机等。

3.5.1 板框压滤设备

板框压滤机是间歇式过滤机中应用最广泛的一种。其原理是利用滤板来支承过滤介质,滤浆在加压下强制进入滤板之间的空间内,并形成滤饼。其结构简单、制造方便、造价低、过滤面积大、无运动部件、辅助设备少、动力消耗低、过滤推动力大(最大可达1 MPa以上,一般为0.3~0.5 MPa)、管理方便、使用可靠、便于检查操作情况,适应各种复杂物料的过滤,特别适于黏度大、颗粒度较细、可压缩及腐蚀性的各种物料。但装卸板框的劳动强度大、生产效率低、滤饼洗涤慢、不均匀并且滤布磨损严重。

1)结构

板框压滤机由多块滤板和滤框交替排列而成,板和框都用支耳架在一对横梁上,用压紧装置压紧或拉开。其结构如图3.38所示。

滤板和滤框数目由过滤的生产能力和悬浮液的情况而定,一般有10~60个,形状多为正方形,如图3.39所示。其边长在1 m以下,框的厚度为20~75 mm。

压滤机组装时,将滤框与滤板用过滤布隔开且交替排列,借助手动、电动或油压机构将其压紧。因板和框的角端均开有小孔,此时就构成供滤浆或洗涤水流通的孔道。框的两侧

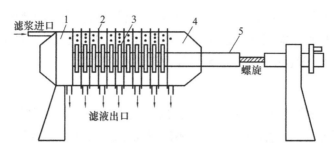

（a）板框压滤机简图

（b）板框压滤机外形图

图 3.38　板框压滤机

1—固定端板;2—滤布;3—框支座;4—可动端板;5—支承横梁

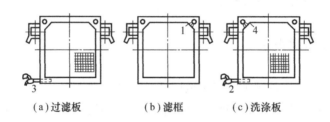

（a）过滤板　　　　（b）滤框　　　　（c）洗涤板

图 3.39　滤板和滤框示意图

1—料液通道;2—滤液出口;3—滤液或洗涤水出口;4—洗涤水通道

覆以滤布,空框与滤布围成了容纳滤浆及滤饼的空间。滤板的作用是支撑滤布并提供滤液流出的通道,滤板板面制成各种凸凹纹路。滤板又分成洗涤板和非洗涤板。为了辨别,常在板和框的外侧铸有标志。每台板框压滤机有一定的总框数,最多达60个。当所需框数不多时,可取一盲板插入,以切断滤浆流通的孔道,盲板后面的板和框即失去作用。板框压滤机内液体流动路径如图3.40所示。

2)工作原理

　　滤浆由滤框上方通孔进入滤框空间,固粒被滤布截留,在框内形成滤饼,滤液则穿过滤饼和滤布流向两侧的滤板,然后沿滤板的沟槽向下流动,由滤板下方的通孔排出。排出口处装有旋塞,可观察滤液流出的澄清情况。如果其中一块滤板上的滤布破裂,则流出的滤液必然浑浊,可关闭旋塞,待操作结束时更换。上述结构滤液排出的方式称明流式。另一种称暗流式的压滤机滤液是由板框通孔组成的密闭滤液通道集中流出。这种结构较简单,且可减少滤液与空气的接触。

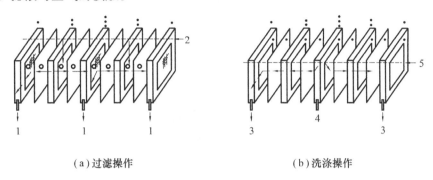

(a)过滤操作   (b)洗涤操作

图3.40 板框压滤机的过滤和洗涤操作

1—滤液出口;2—滤液进口;3—洗涤水出口;4—洗涤时关闭;5—洗涤水进口

当滤框内充满滤饼时,其过滤速率大大降低或压力超过允许范围,此时应停止进料,进行滤饼洗涤。洗涤板如图3.39所示,在洗涤板的左上角的小孔有一与之相通的暗孔,专供洗涤水输入之用。

3.5.2 加压叶滤机

加压叶滤机是由一组并联滤叶装在密闭耐压机壳内组成。悬浮液在加压下送进机壳内,滤渣截留在滤叶表面上,滤液透过滤叶后经管道排出。加压叶滤机可以作为预敷层过滤机来使用。一般用在中、小规模的生产上,当它作为预敷层过滤机使用时,悬浮液含固体量少,需要保留的是液体而不是固体,如用在啤酒、果汁、矿泉水、各种油类的净化等。

滤叶是加压叶滤机的重要过滤元件。一般滤叶由里层的支撑网、边框和覆在外层的细金属丝网或编织滤布组成,其结构如图3.41所示。也有的滤叶由配置了支撑条的中空薄壳以及外面覆盖滤网组成。滤叶用接管镶嵌固定在滤液排出管上,在接头处多用O形圈密封。

滤叶的形状有多种,如方形、长方形、梯形、圆形、弓形和椭圆形等。滤叶可以是固定的,也可以是旋转的。滤叶在压滤机里的工作位置可以是垂直的,也可以是水平的。垂直滤叶的两面都是过滤面,而水平滤叶仅上表面是过滤面。

1)垂直滤叶型压滤机

垂直滤叶型压滤机的滤叶结构如图3.41所示。袋状滤布由大孔目的芯网所支承,作为预敷层过滤时,滤布外覆以预敷材料,整块滤叶的下端与集液管相连通。也可用细金属网代替滤布,用带沟的板代替芯网。过滤之前,使装有滤叶组的圆柱形过滤槽密闭,然后用泵加入滤浆。槽内充满滤浆后,加压过滤,滤液穿过预敷层和滤布,从集液管排出。而固体颗粒则被预敷层所截留形成滤饼,待滤饼厚度检测器发出警报后,停止加入滤浆,开始卸料。

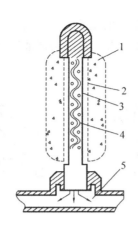

图 3.41　垂直滤叶

1—滤饼;2—预敷层;3—滤布;4—芯网;5—集液管

（1）水平槽垂直滤叶型压滤机

水平槽垂直滤叶型压滤机的结构如图 3.42 所示。过滤槽由上盖和槽体所组成,管壁上钻有许多孔,管内还套有洗涤水管;管上装有洗涤水喷嘴,驱动装置可带动滤浆加入管和洗涤水管同时旋转;圆形的滤叶固定在槽体上,而不是固定在滤浆加入管上;滤液排出管一端经阀门与滤叶的内部相连通,另一端经检液管而与滤液排出总管相连通。

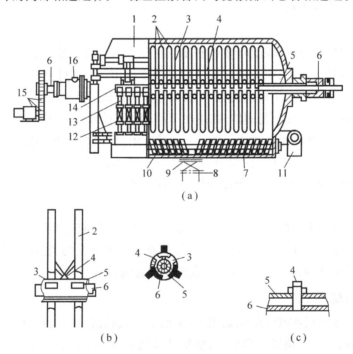

图 3.42　水平槽垂直滤叶型压滤机

1—上盖;2—滤叶;3—孔;4—喷嘴;5—滤浆加入管;6—洗涤水管;
7—螺旋输送器;8—排渣阀;9—排渣口;10—槽体;11—滤液排出总管;12—检液管;
13—滤液排出管;14—阀门;15—驱动装置;16—滤浆加入口

水平槽垂直滤叶型压滤机工作时,滤浆经入口压送到滤浆加入管和洗涤水管之间,从滤浆加入管壁上的孔放射状进入过滤槽,滤浆加入管和洗涤水管一起低速旋转,可使滤液布料均匀,达到过滤均匀的效果。在压力的作用下,滤浆经滤叶过滤,滤液经滤布、滤液排出管以及检液管而进入滤液排出总管,滤渣截留在滤布的外表面,形成滤饼,当滤饼增至一定厚度时,停止加入滤浆,同时打开排渣阀,将洗涤水通过洗涤水管,经喷嘴喷射到滤叶上,将滤饼均匀冲洗下来,落到底部,由螺旋输送器送到排渣口,排出机外,滤叶上的滤布在喷嘴的喷洗后可再用。

(2)垂直槽垂直滤叶型压滤机

垂直槽垂直滤叶型压滤机结构如图3.43所示。

过滤槽上部是可开闭的封头,中部是圆柱形筒体,下部为椭圆形(或锥形)封头。上封头有压缩空气入口。长方形的滤叶安装在槽的圆柱部分。滤叶由支承网、粗网、细滤网、框架、支承头及固定块组成。滤叶通过上方的固定块压紧在固定轴上,支承头位于下方,与出液管相连通。该机在过滤结束后,停止加料,然后通入压缩空气,用空气压力将槽内物料继续进行过滤,并排出滤饼中残存液体。待槽内物料下降至滤叶位置以下时,打开底部排料阀,将剩余滤浆排出。该机一般采用湿法冲洗卸料。

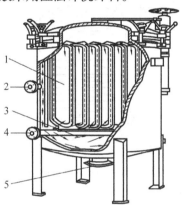

图3.43　垂直槽垂直滤叶型压滤机

1—滤叶;2—进料口;3—流向;4—滤液排出口;5—排渣口

2)水平滤叶型压滤机

水平滤叶型压滤机的滤叶都平置在耐压的过滤槽内(水平滤叶)。过滤面又都是滤叶的上表面,在此表面上形成滤饼层(或预敷层),厚度均匀,不受过滤压力变化的影响,过滤稳定,而且滤饼的洗涤和脱水效果也好。

(1)水平槽水平滤叶型压滤机

水平槽水平滤叶型压滤机结构如图3.44所示。在水平耐压槽里安装一系列的长方形盘状水平滤叶,滤槽一端可以打开。每个滤叶都有一个单独的排液通道。进料管可把料浆从滤槽底部送到顶部的滤盘上,并溢流到其他滤盘。由于是水平滤叶,该机运动过程中可以不卸滤饼而间歇操作,操作期的长短由滤板存纳滤饼的能力决定。

(2)垂直槽水平滤叶型压滤机

垂直槽水平滤叶型压滤机结构如图3.45所示。在水平滤板上覆盖有过滤介质(滤布或细金属丝网),固体颗粒截留在过滤介质上形成滤饼。该机常作为预敷层过滤,或用滤纸作为过滤介质,进行精密过滤。该机结构简单,一般在0.35 MPa以下操作,适合小规模、间断性生产。

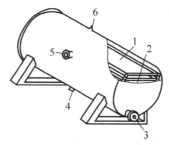

图3.44 水平槽水平滤叶型压滤机

1—滤板;2—滤饼空间;3—滤液出口;4—排渣口;5—进料口;6—排气口

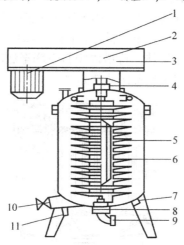

图3.45 垂直槽水平滤叶型压滤机

1—电动机;2—传动带;3—减速机;4—上部轴承及密封;5—滤叶;6—空心轴;

7—进料口;8—下部轴承及密封;9—滤液出口;10—残液出口;11—出渣口

3.5.3 真空过滤机

真空过滤机以抽真空为推动力,其过滤介质的上游压力为大气压,下游为负压。推动力仅限制在一个大气压之下,因此,一般均为连续式操作,是一种连续性生产和机械化程度较高的过滤设备。下面介绍两种真空过滤机。

1)转鼓真空过滤机

转鼓真空过滤机是一种可连续操作的过滤设备。如图3.46所示,它主要由过滤转鼓、带有搅拌器的滤槽、分配头、卸料机构、洗涤装置及传动机构等组成。

过滤转鼓沿径向分隔成若干扇形格,形成彼此独立的10~30个滤室。每个滤室都有孔道与中心的分配头连接,转鼓转动时,在分配头的作用下使这些孔道依次分别与真空和压缩空气管相通,因此在回转一周的过程中,每个滤室表面即可顺序进行过滤、洗涤、吸干、吹松、卸饼等项操作。

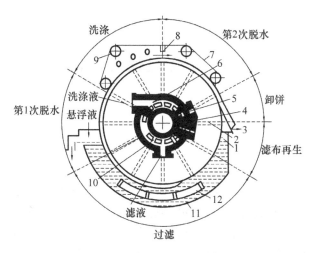

图 3.46 真空转鼓过滤机

1—转鼓;2—连接管;3—刮刀;4—分配头;5,13—与压缩空气相通的阀腔;

6,10—与真空相通的阀腔;7—无端压榨带;8—洗涤喷嘴装置;

9—导向辊;11—滤浆槽;12—搅拌器

真空转鼓过滤机适于过滤悬浮液中颗粒度中等、黏度不太大的物料。操作过程中,可用调节转鼓转速来控制滤饼厚度和洗涤效果,而且滤布损耗少。但过滤推动力小、设备费用高。

2)水平圆盘过滤机

水平圆盘过滤机结构如图 3.47 所示。

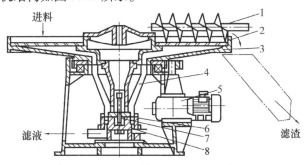

图 3.47 水平圆盘过滤机

1—螺旋输送器;2—滤布及滤板;3—水平圆盘;4—挠性管;5—减速装置;

6—错气盘;7—压紧装置;8—分配头

过滤过程是在一个水平装置的圆盘上靠真空作用进行的,圆盘分 12 个格子,各有相应的通道接至错气盘及分配头,组成 12 个滤室。滤室用多孔不锈钢板、不锈钢丝网及滤布覆盖。在电动机带动下圆盘缓慢旋转,由于错气盘和分配头的作用,使整个圆盘顺利通过过滤、洗涤、卸料及滤布再生等几个区域。将欲分离的悬浮液自上部加至圆盘上,转至过滤区时,在真空的作用下液体穿过滤布等进入滤液管,滤渣则被截留在滤布上,由于圆盘的不断转动,滤渣将被洗涤,然后在卸料区由螺旋输送器卸除。滤布在再生区经冲洗再生后重复使用。

3.6　干燥机械与设备

3.6.1　冷冻干燥机械

食品冷冻干燥技术,又称为真空冷冻干燥或简称冻干技术。该技术起源较早,最初用于医药工业,现已广泛用于食品、生物制品、血液制品、活性物质等领域。就是利用冰晶升华的原理,将含水物料先行冻结,然后在高真空的环境下,使已冻结了的食品物料的水分不经过冰的融化直接从冰态升华为水蒸气,从而使食品干燥的方法,所以又称为升华干燥。

1)冷冻干燥的原理

由水的相平衡图(见图3.48)可知,O 点为三相共点,OA 为升华线。只要压力在三相点压力之下,物料中的冰则可不经过液态而直接升华为水汽。根据这个原理,就可以先将食品的湿原料冻结至冰点之下,使原料中的水分变为固态冰,然后在较高的真空度下,将冰直接升华为水蒸气而除去,物料即被干燥。

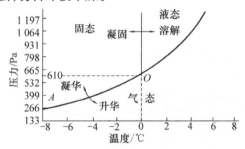

图 3.48　水的三相图

升华干燥得到的物料具有如下特点:物料在低压下干燥,能被灭菌或抑菌,防止氧化变质;同时可以最大限度地保留食品原有成分、味道、色泽和芳香;干制品能保持着原有形状。多孔结构的制品具有理想的速溶性和快速复水性;避免了一般干燥方法中因物料内部水分向表面移动导致的表面沉积盐类;同时成品保质期长。但目前相对于其他干燥方式,升华干燥的成本高。

2)冷冻干燥设备的主要构件

冷冻干燥装置主要由干燥室和制冷系统、真空系统、加热系统及控制系统等组成。

(1)干燥室

冷冻干燥室有圆筒形和矩形两种,为作业时盛装物料的空间。矩形干燥室有效使用空间大,但在真空状态下,箱体受外压较大,为了防止受压变形,需采用槽钢、角钢或工字钢在箱体外加固,小型冷冻干燥设备常采用矩形干燥室;大中型食品冷冻干燥设备的干燥室以圆筒形居多,圆形干燥室在直径比较小的情况下能承受较大的外压,周边可不用加强肋,因而用材料少。干燥室要求能制冷到 −40 ℃或更低温度,又能加热到 50 ℃左右,也能被抽成真空。一般在室内制成数层搁板,干燥室的门及视镜等要求制作得十分严密,以保证室内达到需要的真空度。

（2）制冷系统及冷凝器

制冷系统由冷冻机组与冷冻干燥箱、冷凝器内部的管道等组成,承担食品预冻和冷冻干燥过程中凝结水蒸气这两部分冷负荷。冷冻机可以是互相独立的两套,即一套制冷冷冻干燥室,一套制冷冷凝器,也可合用一套冷冻机。冷冻机可根据所需要的不同低温,采用单级压缩、双级压缩或者复叠式制冷机。制冷压缩机可采用氨或氟利昂制冷剂,在小型冷冻干燥系统中也有采用干冰和乙醇的混合物作制冷剂的。

冷凝器可设在冷冻干燥室内与干燥室制成一体,也可放置在干燥室与真空泵之间。冷凝器用于冷凝从干燥室内排出的水蒸气,降低干燥室内水蒸气压力。其结构为密封的真空容器,内有与制冷机相通、表面积很大的蒸发器,可制冷到 $-40 \sim -80\ ℃$ 的能力。冷凝器的结构有螺旋盘管式和平板式,其放置方式应保证盘管或平板表面结霜均匀且对不凝结气体的流动阻力要小。具有除霜装置和排出阀、热空气吹入装置等,用来排出内部水分并吹干内部。

（3）真空系统

真空系统由冷冻干燥室、冷凝器、真空阀门和管道、真空设备和真空仪表构成,其任务是在一定时间内抽除水蒸气和不凝气体,维持干燥室内食品水分升华和解吸所需的真空度。目前在冷冻干燥设备中使用的真空设备有两种。

①多级蒸汽喷射泵

多级蒸汽喷射泵能将水蒸气和不凝气体一并抽除,优点是结构简单,无须机械动力,检修方便,故障率低,对材质要求不高,但要求配备蒸汽锅炉和充足的水源。其工作原理是利用高压蒸汽通过喷嘴时形成的低压高速气流,将干燥室中的水蒸气和不凝气体吸走,水蒸气进入冷凝器被冷凝成水,不凝气体经过多级蒸汽喷射泵抽除,水蒸气喷射泵工作原理如图3.49所示。蒸汽喷射泵一般在5级以上,采用性能先进的蒸汽喷射泵二级即能达到生产要求。

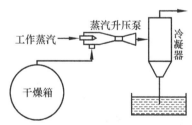

图 3.49　水蒸气喷射泵工作原理图

②组合式真空系统

组合式真空系统在真空泵前设置一个冷凝器,将水蒸气重新冷凝成冰,这样可以保护真空泵且减少所需真空泵台数。组合的形式有干燥室 + 冷凝器 + 油封式机械真空泵;干燥室 + 冷凝器 + 罗茨泵 + 油封式机械真空泵;干燥室 + 冷凝器 + 罗茨泵 + 双级水环泵等。

（4）加热系统

加热系统的作用是加热冷冻干燥箱内的搁板,促使物料内的冰晶升华。有直接和间接加热两种方式,如图3.50所示。直接加热是指用电直接在箱内加热搁板,间接加热则利用电或其他热源加热传热介质,再将其通入搁板。

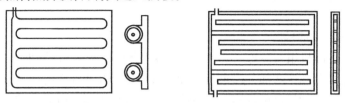

图 3.50　加热搁板的形式

直接法采用外包绝缘材料和金属保护套的电热丝直接对搁板加热。为了获得均匀的搁板温度和防止搁板向后发生翘曲,这种加热方式要求搁板有一定的厚度;间接法利用电或其他热源加热传热介质,再将其通入搁板的栅格或流动通道间。加热热源有电、煤、气等,传热介质有水蒸气、水矿物油、乙二醇和水的混合液等。

(5)冷冻干燥装置

食品冷冻干燥机有间歇式和连续式两种。

①间歇式冷冻干燥设备

箱式冷冻干燥设备是典型的间歇式冷冻干燥机,其结构如图 3.51 所示,其特点是干燥箱内的多层搁板不但可以用来搁置被干燥的食品,而且在食品冻结时可提供冷量,在随后的干燥中可提供升华热量和解吸热量。

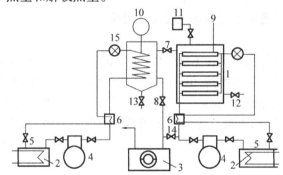

图 3.51　箱式冷冻干燥设备组成示意图

1—冷冻干燥箱;2—冷凝器;3—真空泵;4—制冷压缩机;5—水冷却器;6—热交换器;7—冷凝器阀门;
8—真空泵阀门;9—板温指示;10—冷凝温度指示;11—真空计;12—放气阀;13—冷凝器放气出口;
14—真空泵放气阀;15—膨胀阀

如果食品是在干燥箱外预冻结,在食品托盘移入干燥箱之前,必须对冷凝器和干燥箱进行空箱降温,以保证冻结食品移入干燥箱后能迅速启动真空系统,避免已冻结食品熔化。如果食品是在干燥箱内预冻结,当食品温度达到共熔点温度以下,冷凝器温度达到约 40 ℃时,开启真空泵使干燥箱真空度达到工艺要求值。随着食品表面升华,搁板开始对食品加热,直至冷冻干燥结束。

②连续式冷冻干燥机

连续式冷冻干燥机从进料到出料为连续进行,相对间歇式的箱式干燥器,其处理量大,设备利用率高,适宜于对单品种大批量的浆状或颗粒状食品物料生产,便于实现生产的自动化。但是这类型的设备不适宜多品种、小批量的生产。在连续生产中,能根据干燥过程实现干燥的不同阶段控制不同的温度区域,但不能控制不同的真空度。用于食品干燥的连

续式冷冻干燥机典型的形式有以下两种:

A. 隧道式连续冷冻干燥机

隧道式连续冷冻干燥机构造如图 3.52 所示,该机一般为水平放置。干燥机由可隔离的前后级真空抽气室、冷冻干燥隧道、干燥加热板、冷凝室等装置组成,其冻干过程为:在机外的预冻间冻结后的食品物料用料盘送入前级真空锁气室,当前级真空锁气室的真空度达到隧道干燥室的真空度时,打开隔离闸阀,使料盘进入干燥室。这时,关闭隔离闸阀,破坏锁气室的真空度,另一批物料进入。进入干燥室后的物料被加热干燥,干燥后从干燥机的另一端进入后级真空锁气室,这时,后级真空锁气室已被抽空到隧道干燥室的真空度,当关闭隔离闸阀后,后级真空锁气室的真空被破坏,移出物料到下一工序。如此反复,在机器正常操作后,每一次真空锁气室隔离闸阀的开启,将有一批物料进出,形成连续操作。

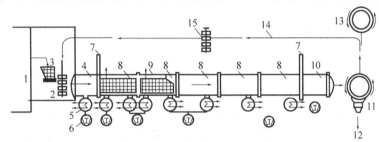

图 3.52 隧道式冻干机示意图

1—冷冻室;2—装料室;3—装盘;4—装料隔离室;5—冷阱;6—抽气系统;

7—闸阀;8—冷冻干燥隧道;9—带有吊装和运输装置的加热板;10—卸料隔离室;

11—卸料室;12—产品出口;13—清洗装置;14—传送运输器的吊车轨道;15—吊装运输器

B. 螺旋式连续冷冻干燥机

螺旋式连续冷冻干燥机结构如图 3.53 所示。

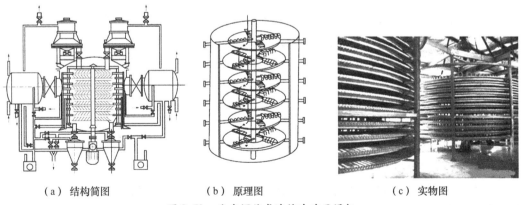

(a) 结构简图　　　　　(b) 原理图　　　　　(c) 实物图

图 3.53 垂直螺旋式连续冷冻干燥机

螺旋式连续冷冻干燥机一般为垂直放置,特别适合使用冷冻颗粒状的食品物料。其中心干燥室上部设有两个密封的、交替开启的进料口,下部同样设有两个交替开启的出料口,两侧各有一个相互独立的冷阱,通过大型的开关阀门与干燥室连通,交替进行融霜,干燥室中央立式放置的主轴上装有带铲的搅拌器。其冻干过程为:预冻后的颗粒物料,从顶部的两个进料口交替地开启交替地进入顶部圆形的加热盘上,位于干燥室中央主轴上带铲的搅拌器转动,使物料在铲子的铲动下向加热盘外缘移动,从边缘落到直径较大的下一块加热

盘上,在这块加热盘上,物料在铲子的作用下向干燥室中央移动,从加热盘的内边缘落入其下的一块直径与第一块板直径相同的加热板上。物料如此逐盘移动,在移动中逐渐干燥,直到最后的底板后落下,从交替开启的出料口中卸出,完成这个螺旋运动的干燥过程。

3)冷冻干燥设备的使用与维护

①冷冻干燥机由于空气镇流器经常工作,冷冻干燥机不可避免要耗油。长时间使用后发现到达冷冻压力和温度的时间大大延长时,应将真空泵的油全部更换并清洗油腔。

②冷冻干燥机每次工作前须注意清除冷阱室内的水分,必要时擦干冷阱。建议每次进行冷冻干燥工作前先开排水阀,然后再将其关上。

③对真空橡胶密封阀要加特别注意,有损伤立即更换。

④每隔数月应检查一次机器底部的液化器是否有尘土及污物,必要时需要清洁。

4)设备常见故障及分析

(1)真空度不高

原因分析:泵温太高,可能是泵的阀片或内腔刮伤磨损;泵油有问题,油位过低,密封不严;油被污染呈乳黄色;油位正常,油路不通,泵腔内没有保持适当的油量;泵本身漏气:密封圈、气镇阀垫圈损坏或未压紧,排气阀片损坏,造成密封不好;进气口过滤网被堵塞。

解决措施:修复后重新装配;应及时加油换油;检查油路及油阀的进油量;针对具体情况更换密封圈或阀片;拆下过滤网清洗。

(2)电机超负荷运转,泵运转中有异常杂音、噪声,旋转困难

原因分析:弹簧变形或断裂,使旋片受力不均匀而发出冲击声;过滤网损坏,碎物落入泵内;泵腔内污染严重,零件锈蚀;泵腔轴和轴套配合过紧,造成润滑不良。

解决措施:更换弹簧;拆下清洗;换油;重新装配,并疏通油路。

(3)漏油、喷油

原因分析:转轴、油窗、放油孔等部位的密封圈损坏或装配不正确;进气口压强过高;油量过多,产生喷油;排气盖下面的挡油网装反,引起喷油。

解决措施:更换密封圈或重新装配;设法减少进油量;放出一部分油;重新装配。

(4)冷凝器性能变差

原因分析:冷凝器化霜不彻底,使传热性能变差;产品装量超过设定值;制品升华加热量过大,升华过快。

解决措施:化霜彻底,把水排放干净;不要超过最大补水量;放慢加温速度。

(5)高压报警停机

原因分析:制冷剂太多,排气压力高;冷却水温度高,流量不足或水冷凝器结垢;制冷管道低压段有泄漏,吸入空气;高压排气阀没有开足或损坏,造成排气不畅。

解决措施:放出部分制冷剂;使用冷却水温度、流量符合要求,清洗水冷凝器;制冷管路检漏;高压排气阀开足或更换新阀。

3.6.2 带式干燥设备

带式干燥机工作时,输送带上放置有物料,物料在随带运动通过隧道结构过程中与热

风接触而得到干燥。带式干燥机包括若干个独立的单元段,每个单元段包括循环风机、加热装置、新鲜空气抽入系统和尾气排出系统。物料在带式干燥器中干燥时,不受振动或冲击作用,不会造成损伤,设备结构简单,安装维修方便,但占地面积大,运行噪声较大。

1)带式干燥机分类

(1)单级带式干燥机

单级带式干燥机由包括输送带、空气加热器、风机和传动变速装置等组成,如图3.54所示。传送带多为网状,气流与物料成错流,带子在前移过程中,物料不断地与热空气接触而被干燥,输送带由电动机经变速箱带动,转速可调。

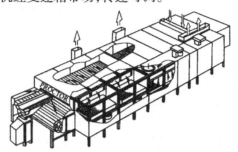

图3.54　单级带式干燥机

干燥介质常用空气,用循环风机将外部空气经过滤器抽入,再经加热器加热后,通过分布板吹入。如图3.55所示,全机分成两个以上干燥区,第1干燥区的空气自下而上经加热器穿过物料层,第2干燥区的空气自上而下经加热器穿过物料层。物料从进口端进入,顺序通过第1干燥区和第2干燥区;最后干燥产品经外界空气或其他低温介质接触冷却后,由出口端排出。

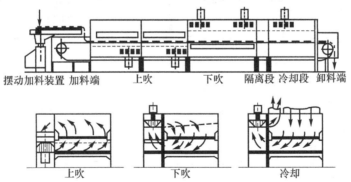

图3.55　单级带式干燥机原理

(2)多级带式干燥机

多级带式干燥机即复合型带式干燥机,适用于各种脱水蔬菜、葡萄干、麦片等产品干燥。其结构和工作过程与单级带式干燥机基本相同。实质上是由数台单级带式干燥器串联组成。如图3.56所示,整个干燥机分成两个干燥段和一个吹风冷却段,第1段分前、后两个温区,物料经第1、第2段干燥后,从第1输送带的末端自动落入第2个输送带的首端,在此过程中物料受到拨料器的作用而翻动,然后通过冷却段,最后由终端卸出产品。

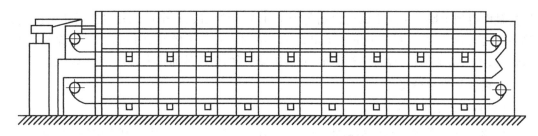

图 3.56　多级带式干燥器

多级带式干燥机工作时,物料在带间转移时得以松动、翻转,改善了透气性和干燥均匀性,且干燥区数目较多,每一区的热风流量及温度和湿度均可单独控制,便于优化物料干燥工艺,但是易漏气。

（3）多层带式干燥机

多层带式干燥机常用于干燥速度要求较低、干燥时间较长以及操作工艺条件较为恒定的场合。如图 3.57 所示,其主要结构包括链板式输送带、加热室、风机和换热器等,干燥室为一相通的加热箱体,输送带层数一般为 3～5 层,最后一层或几层的输送带运行速度低,料层较厚,这样可使大部分干燥介质流经初始的几层较薄的物料层,提高总的干燥速率。工作时湿物料从进料口进入输送带上,随输送带运动至末端,通过翻板落至下一输送带移动送料,依次自上而下,最后由卸料口排出。多层带式干燥器占地少、结构简单,广泛使用于干燥谷物类物料,但不适于干燥易黏着输送带及易碎物料。

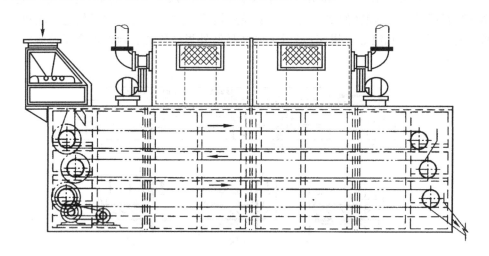

图 3.57　多层带式干燥机

2）带式干燥机的主要结构

（1）输送带

通常由不锈钢薄板制成,板上冲有长条孔,输送带也常用不锈钢丝网制造。输送带宽度一般为 1.0～4.5 m,长度相应为 3～60 m。输送带是装配式的,节距为 200 mm 的组装件用铰链联接。在整个输送带两侧装有弹性耐磨的金属密封罩,罩的一边固定在干燥器的箱体上,另一边搭盖在滚柱式链条的保护罩上,以防止漏料和漏风。在输送带转向部位装有网孔清扫机,可将输送带清扫干净。

（2）加料装置

输送带上料层应均匀,若出现厚薄不均的现象,将引起干燥介质短路,使薄料层"过干燥",而厚料层干燥不足,影响产品质量。因此,需要特殊设计的加料装置,使得物料均匀地在输送带上,常见的加料装置,如加料漏斗和滚筒挤压加料装置等。

（3）循环风机和尾气排风机

带式干燥器中常选用后弯叶片轮型中压或较高压离心式通风机。这种类型风机具有效率较高和运行噪声较小的优点。尾气排风机一般也采用后弯叶片轮型离心式风机。通常情况下排风机只设置一台负责排送干燥机的全部尾气。

（4）尾气余热回收系统

由于干燥器排出的尾气在其露点温度以上,可经外部换热器与新鲜干燥介质进行热交换,干燥介质经预热后再进入干燥器内,可达到节省能量的目的。

3）操作与维护

（1）操作

①在开机前,检查输送带松紧情况,过紧或过松都应适当调整。

②设备严禁带故障运行。所以工作前应检查各个设备是否完好,传动部分是否准确,电气控制柜各种控制功能是否正常。

③带式干燥器应空载启动,待运转正常后,再开始给料。停机时,应先停止给料,待机上的物料输送完毕,再关闭电动机,并切断电源。

④当多级干燥器串联工作时,若无联动装置,开机的顺序应该是由后向前,最后开第1台干燥器;停机的顺序正好相反。

⑤应均匀稳定地加料且输送量适当,投料应在干燥带中部,以免受力不均。

（2）维护

①要定期检查传动机的润滑情况,定期添加润滑脂,以延长设备使用寿命。

②定时检查各个干燥段加热空气的温度,使其保持在预定的范围内自控。

③定期检查干燥前后的物料水分和品质情况,以便于及时调整,保证产品质量稳定。

④突然停电或临时停机时,应首先关闭热风机,以避免物料过热焦煳。

⑤每班生产完毕,彻底清洗设备。

本章小结 》》》

本章首先介绍了典型果蔬产品,如果蔬汁、果酱和果蔬干制等的生产工艺流程。果蔬产品生产一般包括预处理设备、打浆设备、压榨设备、过滤设备、杀菌设备等。在这里着重介绍了前4种,并对未来有较大发展前景的冷冻干燥设备进行了详细介绍。在预处理设备中包括输送设备,如水果的输送与果汁的输送,这些设备主要有带式、斗式、螺旋式输送机和离心泵,还包括清洗设备、去皮设备和预煮设备。果蔬预处理后制成果酱或果汁需要利用到打浆机和压榨机,因而本文对这两种设备的种类、结构、工作原理、维护与保养均作了相应的介绍。不论是清汁型的还是浑汁型果汁的生产,为了去除果汁中的悬浮物质,这都需要使用过滤机,过滤机的种类很多,但原理均一致,常用的过滤机有板框式、加压过滤机和真空过滤机。冷冻干燥设备和带式干燥设备在果蔬的干制中使用较多,本章也作了详细介绍。

复习思考题)))

1. 简述物料输送设备的种类与特点。

2. 瓶罐清洗机有哪些？各自有什么特点？

3. 鼓泡式洗果机的工作原理是什么？

4. 简述螺旋式连续预煮机的结构和工作原理。

5. 打浆机的作用是什么？在使用时有哪些注意事项？

6. 简述过滤的工作过程。

7. 常见的过滤机械有哪些？它们各自的特点是什么？

8. 简述隧道式冷冻干燥设备的结构和工作原理。

9. 冷冻干燥设备的特点是什么？它可应用在哪些食品的生产中？

10. 请设计一条果酱生产线,简述所使用的设备与参数。

第4章 饮料加工机械与设备

内容描述

本章主要介绍饮料加工机械中水处理设备、碳酸化设备、灌装和封口设备的分类、结构组成、工作原理、使用和维护方法；CIP设备的概念、特点、工作原理、系统组成、使用与维护。

学习目标

- 了解果蔬汁饮料与碳酸饮料的加工现状和加工工艺流程。
- 了解水处理设备的分类，掌握其用途、结构与工作原理、使用与维护。
- 了解碳酸化设备的用途、分类，掌握其结构组成、工作原理、使用与维护。
- 了解饮料灌装和封口设备的分类，掌握其结构组成、工作原理、使用与维护。
- 深入了解CIP的概念与特点，掌握其组成、工作原理、使用与维护。

能力目标

- 能够根据饮料加工的目的和生产量选择合适的生产机械与设备。
- 掌握饮料加工机械与设备的使用与维护。

4.1 典型饮料产品加工工艺流程

饮料是指经过加工制造，以补充人体水分为主要目的，供人们直接或间接饮用的一种食品。饮料有很多种，如果蔬汁饮料、碳酸饮料、乳饮料、酒饮料和植物蛋白饮料等。下面仅以果蔬汁饮料与碳酸饮料加工工艺流程为例进行介绍。

4.1.1 果蔬汁生产工艺流程

新鲜果品和蔬菜经挑选、分级、洗涤、压榨取汁或浸提取汁，再经过滤、杀菌、装瓶、封口等工序制成的汁液称为果蔬汁,也称为"液体水果或蔬菜"。以果蔬汁为基料,添加糖、酸、香料和水等物料调配而成的汁液,称为果蔬汁饮料。

目前,果蔬汁及果蔬汁饮料的生产机械设备已达到很高的水平,如超滤机械设备、冷冻机械设备、反渗透浓缩机械设备、高压提取芳香油机械设备、电渗析水处理机械设备、无菌包装机械设备、带式榨汁机械设备等,这些先进机械设备对果蔬汁及果蔬汁饮料的发展起着重要作用。

制作各种不同类型的果蔬汁及果蔬汁饮料,主要在后续工艺上有区别。首要的是进行原果汁的生产,一般原料要经过选择、预处理、压榨取汁或浸提取汁、粗滤,这些是果蔬汁饮料加工的共同工艺,而原果汁或粗滤液的澄清、过滤、调配、均质、脱气或浓缩、干燥等工序为后续工艺,是制作某一产品的特定工艺,其工艺流程图如图 4.1 所示。

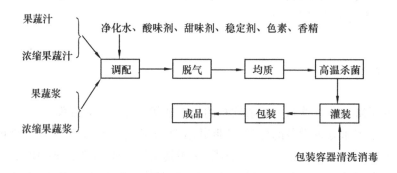

图 4.1 果蔬汁饮料生产工艺流程

4.1.2 碳酸饮料生产工艺流程

碳酸饮料是指含有二氧化碳的软饮料,通常由水、甜味剂、酸味剂、香精香料、色素、二氧化碳气及其他原辅料组成,俗称汽水。碳酸饮料含有二氧化碳气体,因此口味突出、口感强烈,让人产生清凉爽口的感觉,是人们在炎热的夏天消暑解渴的优良饮品。

碳酸饮料主要有果汁型、果味型、可乐型及其他型 4 种。它们均是由水、调味糖浆和二氧化碳组成的,生产工艺大致相同。根据以上 3 种成分的混合顺序,碳酸饮料的制造方法大致有两次灌装法和一次灌装法两种,生产工艺流程如图 4.2 所示。

两次灌装法(定料灌装法),先将调和糖浆通过定料机按量灌入瓶中,再通过灌装机充入碳酸水至满。一次灌装法(混合灌装法),先将各种原辅料按工艺要求配制成调和糖浆,然后与含氧化碳的水在配比器内按一定比例进行充分混合,进入灌装机一次灌装。

一次灌装法由于饮料中各种成分能得到充分地混合,使成品质量稳定一致;二氧化碳气含量高,爽口感突出;灌装时不起泡,也不反冲;节省人力等优点,为大、中型饮料生产企业所采用。

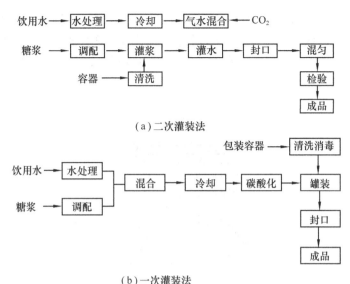

（a）二次灌装法

（b）一次灌装法

图 4.2 碳酸饮料生产工艺流程

4.2 水处理设备

饮料中的最重要成分为水,目前的生产用水主要为自来水,但是自来水由于含有盐、杂质或有时存在特殊气味,因此必须经过处理才能够使用,在生产饮料时处理水的设备有以下 3 种:

4.2.1 水过滤设备

1)砂棒过滤器

当原水中的杂质含量较少,尤其是机械杂质含量较少时可采用砂棒过滤器。它是一种在饮料用水处理中应用十分广泛的过滤设备。

（1）工作原理

砂棒过滤器的主要工作部件是砂棒,又称砂滤棒或砂芯。它是采用细微颗粒的硅藻土和骨灰等物质,成型后在高温下焙烧使其熔化,可燃性物质变成气体逸散,形成 $2 \sim 4~\mu m$ 的小孔。当具有一定压力的原水进入容器,通过棒上的微小孔隙时,水中存在的有机物、微生物等杂物,即被隔滤在砂棒表面,经过滤后的净水由砂棒内腔排出,完成过滤过程。

（2）基本结构

砂棒过滤器在其构造上都可分为原水区和净水区这两个区。两区中间用一块经过精密加工的、带有封闭性能的隔板（又称箅子）隔开,四周用定制橡胶圈密封。隔板中间钻有很多孔,孔径及其数量视不同型号而异,用以固定各种型号的砂棒。隔板既是固定砂棒的器件,又可分隔原水区和净水区。

如图 4.3 所示为砂棒过滤器的结构图,主要由器身、上盖、隔板及砂棒等组成。过滤器

的上盖、器身、隔板均用不锈钢或铝合金加工而成。上盖和器身用紧固螺栓联接在一起,形成以隔板为界的两个区。当过滤器工作时,滤液(净水)只有通过砂棒才能进入净水区。砂棒是过滤器的主要工作部件。一台过滤器由于型号不同,可以装一根、几根乃至十几根砂棒。砂棒参数见表4.1。

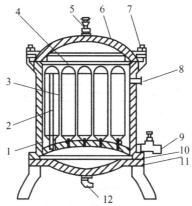

图4.3　砂芯棒过滤器的结构

1—外壳;2—砂芯棒;3—固定螺杆;4—上隔板;5—放气阀;6—上盖;

7—紧固螺钉;8—入水口;9—排污嘴;10—下隔板;11—下盖;12—净水出口

表4.1　砂芯棒过滤器主要技术参数

项　目	指　标	
工作压力/MPa	0.25	0.25
流量/$(kg \cdot h^{-1})$	1 500	3 000
滤棒数量/支	19	38
砂滤棒规格(长×直径)/mm	450×80	450×80
质量/kg	150	250

(3)砂棒过滤器的操作

①砂棒的消毒

为了保证净水的质量,砂棒在使用前必须进行灭菌消毒。可将75%的酒精倒入砂棒内,阻封出口并摇荡,使酒精完全涂覆于内壁各部位;若使用5%的新洁尔灭溶液或10%的漂白粉水进行消毒,也可取得相同的效果。

②过滤器的组装

选择型号相符的过滤器与砂棒,检查砂棒是否有裂纹或破损。过滤器内腔、隔板、橡皮垫等接触净水的部件,均应进行消毒。组装人员的手及使用的工具也必须进行消毒。将消毒过的砂棒仔细地装在隔板上,要特别注意密封件,加力必须均匀。将装有砂棒的隔板小心地放入过滤器中,将密封圈垫好。盖上盖,将紧固螺栓逐个均匀加力拧紧。

(4)砂棒过滤器的维护

①初次使用时,应先空放一段滤液,以便将附着的杂物冲掉,直至取样化验合格。过滤器的工作压力应控制在0.1～0.2 MPa,压力过大将导致净水不合格,甚至使砂棒损坏。

②工作时,时刻注意表压,表压升高,说明砂棒微孔堵塞,应停用,清洗砂棒,用砂纸打磨直

至出现原色。表压突然下跌,表明砂棒破裂,应立即停用检查,尤其在砂棒用旧时更要注意。

③在一直使用时,砂棒一般每星期清洗1~2次,定期检查水样,保证净水质量。若砂棒用旧,壁厚变薄,会影响净水质量。壁厚降为2~3 mm时,应更换新砂棒。过滤器冬天不用时,应将砂棒取出,晾干,以防冻裂,过滤器要擦干,涂油保存。

④砂棒为易碎品,操作时应轻拿轻放。

2)活性炭过滤器

有些水中含有余氯和异味时,为了保证水质无色、无味,必须将水进行处理。活性炭过滤器是进行这种处理最常用的设备。

(1)工作原理

活性炭为黑色固体,无臭、无味,粉状或颗粒状,具有多孔结构,表面积十分庞大,对气体、蒸汽或胶状固体有很强的吸附力,1 g粒状活性炭的总表面积可达1 000 m²。由于有静电吸附、物理吸附和化学吸附的共同作用,活性炭过滤器能将杂质除去,除此之外,过滤器有一层厚厚的活性炭,兼有机械过滤的作用。

(2)基本结构

活性炭过滤器有固定床式和膨胀床式两类。膨胀床式是炭层在工作中处于膨松状态,层向发生改变。固定床式在工作中炭层层高不发生变化。膨胀床式的处理效果较好,但炭粒易于流失,而固定床式则较稳定。

在饮料水处理中,多采用固定床式。如图4.4所示为固定床式活性炭过滤器。基本结构与砂棒过滤器相近,主要由器身、滤料层、承托层、支撑板和盖板组成。该过滤器有一个圆柱形的器身,上、下封头与器身用法兰联接,为防止泄漏,中间垫有橡胶密封圈。上、下封头与器身均用不锈钢制造。在器身内部,从上到下依次是盖板、滤料层、承托层和支撑板。支撑板7为一多孔金属板,用以支承滤料层。金属板上面覆盖一层金属网,其上装填一层石英砂作为承托层,高度为0.2~0.3 m(约占总高度的1/8),上面再装上5倍承托层高度的活性炭滤料层,粒径为0.2~1.5 mm。为防止反洗时碳粒随水流冲走,滤料层上压了一块多孔盖板,固定滤料层的高度。

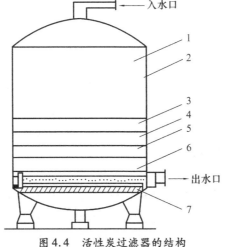

图4.4　活性炭过滤器的结构

1—活性炭层(0.5 m);2—不锈钢板;3—细砂层(7 cm);4—粗砂层(7 cm);

5—细石层(12 cm);6—粗石层(20 cm);7—支撑板

（3）活性炭过滤器的操作

①日常操作

日常工作时，打开进水阀，原水自上面进入过滤器，由多孔板分散后进入滤料层，经活性炭吸附净化后，从底部的净水出口排出。

工作一段时间后，炭粒表面有污物覆盖，失去吸附能力，这时需要进行清洗，以除去污物。清洗时，由反向通入原水，冲洗滤料，经原水进口排污，为 10～15 min 即可。清洗周期视过滤水量，一般为 3～7 天，待排出的水质较为清洁后即可。但不要清洗过于频繁，以免影响活性炭的使用寿命。

②再生

活性炭经过较长时间工作后，仅靠清洗已不能使其恢复工作能力，这时需要进行再生处理，其步骤如下：

a. 反洗。打开底部阀门，反向通入清水，强度为 8～10 L/（m² · s），时间为 15～20 min。

b. 蒸汽吹洗。打开顶部排气阀，从底部通入 0.3 MPa 的饱和蒸汽，吹洗 15～20 min。

c. 碱液淋洗。打开顶部阀门，通入 40 ℃左右、6%～8% 的氢氧化钠溶液进行淋洗，用量为活性炭体积的 1.2～1.5 倍。

d. 正洗。由顶部通入原水，至出水符合水质要求。

（4）活性炭过滤器的维护

①在进行过滤时，要求原水中无大颗粒悬浮杂质，否则易于堵塞炭粒微孔。

②在安装过滤器后，用饱和蒸汽对进出口水管及阀门、零件进行消毒。同时要求活性炭必须是符合食用标准的植物性活性炭，以保证饮料质量。

③工作前，应开大进水阀冲洗 20 min，取样化验合格后方可投入正常使用。

④每次使用时，刚流出的水若是黑水，属正常现象，随后会洁净。原水流量应与过滤器的设计能力相适应，否则水质难以达到要求。

⑤活性炭的吸附作用与温度和流速有关，水温高，流速低，净化效果好，反之则差。

⑥活性炭的使用期限随水质而异，正常运转可用 3 年，应予更换，此时再生也无法达到理想效果。

3) 微孔过滤器

（1）工作原理

微孔过滤器是一种膜分离技术，它可滤除液体、气体中的 0.01 μm 以上的微粒和微生物（见图 4.5）。具有高捕捉能力、过滤面积大、使用寿命长、过滤精度高、阻力小、机械强度大、无剥离现象、抗酸碱能力强及使用方便等特点。此过滤器能滤除绝大部分微粒，故广泛用于需要进行精滤和除菌的场合。

（2）基本结构

过滤器由全不锈钢制成，圆柱形结构，以折叠式滤芯为过滤元件。微孔滤芯采用聚丙烯、尼龙、聚砜、聚四氟乙烯等材料制成，孔径为 0.1～60 μm，长度为 5～40″（0.127～1.016 m）。滤筒有 1 芯、3 芯、5 芯、9 芯、11 芯、13 芯、15 芯；折叠式滤芯长度有 10″（0.254 m），20″（0.508 m），30″（0.762 m），40″（0.016 m）；过滤孔径有 0.1，0.22，0.45，1，3，5，10 μm 等规格。

滤芯分疏水性(适用于气体)和亲水性(适用于液体),可根据需要选用。既可单独使用,又可作联组分级过滤。它有过滤精度高、过滤速度快、吸附少、无介质脱落、不泄漏、耐腐蚀、操作方便、带反冲洗功能等优点。

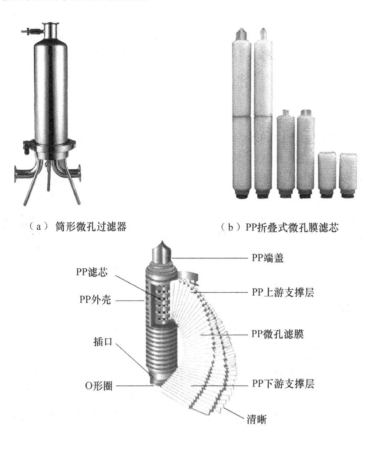

（a）筒形微孔过滤器　　　　　　（b）PP折叠式微孔膜滤芯

PP滤芯　　　　　　　　　　PP端盖

PP外壳　　　　　　　　　　PP上游支撑层

插口　　　　　　　　　　　PP微孔滤膜

O形圈　　　　　　　　　　PP下游支撑层

　　　　　　　　　　　　　清晰

（c）PP折叠式微孔膜滤芯结构

图4.5　微孔过滤器

(3)微孔过滤器的操作

①清洗过滤器外壳并与过滤器系统相连接。打开折叠式滤芯开口一端的聚乙烯袋,检查O形圈是否清洁完好、正确放在密封槽内。

②用工艺液体(如水)浸润O形圈。以聚乙烯袋作为保护,握住滤芯靠近开口的一端,将滤芯牢牢压入外壳的定位孔内。将外包装塑料袋取下,盖上壳体。

③打开外壳顶部的放气阀。微微打开入口阀,使液体进入外壳。将外壳充满液体,直至液体从放气阀溢出,关闭放气阀。缓慢地完全打开下游出口阀,直至完全打开。缓慢地完全打开入口阀。对每$10''$(0.254 m)滤芯用250 L/h的流量冲洗5~10 min。

④若过滤的滤差大于0.15 MPa,或流量明显下降,则表明过滤滤芯已堵塞。

⑤折叠式滤芯不能经受大流量的冲击,也不要让它反方向加压。

⑥滤膜适宜于pH2~9的液体,对强酸、强碱、乙醇等有机溶剂不宜使用。产品能耐温120 ℃,耐压0.3~0.4 MPa。

（4）微孔过滤器的维护

①微孔滤膜只能作最后阶段的精密过滤,滤液须经砂棒或滤纸等粗的滤材过滤,以免滤膜堵塞。

②将滤膜平放在清洁容器内,用蒸馏水浸泡约数分钟后放入适宜的滤器内,即可使用。

③若折叠式滤芯暂不运行,不应将它们干燥,而应将它们保存在过滤器的外壳内,外壳内放入含抗菌剂的水(如次氯酸钠溶液),在重新使用之前再冲洗干净。

4.2.2　水软化设备

净化设备主要是除去水中的不溶性杂质,除此以外,水中还有溶解杂质,这些杂质主要是离子,如 Ca^{2+},Mg^{2+},Na^+,HCO_3^-,SO_4^{2-},Cl^- 等。

饮料用水需经过软化后方能使用,水的硬度取决于钙、镁离子的总含量。用硬水生产饮料,既影响风味,又易于产生沉淀。对于硬度大的水,均需使之"软化",即降低水中钙、镁离子浓度,使用设备为水的软化设备。某些水特别是井水、泉水,水中的溶解杂质不仅是钙、镁离子,还有许多其他离子,降低这些离子含量的处理称除盐。软化和除盐,并不是对任何水源都需要采用的,应针对不同的水源采用不同的方法。目前常用的水软化设备有离子交换器、电渗析器、反渗透膜与超滤装置。

1）离子交换器

离子交换器是目前水处理中常用的一种设备,采用不同的树脂和流程,可以使水软化。

（1）离子交换树脂的种类

离子交换树脂是一种疏松的、具有多孔网状结构的固体,不溶于水,也不溶于电解质溶液,但能吸附溶液中的离子并进行离子交换,是离子换交器的主要工作部分。

常用的离子交换树脂一般按其所带功能基团的性质通常分为两类:阳离子交换树脂和阴离子交换树脂。阳离子交换树脂带有酸性交换基团,在交换过程中能与水中阳离子,如 Ca^{2+},Mg^{2+},Na^+ 等进行交换。按其酸性强弱,又可分为强酸性、中酸性和弱酸性3类。阴离子交换树脂带有碱性交换基团,按其碱性强弱,可分为强碱性和弱碱性两类。在交换过程中能与水中阴离子,如 HCO_3^-,SO_4^{2-},Cl^- 等进行交换。

（2）离子交换的作用原理

需去除水中形成硬度的 Ca^{2+},Mg^{2+} 离子,可使用 Na^+ 等不形成硬度的物质,与水中的 Ca^{2+},Mg^{2+} 进行交换反应,水中的 Ca^{2+},Mg^{2+} 被吸附在交换剂上,而交换剂中原有的 Na^+ 转入水中,这样 Ca^{2+},Mg^{2+} 就被 Na^+ 取代而除去,硬水即变成为软水。再将带有 Ca^{2+},Mg^{2+} 的交换剂用再生液还原,交换剂就可以重新使用。

处理时,原水通过阳离子交换树脂层时,水中阳离子被树脂吸附,树脂上的阳离子 H^+ 被置换到水中,于是原水中仅剩下阴离子,阳离子被除去。随之与水流一起进入阴离子交换树脂层,水中的阴离子被阴离子交换树脂吸附,树脂上的阴离子 OH^- 被置换到水中。用再生的方法可使树脂恢复交换能力,可继续工作。通过上述反应,水中溶解的阴、阳离子全部被树脂层吸附而置换出来的 H^+ 和 OH^- 离子结合成 H_2O。

（3）基本结构

一般的离子交换器为具有锅形底及顶的圆筒形设备,其筒体的长度与直径之比值为

2:3。如图4.6、图4.7所示为离子交换器正、反吸附罐的结构图。筒体用钢板卷焊而成，上、下部都设有人孔，小直径设备或筒底与器底采用法兰联接的设备，其人孔可只开设一个。筒体中部开有视镜孔，以观察反洗强度、交换剂层表面污染情况和耗损。筒体底部开有树脂装卸孔。进水管安在筒体顶部，在出口处一般安有挡板等分配装置，目的主要是使原水分布均匀。为防反洗时树脂层的扩胀，树脂层高度约占筒体高度的50%～70%，不能装满。再生液分配器安装在树脂层上面，它应与树脂层接近，以便在再生时保持再生液浓度，有利于提高再生效率。排水管安在筒体底部，通过多孔板集水后排出。

在交换器进、出水管上装有压力表，以测定工作时水流的压力损失。在进、出水管水流经常流动的部位，安装有取样装置。其实无论是原水软化或是除盐，所用的阴、阳离子交换器的结构基本相同，所不同的只是树脂种类、水处理流程以及再生方式等。

（4）离子交换器的操作

①新树脂的预处理

新树脂中往往混有杂质，影响树脂的交换反应，须进行预处理。预处理包括清洗和转型。

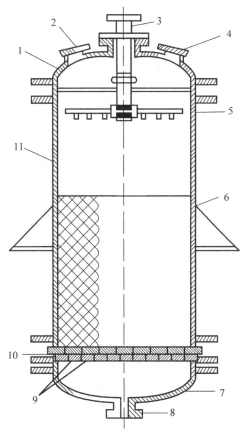

图4.6 离子交换罐（正吸附）

1—顶盖；2—视镜；3—进水口；4—手孔；5—液体分布器；6—树脂层；7—底盖；
8—出水口；9—多孔支撑板；10—尼龙滤布；11—罐体

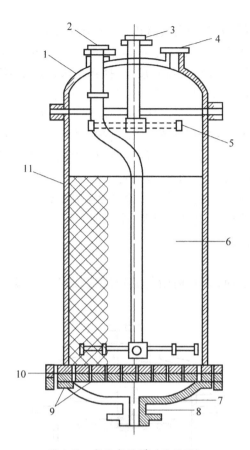

图 4.7 离子交换罐（反吸附）

1—顶盖;2—硬水进口;3—淋洗水、解吸液及再生剂进口;4—软水出口管;5—液体分布器;

6—树脂层;7—底盖;8—淋洗水、解吸液及再生剂出口;9—多孔支撑板;

10—尼龙滤布;11—罐体

阳离子交换树脂多为 Na 型。预处理办法是先将其用自来水浸泡 1~2 天,使其充分吸水膨胀,再反复用自来水冲洗,去除可溶性杂物,直至洗出的水无色为止。

树脂若是用于除盐则需转型,将树脂由 Na 型转为 H 型。具体方法是将清洗、沥干的树脂,加等量7% 盐酸溶液浸泡 1 h,搅拌后除去酸液。用自来水洗至出水的 pH 值为 3~4 为止,倒去余水,加入等量8% 氢氧化钠溶液浸泡 1 h,除去碱液,再用自来水洗至出水的 pH 值为 8~9,倒除余水,加入 3~5 倍7% 盐酸溶液浸泡 2 h,除去酸液,用去离子水洗至 pH 值为 3~4 即可使用。

阴离子交换树脂的预处理,新的阴离子交换树脂多为 Cl 型。先将新树脂用自来水浸泡,反复洗涤,洗至无色为止。再加入等量8% 氢氧化钠溶液浸泡 1 h,搅拌并除去碱液,再用通过 H 型阳离子交换树脂处理的水,洗至 pH 8~9,倒去余水,再加入等量7% 盐酸溶液浸泡 1 h,然后用自来水洗至 pH 3~4,最后加入 3~5 倍8% 氢氧化钠溶液浸泡 2 h,并加搅拌,使阴离子交换树脂转为 OH 型。再倒去碱液,用去离子水洗至 pH 8~9 即可使用。

②操作

离子交换器的操作分为运行、反洗、再生及正洗等 4 个阶段。

a. 运行。应按原水水质、树脂性质、树脂层高度等因素来选样水流速度。如需要除去的离子浓度大,则流速应选择小些。离子交换器的运行时间(工作时间),对于钠离子交换器一般为6~8 h;对于阴、阳离子交换器,约为20 h。

b.反洗。当树脂处理一定的水量后,交换能力下降。当下降到一定程度,正常运行即应停止,并进行反洗操作。反洗是从交换器底部进水,使树脂层松动,并冲掉树脂层表面污物和破碎的树脂。要保证反洗效果,应使树脂层有一定的膨胀强度,使每个树脂球都发生运动,一般膨胀率应大于50%。

c.再生。其目的是恢复树脂的交换能力。一般在反洗结束,树脂沉降后进行。影响再生效率的因素,主要有再生剂种类、浓度、流速、时间、温度以及再生方式等。

d.正洗。其目的是使用水将树脂中残存的再生剂冲掉,恢复交换器的工作能力。应正洗至出水符合水质要求为止。经正洗后,交换器又可以投入正常运行。

(5)离子交换器的维护

①树脂在运输、保管时,应保持湿润,即转入密封容器或加水浸泡。树脂应保存在室内,环境温度应保持在5~40 ℃,不能低于0 ℃,以防冻结崩裂。

②交换器应安在坚实水平的地基上,不垂直度不大于2 mm/m。对于钠离子交换系统,其软水箱贮水量应相当于3 h的供水量。

③进入交换器的原水,须经澄清、过滤等预处理。

④使用前应取样化验原水水样,根据所含离子种类和数量,选择交换器种类、流程以及各种运行参数。

⑤再生剂均是酸、碱、盐等腐蚀性强的物质,一定要注意防腐措施。工作人员也要注意防止受到伤害。

2)电渗析器

当水中的含盐量大于500 mg/L时,用离子交换器就很不经济,这时可以用电渗析器,它是对水进行除盐处理的常用设备。

(1)工作原理

离子交换膜具有选择透过性和良好导电性。由于水中离子是带电的,在直流电场中,阴、阳离子作定向移动,阳离子移向负极,阴离子移向正极。离子交换膜分为阴膜和阳膜两种。阳膜允许水中阳离子透过而阻挡阴离子,而阴膜允许水中阴离子透过却阻挡阳离子。如图4.8所示为电渗析除盐原理图,原水进入电渗析器,水中的离子在直流电场作用下作定向移动,由于阳膜允许阳离子透过,阳离子向负极移动,穿过阳膜。同理,阴离子则向正极方向移动,穿过阴膜。阳离子移向负极,遇阴膜而受到阻挡,阴离子遇阳膜而受到阻挡。所以工作时每一个缝隙相间隔地流出的是淡水和浓水。

(2)基本结构

电渗析器有卧式和立式两种。由浓、淡水室的隔板,离子交换膜,电极,板框及锁紧装置组成,如图4.9所示。

阴、阳膜之间安装有隔板,把两张膜分开,作为水流的通道,按通过水流的不同,可分为浓室隔板和淡室隔板。隔板上有进水孔、出水孔、布水槽、流水道及过水槽等。

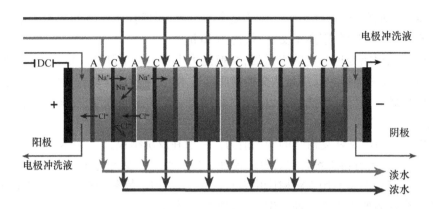

图 4.8　多层膜电渗析器脱盐示意

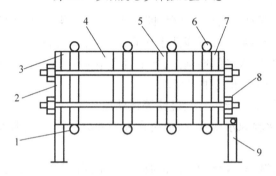

图 4.9　电渗析器结构图

1—给液管;2—压板;3—阳极室;4—膜堆;5—分段隔板;
6—集液管;7—阴极室;8—锁紧装置;9—支架

按电极结构不同可分为板状、网状及丝状 3 种。由于存在电离过程,阳极必须采用耐腐蚀材料,如石墨、铅、二氧化铅等;阴极多用不锈钢、钛涂钌等。极框置于电极与交换膜中间,用来保持电极与交换膜之间的距离。锁紧装置的作用是防止产生内渗外漏现象,把隔板、电极、板框、交换膜压紧。

(3)操作与维护

①组装时,对多级多段的电渗析器,在采用多孔板成隔板导向时应按正确的顺序,将隔板、交换膜、电极、板框、垫板、垫圈等按其排列顺序放置。

②锁紧装置上的金属螺杆等金属构件,切不可与交换膜、电极相接触。调整膜堆四周的高度差,然后拧紧螺杆。应先拧中间,再拧两头,用力要均匀,每次下压 3 mm 左右,以高度均等和不漏水为准。

③在流量与压力稳定时,开启整流器,使电压由最低值缓慢升到预定的工作电压值。

④倒极前,将电压降至最低,停电半分钟,然后按"反向启动"按钮,再将电压、电流升到预定值。需要注意的是,倒换电极时,要同时倒换浓、淡水阀,按规定排水。倒极后,立即观察流量与压力有无异常。按规定间隔时间倒换整流器电极。

⑤关机停止运行时,将整流器电压降到最低值,再关闭整流器。停泵后将回流阀及时关闭,防止水泵进气。若只是暂停使用,应切断电源。

⑥安放设备的地基要采取防腐措施,锁紧装置的螺杆、螺母均应注意防腐。

⑦交换膜保持湿润状态,防止干燥收缩,引起变形和破裂。交换膜在冬季应防冻,夏季不得暴晒。设备长期不用时,须将其拆开,将各部件洗净,流量计中的积水放空,金属件要涂油存放,以防生锈。

3)反渗透设备

反渗透是利用反渗透膜只能选择地透过溶剂的性质,对溶液施加压力,使溶剂通过反渗透膜从溶液中分离出来的过程。反渗透设备的优点是连续运行,产品水质稳定,无须用酸碱再生,节省了反洗和清洗用水,可以高产率生产超纯水。

(1)反渗透原理

如图4.10所示,当半透膜把水池隔断分成两部分,半透膜上的孔只能选择性地让水分子通过,水中的大部分有机污染物和水合离子均不能透过,则纯水将自发地向溶液侧渗透,这个过程称为渗透。渗透最终达到平衡,两侧的液面将不再变化。渗透平衡时膜两侧的液面差所代表的压力即渗透压,其大小与盐水浓度有关。如果在溶液侧加压,水分子就会反着渗透的方向透过半透膜从盐水一侧向水一侧迁移,从而得到纯水。溶剂分子在压力作用下由浓溶液向稀溶液迁移的这个过程称为反渗透。

特殊性能的高分子反渗透复合膜表面分布有孔径1~10 nm的极小的孔,而水中各种离子的直径为十几个纳米,病毒、细菌的直径为几十至几万纳米,因此在压力的推动下,这些物质都无法透过膜,被截留在膜的浓水端,随浓水排出,而透过膜的是不含任何杂质、有机物及细菌的纯水。

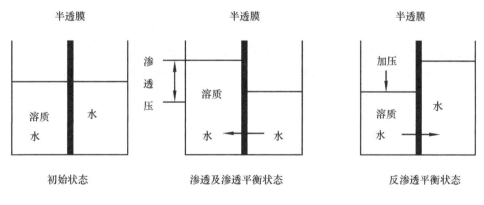

图4.10 反渗透原理

(2)反渗透半透膜

目前,反渗透半透膜的制作主要用醋酸纤维素材料。用于制膜的材料还有各种纤维素酯、脂肪族和芳香族聚酰胺、聚砜、聚丙烯腈、聚四氟乙烯、聚偏氟乙烯、聚乙烯、聚丙烯和硅胶等。其中,最重要的是纤维素酯类膜,其次是聚砜膜和聚酰胺膜。

(3)膜组件

将膜与其支撑体及辅助部件按一定方式制成膜组件或膜装置,按结构特点有板框式、管式、螺旋卷式及空心纤维式等类型。

①板框式

板框式系统带薄膜,薄膜被夹在成组排列的支撑板中间,类似普通的热交换器,如图4.11所示。所用膜为平板式膜,设备由膜框、膜、多孔支撑板、膜、膜框交替重叠排列组成,多孔支撑板和膜框之间的周边叠合处用垫圈密封,用中央螺栓或四周紧固螺栓锁紧。原水强制地通过很窄的通道,在支撑层的内空间流动,透过膜向两侧迁移,进入每对膜之间被膜框分隔成的空间,再经膜框外圈的孔道向外流动而被收集。这个模型可分成几部分,在每一部分中,膜之间的流动是并联的,这些部分通过一些特殊的膜支撑板分开,在支撑板上,其中一个孔用截止盘封死,以改变流动方向,每一部分之间的流动是串联。

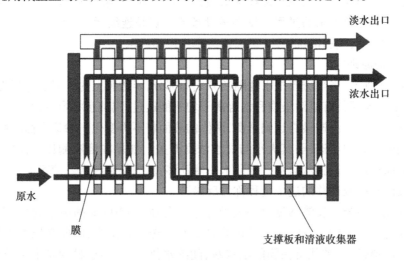

图4.11　板框式膜组件

②管式

管式反渗透膜组件的结构类似于管式换热器,有支撑的管状膜,分为外压式和内压式。如图4.12所示为内压式列管膜组件,多孔的不锈钢管或用玻璃纤维增强的塑料承压管的外壳内装有管状膜,经加压的原水从管内流过,管外侧壳体内收集的是透过膜的水。

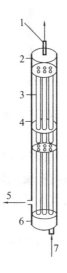

图4.12　内压式膜组件

1—浓盐水;2、6—耐压端盖;3—玻璃钢管;

4—淡化水收集外壳;5—淡化水;7—盐水

③螺旋卷式

螺旋卷式结构在两片反渗透膜中间夹入一层多孔支撑材料,组成板膜,再铺上一层隔网,然后在钻有小孔的中心管上卷绕而成一个单元组件,膜之间用一个多孔的清液传导材料隔开。这种材料,被称为清液通道衬垫,允许清液自由流过薄膜。将一组卷式膜组件串联起来,装在耐压容器中,便成了螺旋卷式反渗透装置,如图4.13所示。工作时,原水沿轴向进入膜间通道,淡化水呈螺旋状流至多孔中心管进而流出。

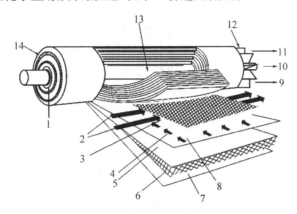

图4.13 螺旋卷式结构(Koch膜设备公司)

1,14—进料;2—料液穿过流道隔离件流动;3,5—膜;4—透过液收集器材;6—料液流道隔离件;

7—外套;8—透过液流动;9,11—浓缩液;10—透过液出口;12—防套筒伸缩装置;13—透过液收集孔

④空心纤维式

空心纤维式膜组件分为毛细管式和中空纤维式两种。毛细管式膜组件如图4.14所示。中空纤维管模型是筒式的,每一个筒里包含45甚至3 000束中空纤维件,这些纤维束以并联方式定向排列,与中心进料管捆在一起,所有的纤维束在它们的末端用树脂固定在筒里,但需留有纤维孔道作为透过液流出的通道。清液收集管侧用环氧树脂密封。原水从毛细管内流过,透过液向管外迁移,收集于外壳中。原水进入中心管,并经中心管上的小孔均匀地流入中空纤维的间隙,淡化水进入中空纤维管内,从纤维的孔道流出,浓缩水则从纤维的间隙流出,如图4.15所示为中空纤维膜组件结构图。

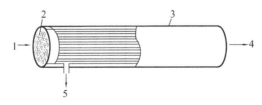

图4.14 毛细管式膜组件

1—进料液;2—毛细管;3—外壳;4—浓缩液;5—过滤液

中空纤维管的外侧结构粗糙,并作为膜的支撑体。供液流过纤维管内侧,在外侧收集清液,并从上部的管子排出。这种设计的特殊优势在于它具备液体反冲能力,这一能力可以用于清洗以及用清液从外部循环除去膜表面的产品沉淀物。中空纤维模型的各种操作形式如图4.16所示。

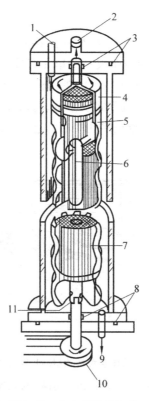

图 4.15　中空纤维膜组件

1—料液进口;2—产品出口;3—密封圈;4—组件封头;5—穿孔塑料套;6—主轴;
7—空心纤维束;8—密封圈;9—浓缩液出口;10—主皮带轮;11—连轴带

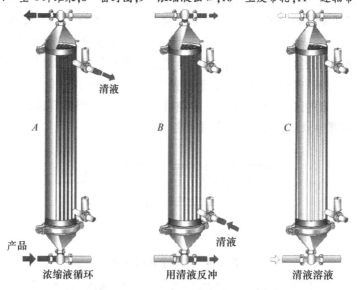

图 4.16　中空纤维模型的不同操作形式

4)超滤器

(1)超滤机理

料液在超滤膜内的流动问题比较复杂,简单的床层流动理论不能充分解释膜内的流体

行为,通常膜渗机理有下述两种模型:

①毛细流动模型

在这种模型中,溶质的脱除主要靠流过微孔结构的过滤或筛滤作用,半透膜阻止了大分子的通过,按这一模型建立的流动是毛细孔中的层流流动。

②解扩散模型

在这种模型中,假定扩散质的分子先溶解于膜的结构材料中,而后再经载体的扩散而传递。因为分子种类不同,溶解度和扩散度也就不同。

实际上,两种模型在膜渗透传递中都可能存在,但反渗透以溶解扩散机理占优势,而超滤则以毛细流动机理占优势。为此,又出现综合两种机理的所谓"优先吸着毛细流动"的机理。

(2)超滤膜材料

普通使用的醋酸纤维半透膜,具有不对称和超微孔的结构,它有一层由致密聚合物制成的超薄表层,此层支承在下面的支撑层之上,支撑层由较厚的微孔聚合物制成。表层和支撑层由一次浇铸工艺制成。超滤膜有醋酸纤维素膜(CA 膜)、聚合物膜(如聚甲基丙烯酸甲基、聚氯乙烯、聚苯乙烯、聚丙烯、尼龙等)和锆 – 氧化铝膜。

(3)超滤设备类型及结构

目前,国内应用的超滤膜设备大多数为板状和管状,特别是空心纤维膜(中空纤维膜)也已在水处理方面得到广泛应用。超滤膜组件结构与反渗透膜组件相似,此处不再赘述。

(4)常见故障原因分析及排除

①超滤设备进水压力与出水压力差增大,出水量下降

这是由于水质较差、堵塞严重所造成。此时一般的冲洗已不能完全清洗掉截留下来的杂质,应拆下超滤膜进行化学清洗。

②超滤膜破损

一旦工作压力超过其承受能力,膜就会破裂,水即从裂缝中经过,起不到过滤作用。因此,应通过清洗来增加水通过量,而不能靠加大进口压力来增加产水量。一般正常的操作压力应小于 0.15 MPa。

③过滤效果不佳

具体表现在细菌数较多或水中有细小异物。首先检查是否按正确的方法操作,然后检查超滤膜是否破裂。若膜发生破裂,应立即给予更换。停机时间较长时应在膜内注入0.5%的甲醛溶液抑制细菌的生长。

④超滤膜脱水干涸

停机前应在膜中灌以超滤水。若超滤膜长时间处于脱水状态则会发生脱水干涸现象,影响过滤效果及膜的寿命。时间较长时应注入保护液,保护液为1% ~2%甲醛和5%甘油水溶液。

4.2.3 水杀菌消毒设备

在经过净化、软化或除盐处理以后,绝大部分杂质,如悬浮杂质、溶解杂质及微生物已被除去。但是,在这种水中仍存有微生物,为了杀灭这些微生物,必须将水进行消毒。消毒

的方法很多,在饮料水处理中,最常用的是臭氧消毒及紫外线消毒。

1)紫外线消毒设备

紫外线消毒设备速度快、工作效率高、性能稳定、效果好、不改变水的理化指标、不产生有毒物质、操作简单、管理方便,已成为饮料厂的主要消毒设备。紫外线消毒设备是新近发展起来的一种消毒设备。

(1)杀菌原理

紫外线按其波长不同可分为3段:长波段(320~400 nm)、中波段(275~320 nm)、短波段(180~275 nm)。处于240~280 nm区段的紫外线杀菌力较强,而最强的波长为250~265 nm,因此,多以253.7 A作为紫外线杀菌用波长的代表。

当微生物被紫外线照射时,其细胞的部分氨基酸和核酸吸收紫外线,由于产生光化学作用,引起细胞内成分,特别是核酸、原浆蛋白、酯的化学变化,使细胞质变性,从而致微生物的死亡。

(2)消毒设备的结构

紫外线对水消毒,主要是杀灭水中细菌的营养细胞,用15 W紫外灯,在水以5~15 L/min流速流过时,可杀灭99.9%的大肠杆菌。常用的紫外线消毒设备,按其水流状态和灯管位置有两种形式:直流式和套管式。

①直流式紫外线杀菌器

如图4.17所示为直流式紫外线杀菌器。它主要由消毒水槽和紫外灯组成。在水槽3中安置了分流板和阻流板。分流板是一块多孔板,阻流板是一块金属挡板。紫外灯安置在上部。紫外灯上面是弧形反射罩5,用以反射紫外线。工作时,原水由水槽3的一端进入,通过分流板,将水流分成均匀的细流,沿水槽平稳地前进。遇到位于末端的阻流板,迫使水流越过阻流板从出口流出。当水流流过时,受到紫外灯的照射而被杀菌。直流式紫外线杀菌器结构简单,灯管更换容易,但处理能力较小。

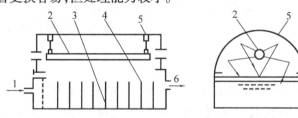

图4.17　直流式紫外线杀菌器

1—进水口;2—灯管;3—水槽;4—隔板;5—反射罩;6—出水口

②套管式紫外线杀菌器

如图4.18所示为套管式紫外线杀菌器,主要由紫外灯管、套管、外壳及穿孔挡板组成。采用石英套管是因为石英玻璃对紫外线的透过率很高。在外壳5与套管6中间是水流通道,在水流通道中安置了多块穿孔挡板4,在挡板上加工有很多孔,可以将水流均匀分散,还可起支撑套管的作用。紫外灯管1安装在一根石英玻璃套管6内,使灯管与套管间形成一个环状空气夹层,可以提高灯管周围介质的温度,提高杀菌效果。工作时,水流由进水口3,沿切线方向进入水腔,多次遇到穿孔挡板4,被挡板4均匀分散后,在环绕套管6的四周,以薄层通过,接受紫外线照射,然后由出水口8流出。

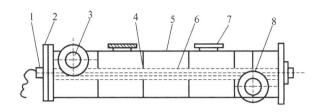

图 4.18　套管式紫外线杀菌器

1—紫外线灯管;2—密封件;3—进水口;4—穿孔挡板或螺旋挡板;
5—外壳;6—石英玻璃套管;7—观察管;8—出水口

套管式紫外线杀菌器的处理能力大,使用操作方便,能充分利用能源,但其结构稍复杂。

（3）操作与维护

①通水之前,关闭设备进水阀、取样龙头（兼排气孔）。接通电源,启动灯管 3～6 min 后,打开取样龙头,打开进水阀通水消毒。当取样龙头中喷出密集水柱,并保持 3～6 min 后,关闭取样龙头。调节进水阀,使通过杀菌器的流量不超过该设备的额定流量。

②停止工作时,先关闭进水阀,然后关闭紫外灯。打开排水阀。放空杀菌器内存水,然后关闭排水阀。

③对原水应进行较严格的处理,原水应无色、无浑浊,不含有机物,尽量不带气体。

④经常检查紫外灯管的工作情况,如灯管发红,说明灯管老化,应及时更换。若是连续生产,最好是两台杀菌器交替使用,延长灯管寿命。

⑤定期清洗石英玻璃管（套管式）或反射罩（直流式）,以充分利用紫外线的能量。紫外灯有强烈的辐射,对人体有害,在观察和接近灯管时,必须戴有色眼镜,穿工作服,防止灼烧眼睛和皮肤。

2）臭氧消毒设备

臭氧是一种特别强烈的氧化剂,其瞬间的灭菌效果优越于氯。它同时还能除去水臭、水色以及铁、锰等,经其消毒过的水无不良味道。

（1）杀菌原理

臭氧很不稳定,在水中易分解成氧气和原子氧。原子氧有极强的氧化性,能与水中的微生物或有机物作用,破坏附着在细胞上的脱氢酶,从而导致细胞死亡。臭氧不仅可杀死细菌,还可以消灭细菌的芽孢,具有很强的杀菌能力。

（2）制备臭氧的设备

制备臭氧的方法很多,如化学法、紫外线法、等离子法、无声放电法等。而在生产中最适用的是无声放电法。臭氧发生器的常用形式有平板式和管式两种,其工作原理相同。如图 4.19 所示为管式臭氧发生器。它主要由一根碳钢管和一根不锈钢管组成。

容器外壳和不锈钢管分别接入电场,空气进入外壳内,均匀地分散在放电空间中,顺着放电空间匀速前进。由于电压高达 15～20 kV,即在此区域进行无声放电,将空气中部分氧气转化为臭氧,再由出口排出,放电产生的热量由冷却水带走。

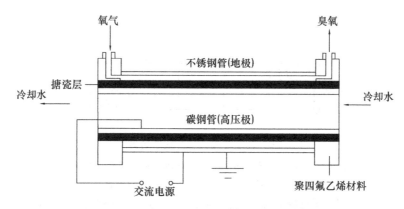

图 4.19 管式臭氧发生器

（3）消毒设备的结构

如图 4.20 所示为臭氧消毒设备及杀菌流程。它主要包括空气处理装置、臭氧发生器、水力喷射器等。经空气处理装置将空气进行净化、干燥和降温。由臭氧发生器产生臭氧，臭氧的加注装置一般采用喷射混合，这是由水力喷射器完成的。臭氧在一定压力下经喷射器与原水充分接触，在很短的时间内完成杀菌操作。

工作时，空气经处理装置 2 进行净化、干燥和降温处理，然后进入臭氧发生器 3 部分氧气转化为臭氧。这些臭氧随空气一起进入水力喷射器 5，与高速通过的原水均匀混合后，进入贮水器 8，在贮水器中完成杀菌过程。

（4）操作与维护

①工作前，检查各设备安装情况，连接管路必须严格密封，电路接线正确。

②启动电源，将电场加到臭氧发生器上。打开空气处理装置，调整好空气流量，将处理过的空气送入臭氧发生器。打开进水阀，送入原水。取样化验贮水器中水样，待其稳定合格后，即可开始工作。

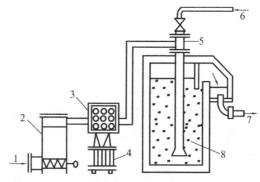

图 4.20 臭氧杀菌流程图

1—空气进口；2—空气净化干燥塔；3—臭氧发生器；4—变压器；

5—水力喷射器和空气混合器；6—原水进口；7—无菌水出口；8—贮水器

③对空气的预处理必须严加注意，温度、湿度及净化度等参数必须控制在允许范围内。

④臭氧发生器各电极间电压高达 15 kV 以上，必须注意绝缘。臭氧的化学性质极不稳定，不能久存，只能随生产随用。

4.3　碳酸化设备

在生产含气饮料时需要将二氧化碳气体溶解于饮料中,完成这个操作的设备称碳酸化设备。碳酸化实质就是在压力作用下使二氧化碳与水或混合液混合而成为碳酸液。

有3种途径可以提高二氧化碳在液体中的溶解度:一是降低液体温度,温度越低,其溶解度越大;二是提高二氧化碳的压力,但会增加设备的复杂性,还受到瓶子耐压性能的限制,一般控制在1 MPa以下;三是增加气液两相的接触面积,在混合机中接触面积越大则溶解效果越好。碳酸化设备主要包括混合机、二氧化碳净化设备、制冷设备和泵等。常用混合机有以下几种。

4.3.1　喷雾式混合机

这种形式的碳酸化器在我国中小企业中使用较多,如图4.21所示为其结构图。

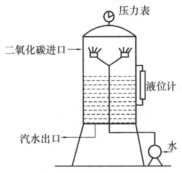

图 4.21　喷雾式碳酸化设备

该设备是个密封的压力容器。外罩用钢板按严格的工艺与技术要求焊接而成,内筒为不锈钢胆,要求具有足够的耐酸及耐压强度。内筒和外罩的夹层间填有隔热材料。二氧化碳气体和处理水在一定压力下在该容器内混合。内筒四周分别装有进二氧化碳气体的止逆阀、液位指示器、放气阀以及安装在顶部的压力表并伸出外罩。罐的底部为贮存罐,其液面可用晶体管液位继电器控制,位置低于雾化器。喷头可作清洗器,实现CIP清洗。

这种混合机是通过碳酸化罐进行碳酸化的,由于空气的存在会严重影响二氧化碳在饮料中的溶解度,因此,操作人员必须在开机前或中途停机再开机时,先通入二氧化碳,将罐内空气赶走,而且生产中还需经常打开罐排气阀门,否则将影响二氧化碳在水中的溶解度。混合操作时,水或饮料经过雾化与二氧化碳混合,大大增加了接触面积,提高了二氧化碳在水中的溶解度,同时缩短液体和二氧化碳的作用时间,提高了碳酸化效率。

4.3.2　喷射式混合机

喷射式混合机生产量大,效率高,近年来我国进口的生产线大都使用这种混合机。该

机又称为文丘里管式混合机,其构造如图 4.22 所示。当由多级水泵加压的水或饮料流经收缩的锥形喷嘴处时,水的流速剧增,水的内部压力速降,这时二氧化碳通过管道进入。当水离开喷嘴后,周围的环境压力与水的内部压力形成较大压差,为了维持平衡,因此注入二氧化碳的水爆裂成细小的水滴,同时水与气体分子间有很大的相对速度,使水粒变得更加细微,增加管内与二氧化碳的接触面积,提高了混合效果。混合后的液体进入管道贮存罐内或板式换热器内,保证气体全部溶解。

混合机在使用中应将温度、二氧化碳压力调节在规定范围内。水中的溶解氧应该用脱气机去除或者二氧化碳置换(预碳酸化)去除,混合机内的空气用水排气法去除并且各个管道不能漏泄。

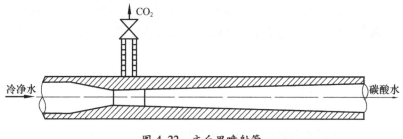

图 4.22　文丘里喷射管

4.3.3　碳酸化装置联合机组

1)冷却—混合—碳酸化联合机

此装置主要用在一次灌装生产线中,由于要求糖浆和水准确按预定的比例混合,通常把这种实现按一定比例混合的装置称为配比(混合)器。配比(混合)器有很多种,常见的有配比泵混合器、孔板定比例混合机和喷射式混合器。

目前在饮料生产中,一般采用集脱气、冷却、混合、碳酸化于一体的联合配比器(联合机),如图 4.23 所示为冷却—混合—碳酸化联合机的结构简图。糖浆和水经配比器按比例进入混合罐混合,用泵输入碳酸化罐,碳酸化罐内装有蛇管,管内通制冷剂,使混合后的物料冷却,以溶入足够的二氧化碳。为保证二氧化碳与处理水有足够的接触时间,二氧化碳从进入碳酸化罐之前开始充入,碳酸化后的物料进入灌装机。

2)脱气—冷却—混合—碳酸化联合机

如图 4.24、图 4.25 所示为带脱气和二级冷冻的脱气—冷冻—混合—碳酸化联合机组。

脱气是指碳酸化前对水进行真空脱气,以保证二氧化碳在水中的溶解度。脱气的方法主要有真空脱气法和二氧化碳置换法。经过净化处理的水进入真空脱气罐,充分脱除空气。脱气后的水用离心泵送至制冷机组的蒸发器中冷冻至 2 ~ 4 ℃后,与糖浆在喷射式配比器中混合。混合后的糖水由泵送往喷射式碳酸器中与二氧化碳气体混合,然后进入碳酸化罐,从碳酸化罐出来的产品再次进入制冷机组中进行冷冻,以确保其低温,然后送往灌装机进行灌装。

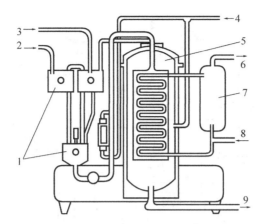

图 4.23 冷却—混合—碳酸化联合机

1—配比(混合)器;2—冷净水;3—糖浆;4—二氧化碳;5—碳酸化罐;

6—制冷剂;7—冷却器;8—制冷剂;9—碳酸化水

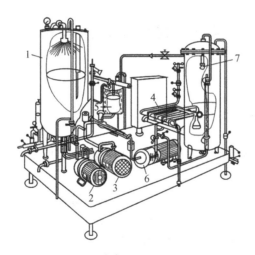

图 4.24 脱气—冷却—混合—碳酸化联合机

1—真空脱气器;2—水环式真空泵;3—多级离心水泵;4—糖浆罐;

5—喷射式混合器;6—多级离心碳酸化泵;7—喷射式碳酸化器

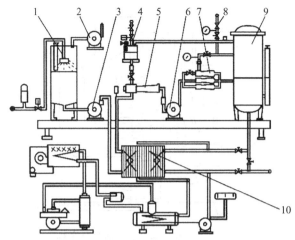

图 4.25　脱气—冷冻—混合—碳酸化联合机组

1—真空脱气罐;2—水泵;3—真空泵;4—喷射式配比器;5—糖浆罐;6—防腐糖水泵;

7—喷射式碳酸化器;8—二氧化碳钢瓶减压阀;9—碳酸化罐;10—制冷蒸发器;11—制冷机组

4.4　封装及封口设备

4.4.1　灌装机械分类

灌装是整个饮料生产线的关键工序之一,根据操作压力的不同,可分为等压法、常压法和负压法等。

等压灌装法是指在压力大于一个大气压,且贮液缸及待灌容器的压力相等的条件下,使饮料液靠自重流入容器的灌装方法。等压灌装方法适用于碳酸饮料的灌装,因为二氧化碳的溶解度和压力有关,加压可保证饮料的含气量。

常压灌装法是指在贮液缸和待灌容器内的压力均为常压的条件下,使饮料液靠自重流入容器内的灌装方法。常压法主要用于非碳酸饮料或碳酸饮料二次灌装工艺中糖浆的灌装。

负压灌装法是贮液缸的压力可以大于、小于一个大气压或为常压（一般为常压）,在灌装时对待灌容器预先抽真空,然后使饮料液快速流入其内。负压灌装法因为对待灌容器抽真空,可减少产品与空气的接触,延长保存期,但也会损失产品中的某些挥发性芳香物质,其主要用于非碳酸饮料,不适用于碳酸饮料的灌装。

一般碳酸饮料用玻璃瓶、聚酯塑料瓶（PET）或金属易拉罐灌装,非碳酸饮料可用各种容器,果汁类饮料多使用塑料瓶或无菌纸盒等容器。

目前,饮料生产中使用较多的灌装设备主要有两类:一类是用于瓶装或金属罐灌装的连续旋转型瓶、罐灌装设备。另一类是适用于纸盒装的各种纸盒无菌包装设备（见第 1 章中无菌包装机）。

4.4.2　连续旋转型灌装机

为了使设备能够连续地进行工作,灌装机一般采用旋转结构,即包装容器随灌装阀一起作等速回转运动,同时进行灌装,灌装时须保证瓶输送与灌装同步。如图 4.26 所示为旋转型灌装机结构图,它的主体结构由供料装置、灌装阀、托瓶转盘及供瓶装置 4 大部分组成。

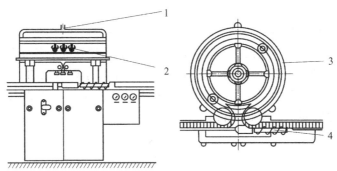

图 4.26　旋转型灌装机结构示意图

1—供料装置;2—灌装阀;3—托瓶转盘;4—供瓶装置

1)送瓶机构

送瓶机构分为两种,分别为回转圆盘-变螺距螺杆-拨轮式送瓶机构和链板-拨轮式送瓶机构,其送瓶原理分别如图 4.27 和图 4.28 所示。回转圆盘-变螺距螺杆-拨轮式送瓶机构工作时,瓶子堆积在旋转的圆盘 2 上,圆盘一般为不锈钢板,由电机带动,按逆时针方向旋转使瓶子挤压在流水输送线前并对瓶子施以向前的动力。装置 5 为变距螺杆,将依次紧挨的瓶子通过该装置分成一定的距离,使瓶子能够刚好送入装置 6 拨轮的瓶子卡口中,再由拨轮送入灌装机。链板-拨轮式送瓶机构工作过程大致类似,只是缺少了变距螺杆,它是直接通过拨盘卡住瓶子并依此送入灌装机的,这种灌装机在工作时要注意链板上堆积瓶子的数量,过多容易使拨盘卡死而导致停机。

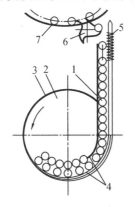

图 4.27　回转圆盘-变螺距螺杆-拨轮式送瓶机构

1—瓶子;2—回转圆盘;3—挡板;4—导板;
5—变螺距螺杆;6—拨轮;7—灌装机

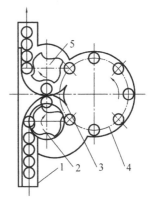

图 4.28　链板-拨轮式送瓶机构

1—链板;2—进瓶拨轮;3—定位板;
4—灌装机;5—出瓶拨轮

2)升降瓶机构

灌装机在工作时,为了使液体不外泄,这需要将灌装阀插入瓶口中,但灌装阀一般是固定水平的,这就要使瓶子向上抬升一定距离,这个工作是通过升降瓶装置来完成。灌装时,升降瓶机构按设定的程序先将瓶托上升,将灌装阀的灌注头插入瓶内进行灌注,灌注完毕后瓶子随瓶托下降与灌装嘴脱离,并输送到下一工序。常用的升降瓶机构有凸轮式、气动式和凸轮-气动组合式等。

(1)凸轮式升降瓶机构

这种升降机构结构简单、行程准确、可靠性好,易于制造。结构是凸轮推杆上端顶着托瓶台,下端为滚轮,灌装时滚轮沿凸轮轮廓形表面滚动,凸轮轮廓形的变化促使推杆顶着托瓶台作升降运动。如图4.29所示为凸轮升降瓶机构工作原理示意图。工作时前端进瓶,中段上升灌注,后端出瓶,为了使瓶运行平稳,要求上升角 α 不大于30°,下降角 β 不大于70°,滚轮和凸轮之间要求有良好的润滑。

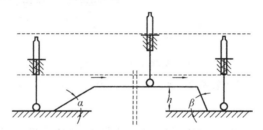

图4.29 凸轮升降瓶机构工作原理示意图

(2)气动式升降瓶机构

如图4.30所示,该装置主要由托瓶台、气缸和活塞所组成,托瓶台1的升降是由压缩空气(压力为0.25~0.4 MPa)作动力完成的。升瓶时,压缩空气由气管7进入气缸2,推动活塞3连同托瓶台1一起上升。此时,排气阀门4打开、进气阀门5关闭,使活塞上部的存气经排气阀门4排出。降瓶时,阀门在转盘旁的撞块控制下使排气阀门4关闭、进气阀门5打开,压缩空气改由气管6和气管7同时进入气缸。由于活塞上下的气压相等,故托瓶台和瓶子等在自重的作用下下降。这种装置升降耗费时间较短,气体作为缓冲介质使瓶子运行平稳,因而使用广泛。

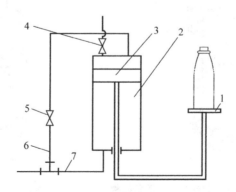

图4.30 气动式升降瓶机构工作原理图

1—托瓶台;2—气缸;3—活塞;4—排气阀门;5—进气阀门;6,7—气管

（3）机械与气动组合式升降瓶机构

如图4.31所示，配有托瓶台1的套筒2可沿空心柱塞5滑动，方垫块8起导向作用，防止套筒升降时发生偏转。升瓶时，压缩空气由柱塞的下部经螺钉3上的中心孔道进入套筒内部，以推动托瓶台1向上作升瓶运动。其上升速度通过凸轮导轨6和滚动轴承7加以控制，直至工作台转到降瓶区后，则完全依靠凸轮的强制作用将套筒同托瓶台1一起压下。此时，柱塞内部的压缩空气依然被排到与各托瓶缸气路相连的环管中，再由此进入别的正待上升的托瓶缸内。该装置工作稳定可靠，压缩空气在环管中循环使用，只需补充漏气损量，应用也较广。但凸轮导轨也会增加额外的润滑、磨损和运转阻力。

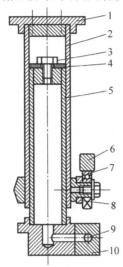

图4.31　机械与气动组合式升降瓶机构

1—托瓶台；2—套筒；3—螺钉；4—密封垫；5—空心柱塞；6—凸轮导轨；
7—滚动轴承；8—方垫块；9—环管；10—卡块

3）灌装阀机构

饮料的种类繁多，各种的特点差异很大，在灌装时应针对不同饮料的特点来选择合适的灌装机。

（1）负压灌装阀机构

负压灌装阀机构又称真空灌装机，目前常用的有重力真空式和压差真空式两种。

①重力真空式灌装阀机构

这种灌装阀机构将真空室与贮液箱合为一体，又称为单室真空灌装机，灌装时贮液缸始终保持一定的真空度，与容器连通后，容器也和贮液缸形成相同的真空度，此时，物料在自重的作用下流入容器，料液的定量灌装是通过对瓶子升降机构来控制气阀和液阀开启时间来实现的，如图4.32所示。这种灌装机贮液缸的上部是真空室，使得整个液面成为易挥发物质的扩散面，故只适用于不含芳香性物质的非碳酸饮料的灌装。

②压差真空式灌装阀机构

这种灌装阀机构的真空室与贮液缸分开，又称为双室真空灌装机，通过两根回流管连接，在灌装时只对瓶子抽真空，料液在压差的作用下流入瓶中。如图4.33所示为压差真空式灌装阀的原理简图。

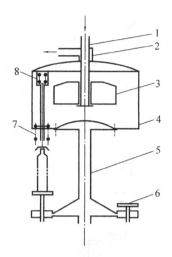

图 4.32　重力真空式灌装阀机构

1—进液管;2—抽真空管;3—浮子液位计;4—贮液缸;
5—立柱;6—托瓶台;7—液阀;8—气阀

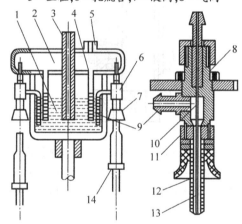

图 4.33　压差真空式灌装阀机构

1—贮液缸;2—真空室;3—进料管;4—回流管;5—抽气管;6—灌装阀;7—密封碗;
8—阀体;9—吸液管;10—吸气管;11—调整垫片;12—输液管;13—吸气口;14—托瓶台

　　工作时,瓶子随升降机构上升与灌装阀密封碗紧贴时,吸气管的吸气口进入瓶内,对空瓶抽真空。当达到一定的真空度时,常压状态下的贮液缸内的液体便在压差的作用下进入瓶内。瓶内液面上升至吸气口时,液体就被吸入吸气管内,直到吸气管内液面与回流管内液面等高时,灌装停止。然后瓶子在升降机构控制下下降一定高度,此时输液管仍插在瓶内,吸气管所吸的液体被吸入真空室中,并通过回流管流回到贮液缸中。由于定量是由灌装嘴深入瓶子的深度来确定的,这种灌装阀机构对于瓶子有严格的要求,定量的准确性受到瓶容积的直接影响。

　　(2)常压灌装机构

　　这种灌装机在贮液缸和待灌容器均为常压的条件下,使料液靠自重灌入容器内。它可用于非碳酸饮料或碳酸饮料二次灌装工艺中糖浆的灌装。如图 4.34 所示为六头灌装机的定量灌装阀机构。糖浆从贮液缸经支撑体中的糖浆通道和糖浆管流入定量杯中,达到预定的定量后,支撑体中糖浆的进口正好与贮液缸中的出液口错开。同时,待灌容器在升降机构的作用下上升,并顶紧密封碗,使阀芯上的进液口进入定量杯中,糖浆靠自重灌入瓶中,瓶内的空气由排气口排出。

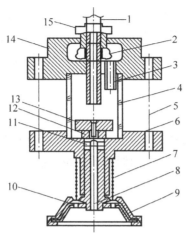

图 4.34　六头常压灌糖浆灌装阀机构

1—排气管;2—糖浆通道;3—糖浆管;4—定量杯;5—紧固螺栓;6—阀座;7—弹簧;8—阀芯;
9—密封碗;10—排气孔;11—进液口;12—橡皮圈;13—压紧螺母;14—支撑体;15—排气管螺母

（3）等压灌装阀机构

等压灌装阀机构在灌装的时候,贮液缸的压力大于一个大气压。在灌装时,先对瓶子充气至与贮液缸等压,然后液体靠自重流入瓶中。如图 4.35 所示为一种气阀式等压灌装阀机构示意图。

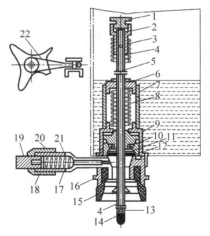

图 4.35　气阀式等压灌装阀机构

1—气门套柄;2—气门套;3—上气孔;4—气阀弹簧;5—通气管;6—挡圈;
7—阀套;8—液阀弹簧;9—阀座;10—阀芯;11—密封圈;12—阀芯座;
13—下气孔;14—堵头;15,18—密封碗;16—外套;17—排气阀弹簧;
19—顶销;20—螺母;21—排气阀座;22—回转拨叉

工作时,当瓶子由升降机构托升至瓶口与灌装阀上的密封碗构成密封时,回转拨叉在挡块的作用下,将气门套往上提升,打开充气阀的气门通道,贮液缸中的压力气体通过上气

孔沿通气管进入瓶内。待瓶内压力升高到与贮液缸等压时,液阀挡圈受到向上的反压力,使液阀弹簧所受压力减少,阀芯受力平衡被破坏而向上移动,液阀被打开,贮液缸中的液体在等压状态下靠自重流入瓶中。当瓶中液体高度上升到浸没通气管的下气孔时,瓶内液面不再增加,但由于连通作用,液面沿气管上升至一定高度,此时挡块顶迫排气阀上的顶销向内移动,打开排气阀,排出瓶中残留的压力气体至大气压,液阀阀芯因下方的平衡压力减小而向下移动,同时,回转拨叉也在挡块的作用下,使气门套往下压,关闭气阀,加速液阀阀芯的向下运动,使液阀快速关闭。

(4)活塞式灌装机构

在灌装一些黏稠的液体物料如番茄酱时,以上介绍的灌装机是达不到要求的,压力式灌装机则能完成这项工作。这种装置主要由活塞和定位机构组成,灌装时,活塞往复运动完成吸料和灌装动作,可通过定位机构调节灌注量,这种装置的缺点是完成一次灌注的时间比较长。

4.4.3 封罐机

饮料液灌入瓶子后需立即封口,以防因饮料液染菌和接触空气氧化,而影响保质期,封口的设备为封罐机,本节仅介绍金属罐和 PET 塑料瓶这两种容器的封口设备。

1)金属易拉罐封罐机

这种封罐机多采用罐体固定而卷边滚轮旋转,罐体和底盖之间进行卷合的过程,称为二重卷边作业过程。用两个具有不同形状沟槽的滚轮,先后顺序地与罐体及底盖接合边缘重复地作相对滚转,使两者之边缘因弯曲变形,互相紧密地钩合,在底盖钩槽内有弹性填料物,因受挤压而充塞于罐体与底盖之间的卷边全部缝隙中。

封罐机由自动送罐系统、自动配盖装置、卷边头、卸罐装置和电气控制系统等部分组成,如图 4.36 所示为一种自动真空封罐机的结构,常常应用于国内各马口铁罐饮料的生产中。封罐机的驱动和传动机构由 V 形带轮、齿轮、传动轴及偏心凸轮、摆杆等组成。

工作时,拨盘在偏心轮和罐拨轮的作用下,作间歇式回转运动,定时地从进罐送盖机构接入罐身与罐盖,转送到下托盘上。在偏心凸轮 6 和摆杆 P_1 的作用下下托盘把罐托起,夹压于上压头之间。在罐开始上升一段距离后,摆杆与下托盘一起把罐身夹住,往上升送,直到被固定不动的上压头顶住为止,这样可使罐体与罐盖稳定上升。随后卷边机头绕罐体与罐盖作切入卷封作业。卷封完毕后,卷边滚轮退离,处于静止状态的摆杆又在凸轮 7 的作用下,在下托盘之前先行降下,并通过上部弹簧作用,给罐体施加压力,使其脱离上压头,随同下托盘一起下降到工作台面上。此时星形拨盘转动,一方面把已封好的罐送出,另一方面又接入新的罐体和罐盖。

2)PET 瓶装饮料旋盖机

如图 4.37 所示为 YF01 型全自动回转式旋盖机,主要由进出瓶机构、供盖装置、旋盖机头、机架及传动装置、气动系统及润滑系统等部分构成。

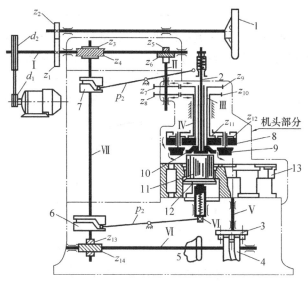

图 4.36 自动真空封罐机

1—手轮;2—打杆;3—进罐拨轮;4,6,7—偏心凸轮;5—链条;8—机头盒;
9—封罐滚轮;10—上压头;11—罐体;12—下托盘;13—星形拨盘

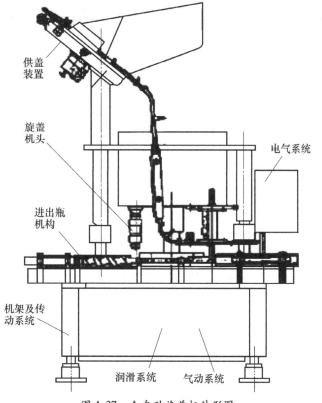

图 4.37 全自动旋盖机外形图

电机带动主轴和进出瓶星形拨轮转动,旋盖机头由主轴带动旋转,在机头四周安装有多个旋盖头。旋盖头上装有滚轮沿着凸轮导轨转动,下行程时完成取盖和旋盖工序。如图4.38 所示,包装用瓶由输送装置推送至变距螺杆前,通过螺杆后由拨轮依次送至旋盖工位。当无瓶（少瓶）和无盖（少盖）时接近开关会发出信号,通过气缸动作带动挡瓶和挡盖机构动作,挡住供瓶和供盖。当瓶和盖积聚到足够数量时,接近开关发出信号,放开挡瓶和挡盖机构,继续供瓶和供盖。供盖装置将盖整理后,由滑道滑入接盖盘,然后由拨盖轮拨送到取盖工位。旋盖头下降取盖后,再转到旋盖工位,此时旋盖头已和下面的瓶口对准,抱瓶带压紧瓶身防止其转动,旋盖头夹带住瓶盖边旋转边下降,将盖旋紧在瓶口上。

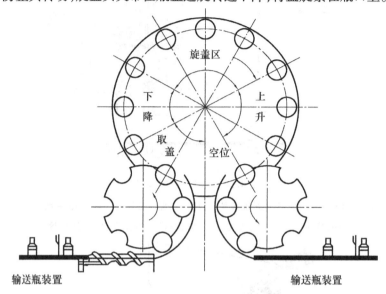

图 4.38　某全自动旋盖机工作原理图

4.5　CIP 清洗设备

　　液态食品杀菌设备本身的清洁程度对制品的杀菌效果起到非常重要的作用。随着食品生产企业的规模化与现代化,杀菌机械也向大型化和自动化的方向发展,机械装置越来越复杂,管道随之增加,机械装置的清洁量及清洁困难程度大为增加。为了减轻劳动强度,20 世纪 50 年代中期,欧美的一些国家在食品工业中开发了经济、卫生和安全的所谓 CIP 清洁系统。目前,此类系统广泛应用于食品工业中饮料、乳品、果汁、果浆、果酱和酒类等的生产中。

4.5.1　CIP 的概念及特点

1) CIP 的定义

　　CIP 为 Cleaning In Place(原位洗涤)或 In-Place Cleaning(定位洗涤)的简称,也称为就地清洗。其定义为:不用拆开或移动装置,即可用高温、高浓度的清洗液,对装置加以强力的作用,把与食品的接触面洗净的方法。

　　CIP 装置适用于与流体物料直接接触的多管道杀菌机械装置,如果汁饮料、乳品、浓缩果汁、豆浆等。采用原位清洗(即 CIP 清洗)是目前饮料生产厂普遍使用的方法,是产品质量的保证。在清洁过程中能合理地处理洗涤、清洗、杀菌与经济性、能源的节约等的关系,是一种优化清洗管理技术。清洗的目的是清除设备及管壁上的残留物,保证达到卫生指标。因此,CIP 完全不用拆开机械装置和管道,即可进行刷洗、清洗和杀菌。在一般情况下,连续使用6~8 h 必须进行一次清洗。在特殊情况下,当发现生产能力显著降低时,应立即进行清洗。

如图4.39 所示为常用的 CIP 清洗系统设备示意。

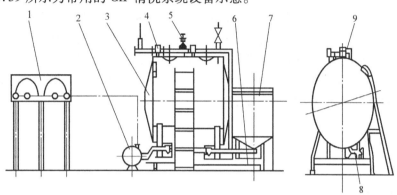

图4.39　CIP 设备示意

1—清洗液送出分配器;2—离心泵;3—酸碱液贮罐;4—三通球阀;5—蒸汽阀;
6—支架;7—清水槽;8—疏水器;9—温度表

2)CIP 的特点

对比人工清洗或其他机械清洗方法,CIP 有如下的优点:能维持一定的清洗效果,清除料液残留,防止微生物污染,避免批次之间的影响,以提高产品的安全性;节约操作时间和提高效率;节省劳动力和保证操作安全;卫生水平稳定;节约清洁用水和蒸汽;节约清洗剂、清洗水和蒸汽的用量;生产设备可大型化,自动化水平高;增加了设备的耐用年限。

3)清洗原理

清洗的目的是去除黏附于机械上的污垢,以防止微生物生长。要把污垢去掉,就必须使清洗系统能够供给去除污染物质所需的洗净能力。洗净能力的来源有3 个方面,即从清洗液流动中产生的运动能,从洗涤剂产生的化学能,清洗液中的热能。这3 种能力具有互补作用。同时,能量的因素与时间的因素有关,洗涤时间越长则洗涤效果越好。

(1)运动能的影响

作为 CIP 系统的运动能,能力的大小是以雷诺数(Re)来衡量的。Re 数的一般标准为从壁面流下的薄液,槽类 $Re > 200$,管类 $Re > 3\ 000$,而 $Re > 30\ 000$ 效果最好。流体流动而产生的如搅拌作用、喷射清洗液产生的压力和摩擦力等都有利于清洗。清洗时间必须合适,太短不能对污物进行有效去除,太长则浪费资源。

(2)热能的影响

由于在一定的流量下,温度上升,黏性系数会减少,Re 会增加,故清洗液的温度同样是影响清洗效果的另一因素。通常而言,洗液温度每升高10 ℃,化学反应速度会提高1.5~2.0 倍,清洗速度也相应提高,清洗效果较好。清洗温度一般不低于60 ℃。一般提高温度

可达如下效果:改变污水的物理状态;增大污物与洗涤剂溶液的化学反应速度;减少清洗液的黏度,使 Re 增大;增大污物中可溶物质的溶解量。

(3)化学能的影响

一般厂家可根据清洗对象污染性质和程度、设备材质、水质、所选清洗方法、成本和安全性等方面来选用洗涤剂。水为极性化合物,对油脂性污物几乎无溶解作用,对碳水化合物、蛋白质、低级脂肪酸有一定的溶解作用,对电解质及有机或无机盐的溶解作用较强。所以在食品工业进行清洗时一般均应加入洗涤剂。

目前,食品行业应用的清洗剂种类很多,主要是酸碱类。其中氢氧化钠和硝酸应用最为广泛。碱类洗涤剂对含蛋白质较高的污物有很好的去除作用,但对食品橡胶垫圈等有一定腐蚀作用。酸类洗涤剂对碱性清洗剂不能去除的顽垢有较好效果,但对金属有一定的腐蚀性,应添加一些抗腐蚀剂或用清水冲洗干净。清洗剂还有表面活性剂、螯合剂等,但只在特殊需要时才使用,如清洗用水硬度较高时可使用螯合剂去除金属离子。

4.5.2 CIP 清洗系统

1) CIP 装置的分类

目前,CIP 系统品种也比较多,主要有以下分类方法:按是否可移动可分为移动式清洗车,固定式清洗车;按罐体安置形式分卧式和立式清洗设备;按罐体是否分隔分为隔式和分罐式清洗设备;按罐体数量分为单罐、双罐和多罐;按清洗液的使用方式,分单次、重复、多次使用。以下按照是否重复使用清洗液的分类方式来介绍 CIP 系统。

(1)清洗剂单次使用的 CIP 系统

在该系统中,洗液只使用一次。系统由 CIP 罐、CIP 泵、回流泵、浓清洗剂泵、换热器和管路组成,没有大容量的稀释液贮桶。被清洗对象(罐或管路)与 CIP 装置通过配管形成回路,清洗结束将清洗液排放。所需设备比较简单,有时候可以不必设专门的 CIP 站,就可以实现 CIP 过程。

(2)清洗剂重复使用的 CIP 系统

清洗剂重复使用的 CIP 系统如图 4.40 所示。水、碱、酸等各种清洗液分别放在各自的贮桶里,清洗完毕碱酸等洗涤液回收。当洗涤剂浓度降低时,补充酸、碱再反复使用。此系统在国内使用较为普遍,由于酸、碱清洗剂都是在贮液罐中稀释调配,因此系统比较庞大。

(3)清洗剂多次使用的 CIP 系统

由于集中控制的重复使用的 CIP 系统的供水管路和回收管路太长,造成大量液体和热量损失,并且残留在管道里的产品和清洗剂被稀释。而清洗剂多次使用的 CIP 系统吸取了单次使用 CIP 系统不占空间、输送管路短和重复使用的 CIP 系统具有洗液回收的优点。在设计上,非集中控制的多次使用的 CIP 系统是由局部的、靠近被清洁设备的小型标准单元组成,清洗剂是由批式罐集中供给的,清洗完毕,清洗剂可以回收。

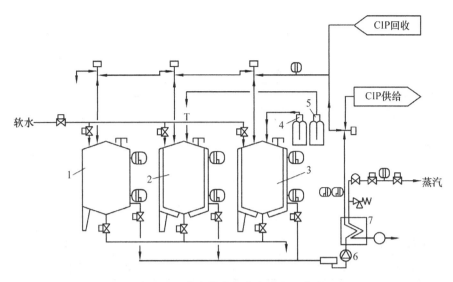

图 4.40 清洗剂重复使用的 CIP 系统

1—水罐;2—碱罐;3—酸罐;4—浓碱罐;5—浓酸罐;6—CIP 泵;7—加热器

（4）CIP 清洗工艺流程

CIP 清洗工艺流程示例见表 4.2。

表 4.2 CIP 清洗工艺流程示例

例1 工序	时间/ min	温度/ ℃
1.洗涤工序	3～5	常温或 60 ℃以上温水
2.酸洗工序	20	1% ～2%溶液,常温水
3.中间洗涤工序	5～10	常温水
4.碱洗工序	5～10	1% ～2%溶液,60～80 ℃
5.最后洗涤工序	5～10	常温或 60 ℃以下温水
6.杀菌工序	10～20	90 ℃以上热水
例2 工序	时间/min	温度/℃
1.洗涤工序	3～5	常温或 60 ℃以上温水
2.酸洗工序	5～10	1% ～2%溶液,60～80 ℃
3.中间洗涤工序	5～10	常温或 60 ℃以下温水
4.碱洗工序	5～10	1% ～2%溶液,60～80 ℃
5.最后洗涤工序	5～10	常温或 60 ℃以下温水
6.杀菌工序	10～20	氯水 150 mg/kg
7.最后洗涤工序	3～5	清水
例3 工序	时间/min	温度/℃
1.洗涤工序	3～5	常温或 60 ℃以下温水

续表

例1 工序	时间/min	温度/℃
例3 工序	时间/min	温度/℃
2.酸洗工序	10～20	1%～2%溶液,60～80℃
3.中间洗涤工序	5～10	60℃以下温水
4.最后洗涤工序	3～5	清水
例4 工序	时间/min	温度/℃
1.洗涤工序	3～5	常温或60℃以下温水
2.酸洗工序	5～10	1%～2%溶液,60～80℃
3.中间洗涤工序	5～10	60℃以下清水
4.杀菌工序	10～20	90℃以上热水

2)系统结构

不管何种 CIP 系统,其结构均主要有以下4个部分。

(1)管道

管道按作用可分为进水管道、排液管道、加热循环清洗管道、CIP 液供应管道、CIP 液回收管道、自清洗管道等,管道中的控制阀门、在线检测仪、过滤器、清洗头等按设计要求配置。CIP 管道的作用为使浓清洗液可以进入清洗液贮罐中,再在泵的作用下经供应管道进入每个需要清洗的设备部位,从每个清洗部位流出的清洗液又可以通过泵及 CIP 液回收管道,进入清洗液贮罐中。

CIP 装置对管道的要求为:对产品有安全性;构造容易检查;管道的螺纹牙不露于产品上;接触产品的内表面要研磨得完全光滑,特别是接缝不要有龟裂及凹陷;接缝处不漏液;尽量少用密封垫板。

(2)清洗装置

①CIP 罐

CIP 罐有单罐式和多罐式两种。

a.单罐式一次使用装置。单一清洗罐,用最低浓度的清洗液只洗一次后,清洗液就不再留用。可以用少量洗涤剂自动调节浓度的方式来运转。

b.多罐式多次使用装置。两个以上清洗罐。清洗液可多次使用,可用手动或全自动控制清洗液的浓度和温度。

②回收装置

在上述罐内安装水回收装置,把用过的清洗液及水回收贮藏,留作下次清洗时作预洗液再用。这样可以节约用水、蒸汽和洗涤剂。

③泵

一般是用不锈钢类耐蚀材料制造的离心泵(又称为卫生泵或食品用泵)。泵用最大能力运转时,为防止吸入空气,全 CIP 系统要注满清洗液,液面必须高出泵吸入管。故此,泵的功率,由 CIP 装置能装上的全水量和被清洗物的流量决定。清洗液回收泵一般是离心泵与真空泵并用,这样即使是少量的清洗液也能回收。

④阀

清洗液槽的管道中,对不流通处理液的管线,一般用不锈钢阀,如圆板阀、球阀或碟阀等。而要流通处理液的管线则需用卫生阀。其作用为不让装置内的液体向外流出,也可以防止从外部的流入污染。阀头一般用合成橡胶加工而成,制成符合卫生条件的构造,可以自动洗净。

(3)自动控制系统

CIP 系统最初于 20 世纪 50 年代在美国乳品工业得到应用,其发展经历了手动型、气动型两代,现已正进入机电一体化——智能型的第三代。目前存在的 CIP 系统有以下两种:

①人工控制

由人工操作阀门和调节温度,并根据清洗状况随机确定清洗时间。

②自动控制

智能型的 CIP 设备由清洗液贮槽、清水罐、机架、气动执行阀、清洗液送出分配器、带 PC 的仪表电气控制箱以及离心泵等组成。

(4)喷雾装置

对罐类的清洗,宜用喷头的喷雾洗净方式,喷头的类型有旋转式和固定式两大类。喷头在清洗罐内的安装位置有以下几种形式:

①圆顶罐用单球方式

如图 4.41(a)所示的安装形式为向上方喷雾、水由上而下清洗的方式。如图 4.41(b)所示为左右方喷雾的形式。如图 4.41(c)所示为单球向下方喷雾的方式。

②圆顶罐用双球方式

如图 4.41(d)所示为左右、上方喷雾;如图 4.41(e)所示为从上方喷雾的形式。

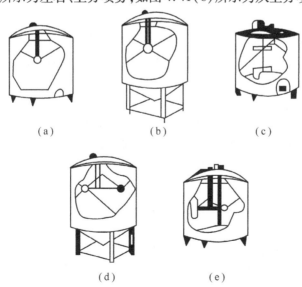

(a)　　　　　　　(b)　　　　　　　(c)

(d)　　　　　　(e)

图 4.41　处理槽安装喷射球的方法及喷雾的形式

3)洗涤过程与注意事项

(1)洗涤过程

如图 4.42 所示为一台就地清洗设备示意图,利用离心泵输送清洗液在物料管道和设

备容器内进行强制循环,达到清洗的目的。该设备主要由酸碱液贮槽、清水槽、机架、清洗液送出分配器、三通球阀及离心泵等组成。贮槽用来贮存清洗液,可按照清洗工艺要求配制清洗液的成分、浓度,并通过贮槽中蒸汽加热盘管加热清洗液至所需温度。清洗液送出分配器有若干条出口通道,各与需要清洗的设备的入口连接,单条使用。贮槽通过分配器及外部接管,利用三通球阀可组成清洗液送出管路及清洗液循环回洗管路系统。清洗时按清水冲洗→碱液冲洗→清水冲洗→消毒剂消毒→清水冲洗程序进行,时间长短按实际要求设定。

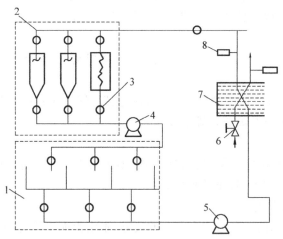

图 4.42　自动清洗设备封闭系统
1—清洗剂贮槽;2—设备群;3—阀门;4—离心泵;
5—循环液泵;6—隔膜阀;7—热交换器;8—温度计

(2)注意事项

CIP 全自动清洗程序,并不意味着可以清洗得绝对干净,事实证明,CIP 清洗也有着卫生死角,常常在某些弯管或板式换热器的内部会出现积垢未被洗掉的情况。因此,在使用时应注意以下情况:

①操作工人须经过培训后才能上岗操作。

②定期拆卸板式换热器,手工冲洗或刷洗,然后消毒杀菌。

③所有的活接头和可以拆卸的弯管要定期用清洗液浸泡,并手工刷洗,然后消毒杀菌。

④每次清洗或消毒完毕,都要取样检测,若出现异常情况,立即对不合格部分重新清洗或消毒。

⑤在贮罐内,按清洗工艺规定的浓度,配制好酸、碱液,并在清水罐内注入清水,容器贮液的装量系数为80%。

⑥设备在使用前后进行一次仔细检查,检查内部贮罐、管道的通畅、连接和清洗情况。

⑦应严格按设计程序进行清洗,在需要改动时应提前进行验证。

本章小结)))

本章主要介绍了常用的饮料加工机械与设备,主要包括水处理设备、碳酸化设备、灌装封口设备和 CIP 清洗设备等。水的处理设备先后介绍了砂滤棒过滤器、活性炭过滤器、微孔过滤器、离子交换器、电渗析装置、反渗透设备的结构原理和使用维护。饮料杀菌设备主要有臭氧和紫外线杀菌设备。碳酸化是碳酸饮料生产的重要环节,常用的碳酸化设备的混合方式主要有薄膜式、喷雾式及喷射式等类型,在实际生产中较多使用的是后两种。瓶装灌装机主要由送瓶机构、升降瓶机构和灌装阀机构等组成,其中灌装阀是灌装机的关键部件。根据饮料性质的不同应使用适合的灌装机。金属罐装饮料的封口是通过二重卷边法封罐机来进行的。PET 塑料瓶装饮料的封口常用旋盖式封口设备。饮料加工设备在每个班次生产结束后,均需进行清洗杀菌,目前,进行自动清洗、杀菌的设备为 CIP 清洗机。

复习思考题)))

1. 饮料包括哪几类? 它们的生产工艺流程是什么?
2. 水处理包含哪些阶段? 各有什么作用? 需要哪些设备?
3. 离子交换设备、电渗析设备、反渗透与超过滤设备的原理分别是什么?
4. 如何提高碳酸化的效率? 需要的设备有哪些? 各有何优缺点?
5. 瓶装灌装机主要由哪些装置组成? 各自的工作原理是什么?
6. 试述 PET 瓶旋盖机的结构和工作原理。
7. 什么是 CIP 清洗? CIP 清洗设备由哪些构件组成?
8. CIP 清洗有什么特点?

第5章 面食制品加工机械与设备

内容描述

　　本章主要介绍了焙烤食品、方便面和典型包馅类食品的工艺流程以及常用机械与设备。

学习目标

- 了解焙烤食品、方便面和包馅类食品的加工现状、典型产品及工艺流程。
- 掌握调粉机、打蛋机、焙烤设备、方便面生产机械与设备、饼干成型机、包馅成型机的结构与工作原理。

能力目标

- 掌握焙烤食品、方便面和包馅成型食品等主要加工机械设备的操作与维护方法。
- 能正确处理常见故障并能分析原因排除故障。

5.1　焙烤食品加工机械与设备

5.1.1　典型焙烤食品工艺流程

1)饼干生产工艺与设备

　　饼干是以面粉为主要原料,加入糖、油脂、乳类、蛋类、香精及膨松剂等辅料,经面团调制、压片、成型、焙烤、冷却、包装等加工而成的产品。其是一种含水量较低、松脆、易于保藏、食用方便的食品。饼干一般分为4大类:甜饼干(酥性、韧性饼干)、发酵饼干(苏打饼干)、夹心饼干和花色饼干(威化饼干、杏元饼干、蛋卷)。

　　饼干生产工艺流程如图5.1所示。

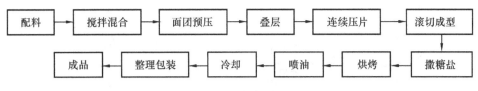

图 5.1 饼干生产工艺流程

2) 面包生产工艺与设备

面包的主要原料是面粉,辅料有糖类、酵母、食盐、油脂等。面包生产过程可分为原辅材料处理、面团调制、发酵、整形、醒发、烘烤、冷却及包装等工序。常用的面包烘烤工艺是二次发酵法。二次发酵法生产工艺流程如图5.2所示。

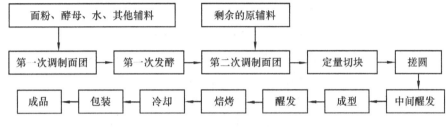

图 5.2 二次发酵法生产工艺流程

本章重点介绍焙烤食品加工过程中的关键设备,即调粉机、打蛋机和烤炉。

5.1.2 调粉机

调粉机又称和面机、捏和机,一般用来调制高黏度的浆体或塑性固体,在面类食品加工中,主要用来调制各种性质不同的面团。

由于面团的黏度很大,流动极为困难,使得调粉机部件的结构强度较大,工作转速较低,通常为 20~80 r/min,故也常被称为低速调和机。

调粉机按搅拌容器轴线所在位置,分为卧式结构和立式结构;按搅拌轴的数量,分为单轴式结构与双轴式结构。

1) 卧式调粉机的结构

卧式调粉机的搅拌容器轴线与搅拌器回转轴线都处于水平位置。目前,在国内外各种规模的食品厂里普遍使用,其结构如图5.3所示。

卧式调粉机主要由搅拌器、搅拌容器、传动装置、容器翻转机构及机架等组成。

（1）搅拌器

搅拌器即搅拌桨,是调粉机的重要部件。它的结构和形状直接影响调和操作的效果。搅拌器有不同类型,常用的有单轴式和双轴式两种。单轴式调粉机的结构简单、紧凑,操作维修简便,由于该机只有一个搅拌器,因此每次调粉搅拌的时间稍长,生产效率较低。双轴式调粉机有两组相对反向的搅拌桨。按其相对位置关系可分为切分式与重叠式两种结构,如图5.4所示。

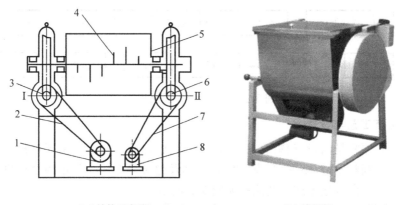

（a）结构示意图　　　　　　　（b）外形图

图5.3　卧式调粉机传动结构示意图

1,8—电动机;2,7—三角带;3,6—蜗杆;4—桨叶;5—筒体容器

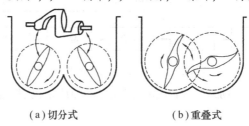

（a）切分式　　　　　　　（b）重叠式

图5.4　双轴卧式调粉机

卧式调粉机搅拌器的结构形状根据调制物料性质和要求的差别,有各种不同的类型。

①∑形与Z形搅拌器

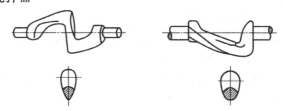

图5.5　∑形（左）与Z形（右）搅拌器

如图5.5所示为∑形与Z形的搅拌桨。其结构多为整体铸造或锻制成型,这类搅拌器的桨叶母线与其轴线偏斜一定角度,此作用在于增加物料的轴向和径向流动,以促进混合。一般情况下多采用∑形桨。

②桨叶式搅拌器

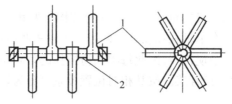

图5.6　桨叶式搅拌器

1—叶片;2—搅拌轴

如图5.6所示,桨叶式搅拌器适用于酥性面团的操作,是由若干个（通常是6个）直桨

叶或扭曲直桨叶与搅拌轴组成。桨叶式搅拌器结构简单,制造成本低。在和面过程中,桨叶搅拌对物料的剪切作用很强,拉伸作用弱,对面筋有一定的破坏作用。

③其他形式的搅拌器

如图 5.7 所示分别为叶片式搅拌器、花环式搅拌器以及椭圆式搅拌器。这些搅拌器都为整体结构,其中心位置都没有搅拌轴,因而也就不存在面团抱轴现象。

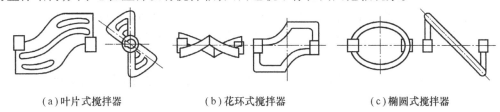

　(a)叶片式搅拌器　　　　(b)花环式搅拌器　　　　(c)椭圆式搅拌器

图 5.7　其他形式搅拌器

(2)搅拌容器

搅拌容器也称搅拌槽或缸体,一般由不锈钢焊接、铆接或螺栓联接而成。其结构形状如图 5.8 所示。容器的几何尺寸取决于调粉机的容量,即一次调和物料的质量,它一般分为 25,50,75,100,200,400 kg 等。

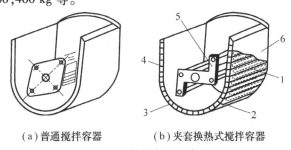

　　(a)普通搅拌容器　　　　(b)夹套换热式搅拌容器

图 5.8　搅拌容器示意图

1—冷却介质;2—隔板;3—隔热夹层;4—内壁;5—搅拌器;6—外壁

和面操作时,面团形成质量的好坏与温度有很大关系,对于高功效的调粉机,常采用夹套换热式搅拌器,在夹套中通入冷水来控制温度,如图 5.8(b)所示。

(3)机架

调粉机的机架结构形式较多,对普通的卧式结构,容器两侧的机墙板及电机或减速器底座通常采用铸造框架,然后用型材连接而组成整体机架。对容量偏大或偏小的调粉机,还可采用全部铸造框架结构及全部型材焊接框架结构。

(4)传动装置

调粉机的传动装置主要由电机、减速器及联轴节等组成,也有的机器采用皮带传动机构。调粉机工作转速较低,其减速比较大,故一般采用蜗轮减速器或行星减速器(行星减速电机)。

2)调粉机的操作与维护

(1)操作

①开车前检查调粉机内有无异物,底部的卸料闸门是否已关闭,防护装置是否牢靠,电源电压是否正常。

②检查盐水定量罐的出口阀门、盐水输送设备和原料输送设备。启动盐水泵,向定量罐中加入盐水。

③操作调粉机首先要做到以下 4 点：

a. 原料定量添加。

b. 加水需定量。

c. 确定调粉时间。

d. 水温需恒定。

④调粉机中途尽量不要停机，如确需停机，必须将机内面料卸完后再启动试机。

⑤传动防护装置在调粉机正常运行时严禁打开或拆除，确需打开时，应先停机。

（2）维护

①每日检查喂料器、出口的漏粉情况，清扫出口，特别是出口与本体接触之处。

②每日检查搅拌叶的平衡状况。

③每周检查皮带、螺栓的松紧情况，并进行调节。

④每周对调整器、减速机等部位进行检查并补给机油。

⑤工作完毕后，必须把黏附在搅拌机内壁、轴、桨叶上的面块彻底清理干净，避免细菌的繁殖和设备腐蚀。

3）调粉机常见故障分析及排除

（1）调粉机加料后，搅拌速度明显减慢

原因分析：皮带过松；原料和水超量，电机负荷过重；电压低于 380 V。

解决措施：收紧传送带；检查面粉和水是否过多，检查电机是否缺相运转；检查电压是否正常。

（2）搅拌时，调粉机内有部分物料不运动

原因分析：搅拌齿紧固螺钉松动。

解决措施：拧紧搅拌齿的紧固螺钉。

（3）调粉机运转后突然停车

原因分析：负荷过重，熔断丝烧断；磁力启动器脱扣；卡有异物。

解决措施：检查电路接触部分是否良好；更换熔断丝；取出异物。

（4）调粉机发生异响

原因分析：皮带轮与轴、轴与齿轮键的配合过松；轴承损坏、偏位；机内有异物。

解决措施：键的配合按标准重新配制；将已坏轴承换下；停机取出异物。

5.1.3　打蛋机

打蛋机用于搅打黏稠性浆体物料。在食品业中常用来打发蛋白液、奶油，在蛋糕生产中调制面浆。由于打蛋机的转速比调粉机高，通常在 70～270 r/min 范围内，所以也常被称为高速调和机。

打蛋机有立式与卧式两种结构，常用的多为立式打蛋机。

1）立式打蛋机结构与工作原理

立式打蛋机通常由搅拌器、调和容器、传动装置及容器升降机构等组成。其结构如图 5.9 所示。

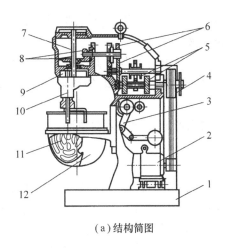

（a）结构简图　　　　　　　　（b）实物图

图5.9　立式打蛋机

1—机座；2—电机；3—锅架升降机构；4—皮带轮；5—齿轮变速机构；6—斜齿轮；7—主轴；
8—锥齿轮；9—行星齿轮；10—搅拌头；11—搅拌桨；12—搅拌容器

打蛋机工作时，电动机经传动装置将动力传至搅拌器，依靠搅拌器与容器间的相对运动，使物料得以搅拌。搅拌效果的优劣受搅拌器运动规律的限制。

（1）搅拌器

立式打蛋机的搅拌器由搅拌头和搅拌桨两部分组成。搅拌桨在运动中搅拌物料，搅拌头则使搅拌桨在容器中形成一定规律的运动轨迹。

①搅拌桨

搅拌桨结构形状是由被调和物料的性质及工艺要求而定。较为典型的搅拌桨有多种结构，如图5.10、图5.11所示。

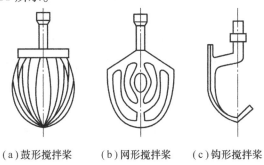

（a）鼓形搅拌桨　　（b）网形搅拌桨　　（c）钩形搅拌桨

图5.10　打蛋机的搅拌桨

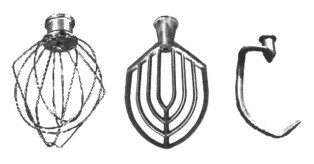

图5.11　常用搅拌桨实物图

a. 鼓形搅拌浆。由不锈钢丝组成筐形结构。此类浆的强度较低,但易于造成液体湍动,故而主要适用于低黏度物料的搅拌,如稀蛋白液。

b. 网形搅拌浆。由整体铸锻成球拍形。这种浆浆叶外缘与容器内壁形状一致,有一定的结构强度,而且作用面积较大,主要适用于中等黏度物料的调和,如糖浆、蛋白液。

c. 钩形搅拌浆。一般为整体锻造,一侧与容器侧壁形状相同。这种浆的结构强度较高,借助于搅拌头或回转容器的运动,能够在容器内形成复杂的运动轨迹,主要用于高黏度物料的调和,如面团。

②搅拌头

在搅拌容器固定时,为保证搅拌浆能形成特定的运动轨迹,对于固定容器的搅拌头由行星运动机构组成。其传动系统如图5.12(a)所示,内齿轮固定在机架上,当转臂转动时,行星齿轮受内齿轮与转臂的共同作用,既随转臂外端轴线旋转,形成公转,同时又与内齿轮啮合,并绕自身轴线旋转,形成自转,从而实现行星运动。行星运动使搅拌浆在容器内产生如图5.12(b)所示的运动轨迹,这恰好满足了调和高黏性物料的运动要求。

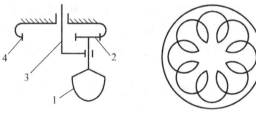

（a）传动示意图　　　　（b）运动轨迹示意图

图 5.12　搅拌头示意图

1—搅拌浆;2—行星齿轮;3—转臂;4—内齿轮

（2）调和容器

立式打蛋机的调和容器通常也称为"锅"。有开式和闭式结构,上部为圆柱形、下接椭圆锅底,两体焊接成型,或整体模压成型,闭式的上面加一盖。容器普遍为开式结构,近年来根据食品工艺的某些要求也发展有闭式结构。

（3）容器升降机构

立式打蛋机通常有容器升降机构,它使固定在机架上的容器可以作少量的升降移动和定位自锁,以适应快速装卸的操作要求。

（4）机座

打蛋机的机座承受搅拌操作的所有负载。由于搅拌器的高速行星运动,使机座受到交变偏心力矩和弯扭作用,并易引起振动。为了保证机器具有足够的刚度和稳定性,故需采用薄壁大断面轮廓的铸造箱体结构。

（5）传动装置

立式打蛋机的传动是通过电动机经一级皮带减速把动力传至调速机构,再经过齿轮机构变速、减速及改变转动方向,使搅拌头正常运转。打蛋机的调速机构通常有无级变速和有级变速两种类型。

2）打蛋机的操作与维护

①操作前应对机械进行检查,保证各紧固件无松动,确定各部件工作正常后,方可开机

工作。

②工作中不可随意搬动机器。操作人员不可随意将手、衣服和头发靠近旋转件,以免发生事故。

③运转过程中若出现异响,应停机检查。

④严禁拆除和擅自改动设备的安全装置。

⑤使用完毕后应及时断电清洗。

⑥定期对传动部件进行润滑。

5.1.4 烘烤设备

面包、饼干等食品坯成型后,置于烤炉等焙烤设备中,经烘烤,使坯料由生变熟,成为具有多孔性海绵状结构的成品,并具有较深的颜色和令人愉快的香味,以及优良的保藏性和便于携带的特性。烤炉是最常用的一种烘烤设备,其种类很多。

1)烤炉的分类

按烤炉热源不同,烤炉可分为煤炉、煤气炉、燃油炉和电炉等。最广泛使用的是电炉,按结构形式分类,烤炉又可分为箱式炉和隧道炉两大类。

2)常用烤炉

(1)箱式炉

箱式炉外形如箱体,按食品在炉内的运动形式不同,分为烤盘固定式箱式炉、风车炉和水平旋转炉等。其中烤盘固定式箱式炉是这类烤炉中结构最简单,使用最普遍,最具代表性的一种,因此常简称为箱式炉,如图5.13所示。

图5.13 箱式烤炉外形

箱式炉炉膛内安装有若干层支架,用以支撑烤盘,辐射元件与烤盘相间布置。烘烤过程中,烤盘中的食品与辐射元件间没有相对运动。这种烤炉属于间歇操作,产量小,适合于中小型食品厂使用。

风车炉因烘室内有一形状类似于风车的转篮装置而得名。这种烤炉多采用无烟煤、焦炭、煤气等为燃料,也可以采用电及远红外加热技术,如图5.14所示。

水平旋转炉内设有一水平布置的回转烤盘支架,摆有生坯的烤盘放在回转支架上,如图5.15所示。烘烤时,由于食品在炉内回转,各面坯间温差很小,因此烘烤均匀,生产能力较大。

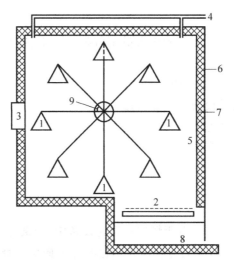

图 5.14 风车炉内部结构

1—转篮;2—加热管;3—炉门;4—排气管;5—炉内壁;6—炉外壁;7—保温层;

8—空气入口;9—中心转轴

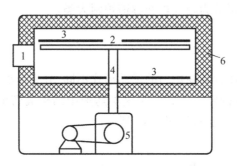

图 5.15 水平旋转炉内部结构示意图

1—炉门;2—加热元件;3—烤盘;4—回转支架;5—传动装置;6—保温层

(2)隧道炉

隧道炉是指炉体很长,烘室为一狭长的隧道,在烘烤过程中食品沿隧道作直线运动的烤炉,分为钢带隧道炉、网带隧道炉、烤盘链条隧道炉和手推烤盘隧道炉等。

钢带隧道炉是指以钢带为载体,沿隧道运动的烤炉,简称钢带炉,如图5.16所示。

网带隧道炉简称网带炉,其结构与钢带炉相似,只是传送面坯的载体采用网带。网带由金属丝编制而成。由于网带网眼空隙大,在焙烤过程中制品底部水分容易蒸发,不会产生油滩和凹底。网带运转过程中不易产生打滑、跑偏现象。网带炉焙烤产量大,热损失小,易与食品成型机械配套组成连续的生产线。缺点是不易清理,网带上的污垢易于黏在食品底层。

烤盘链条隧道炉是指食品及其载体在炉内的运动靠链条传动来实现的烤炉,简称链条炉。根据焙烤食品品种不同,链条炉的载体大致有两种,即烤盘和烤篮。烤盘用于承载饼干、糕点及花色面包,而烤篮用于听型面包的烘烤。

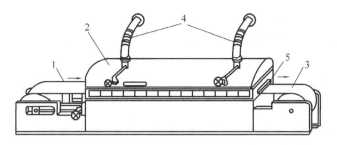

（a）结构示意图

（b）实物图

图 5.16　钢带隧道带炉

1—入炉端钢带;2—炉顶;3—出炉端钢带;4—排气管;5—炉门

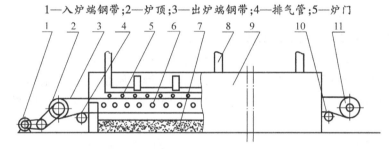

图 5.17　链条炉外结构图

1—电机;2—主动链条;3—链条;4—托轮;5—上加热管;6—下降加热管;
7—保温层;8—排气管;9—炉体;10—张紧装置;11—被动链轮

3）烤炉的操作与维护

（1）箱式炉的操作维护

①正确接入电路,炉体的金属部分必须可靠接地。

②按食品烘烤温度,将仪表拨准,再接通电源使其加热,此时绿灯即亮,温度达到后绿灯熄灭,红灯即亮,表示恒温状态,温度低落后又能自动开启。

③调节底面火温度。

④宜放在通风干燥的固定位置。

⑤电热管使用 6 个月后,重涂一次远红外涂料为好,且紧固接头螺母。

⑥维修时,必须切断电源确保安全。

（2）隧道炉的操作

①开车前需将各传动部件加好滑润油,空车运转,检查炉带的张紧程度,调整好炉带的

跑偏位置,检查各部件工作是否正常。

②预先打开电源,使电热器均匀地升温,或使煤气燃烧器均匀燃烧。有调节阀门可先将火焰调得小些,然后逐步开大。

③启动电机,让炉带处于低速运行状态。随后逐步升温,因炉带受热膨胀会进一步伸长,再次调节炉带张紧程度。

④当炉温升到烘烤温度时,放入物料,并根据烘烤要求调整炉带的速度至正常工作状态。

⑤随时观察烤炉的加热和传动部分,如发现异常情况,应立即采取措施,排除故障。

⑥停止生产时,先切断全部电加热器的电源,或关闭燃烧器,然后适量放松炉带,根据实际情况,让炉带继续运行一段时间,使炉带均匀缓慢地降温。

⑦当炉带冷却到100 ℃时,可关闭电动机电源,使炉带停止运动,最后将炉带完全放松至操作前的初始位置。

5.2 方便面加工机械与设备

5.2.1 方便面生产工艺流程

方便面是在现代食品加工技术基础上,为适应人们的主食社会化需要而生产的一种新型食品。方便面具有加工专业化、生产效率高、食用方便、便于携带、安全卫生、花样多等显著特点。按其制作工艺可分为两大类:一类是油炸干燥方便面,另一类是热风干燥方便面。油炸方便面干燥快,一般70 s即可,α-化程度高达85%以上,且面条有微孔,复水性好,浸泡3~5 min即可食用。但油炸面含油量高,一般在20%左右,故成品成本高,也易酸败。热风干燥面由于干燥速度慢(约1 h),已经α-化的淀粉有回生现象,因此复水性差,浸泡时间较长,但省油,加工成本低,不易酸败变质,保存时间长。二者各有利弊,从加工工艺上看只是脱水干燥采用的方法不同,其他均无差异。

1)方便面生产工艺流程

方便面生产工艺流程可描述为如图5.18所示。

2)方便面加工机械与设备

方便面的加工设备主要有和面机、熟化机、轧延机、切条折花成型机、蒸面机、定量切断机及干燥设备等。其生产过程是将预处理后的原辅料通过和面机调制成面团,在熟化机中静置一段时间,使面团得以改良,然后通过复合轧延、切条折花工序,制成方便面块,再经过蒸面机将面块熟化,然后在烘干机或油炸机中进行干燥定型,最后通过冷却、检测与包装即成合格的产品。

和面机的结构和原理前文已有叙述,此处不再赘述。

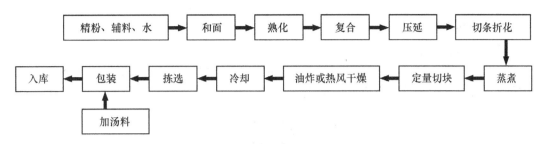

图 5.18 方便面生产工艺流程

5.2.2 熟化机

熟化机具有一定的面团贮存量,它的功用是将面团静置一定时间,消除内应力,使面团内部结构趋于稳定。它主要由搅拌器、传动装置和出料管等组成,如图 5.19 所示。

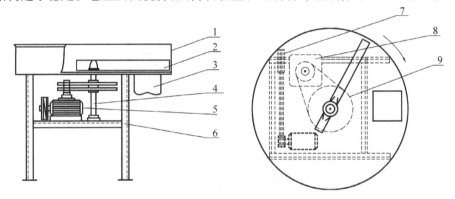

图 5.19 熟化机

1—喂料器;2—搅拌桨叶;3—下料管;4—搅拌轴;5—电动机;
6—机架;7—皮带轮;8—减速器;9—链轮

其工作的原理是电动机的动力经皮带轮、蜗轮蜗杆减速器和链条传动三级减速后,驱动搅拌桨叶转动。面料在搅拌桨叶的作用下形成松散的颗粒面团,并向下料管送料。为能达到良好的熟化效果,面料在熟化机的停留时间为 15 ~ 45 min。

喂料器 1 的容积不可太小,转速也不能太高,面料在里面停留的时间要尽量地长一些,以提高熟化的效果。该机属连续工作的机械设备,需要经常检查调整皮带的张紧程度,并使链条传动装置处于水平状态。链条长时间工作后链节磨损,链条增长,易造成掉链现象,应及时调整、维修。

5.2.3 轧延机

1) 轧延机的工作原理

轧延机也称辊轧机,是形成面片的主要设备。其作用是将从熟化机出来的面团轧制成厚薄均匀、表面光滑、质地细腻、内聚性和塑性适中的面带。复合压延是方便面生产的中心环节,对产品质量影响很大。常用的轧延机有卧式轧延机、立式轧延机和多层轧延机。

2)轧延机的结构

(1)卧式轧延机

如图 5.20 所示为卧式轧延机外形图,它主要由上压辊、下压辊、压辊间隙调整装置、撒粉装置、工作台、机架及传动装置等组成。

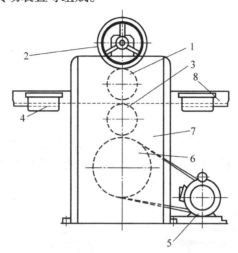

图 5.20　卧式轧延机外形图

1,3—压辊;2—调节轮;4—面粉;5—电动机;6—皮带轮;7—机架;8—工作台

上、下压辊安装在机架上,上压辊的一侧设有刮刀,以清除黏在压辊上面的少量面屑,自动撒粉装置的目的就是可以避免面团与压辊粘连。

如图 5.21 所示为卧式轧延机的传动系统示意图。其工作原理是:动力由电动机驱动,经一级皮带轮及一级齿轮减速后,传至下压辊;再经齿轮带动上压辊回转,从而实现上、下压辊的转动。

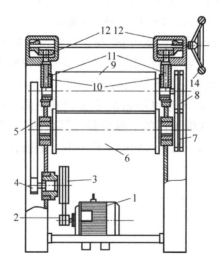

图 5.21　卧式轧延机的传动系统示意图

1—电动机;2,3—皮带轮;4,5,7,8—齿轮;6—下压辊;9—上压辊;

10—上轧辊轴承座螺母;11—升降螺杆;12,13—锥齿轮;14—轧距调节手轮

为保证轧制不同厚度面片的工艺需要,可通过手轮调节轧辊之间的间隙。调节时,转动调节手轮,经圆锥齿轮传动,使升降螺杆回转,带动上轧辊轴承座作升降直线运动,使上、下轧辊之间的间隙得以调节。

(2)立式轧延机

如图5.22所示为立式轧延机操作示意图,主要由料斗、压辊、计量辊及折叠器等组成。

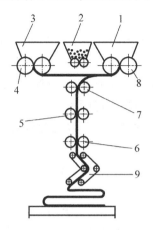

图5.22 立式轧延机操作示意图

1,3—料(面)斗;2—油酥料斗;4,8—喂料辊;

5,6,7—计量辊;9—折叠器

立式轧延机工作时,面带依靠自身重力垂直供料,因此可以免去中间输送带,简化机器结构。计量辊的作用是使压延成型后的面带厚度均匀一致,一般由2~3对压辊组成,辊的间距可随面带厚度自动调节。立式轧延机占地面积小,轧制面带的层次分明,厚度均匀,工艺范围宽,但结构较复杂。

(3)多层轧延机

多层轧延机轧制的面层可达120层以上,且层次分明、外观质量与口感较佳,因而能生产手工所不及的面点。但其结构复杂,设备成本高,操作维修技术要求也较高。

多层轧延机的结构如图5.23所示,主要由环形轧辊组及速度不同的3条输送带组成。输送带速度沿面片流向逐渐加快($v_1 < v_2 < v_3$)。上轧辊组中压辊既有沿面带流向的公转,又有逆于此向的自转,其公切线上的绝对速度接近输送带的速度。

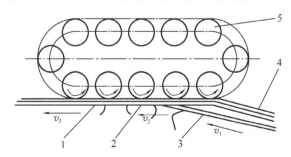

图5.23 多层轧延机结构示意图

1,2,3—输送带;4—多层面片;5—环形轧辊组

多层轧延机工作时,倾斜进料输送带将多层面片导入由环形轧辊组与3条带所构成的狭长楔形通道内。面片逐渐变薄,与此同时输送带速度递增。由于在整个轧延过程中,面片表面与接触件间的相对摩擦很小,面片几乎是在纯拉伸作用下变形,因此面片内部的结构层次未受影响,保持了物料原有品质。

3)轧延机的操作与维护

(1)操作

①开车前首先应对滚压轮及各种附件按需要在断电的情况下进行安装调整,检查传动带及传动链条是否在正确位置上,安全保护装置是否牢固。

②检查设备上有无遗留工具或其他杂物,并清理干净。

③每班先进行空车实验,无异常后,将面团放至压延机料斗即可开始压片。生产过程中要经常监视圆盘内的粉量,切勿存料过多,以免导致超载,中途不能停机,否则将损害零件寿命。

④操作时,严禁违规将手指接近设备运转部件。若发现有大面块堵塞卸料口,严禁用手直接操作

⑤复合的面带依次进入第一、第二、第三、第四、第五道压辊,此时应迅速检查各道压辊的压距是否适当,使面带在各道压辊之间保持一定的张紧度。

⑥停机后,把各道压辊及机座上的面屑清除干净,严禁用水冲洗带电设备。

(2)维护

①轧延机运转时不能有坚硬杂物进入压辊之内,否则会损坏压辊,影响压辊寿命。

②每天检查链轮、链条、齿轮、连杆、偏心轮等传动元件的润滑状况,保证定时加足润滑油,以延长设备使用寿命。

③按时检查无级变速器的变速情况,有无自动跑车变速现象,检查皮带与链条的张紧状态。

④每年至少对减速器内的润滑油更换一次新油。

⑤每周对链轮、链条、齿轮、偏心轮、滚珠、轴承等传动件进行一次正常检查,清理油污,重新更换或增添润滑油。

⑥每周对每道压辊的同心度进行测试,保证各道压辊压距的一致性。

5.2.4　切条、折花、成型机

1)设备的结构及工作原理

此时经过连续轧延的面带厚薄均匀、表面光滑,现需将其切成细面条,并按方便面生产工艺要求,由切条、折花成型机折叠成波浪状花纹。方便面切条折花成型装置如图5.24所示,它主要由面刀、导箱、压力门及输送带所组成。

在面刀下方安装一个精密设计制作的波浪成型导向盒。切条后的面条进入导向盒后,与导向盒内壁摩擦形成运动阻力。由于面条的运动速度大于输送带的运动速度,因而在导向盒中自然地形成滞流,在盒的导向作用下有规律地折成细小的波浪形花纹。

面条折花是该工序的关键,面条波纹的疏密程度和压力门上的压力、面条线速度与输

送带线速度之比有关。压力门质量小,摩擦力小,产生的波纹疏松,反之摩擦力增大,波纹紧密。因此,通过调节螺栓调节压力门的质量,改变压力门对面条的压力,可调节波纹的疏密程度。面条线速度与输送带线速度之比越小,波纹越疏松,反之波纹越紧密。

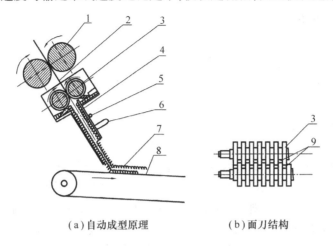

（a）自动成型原理　　　　　　（b）面刀结构

图5.24　切条折花自动成型装置示意图

1—轧辊;2—面片;3—面刀;4—折花成型导向盒;5—铰链;6—压力门质量调整螺栓;

7—折花面块;8—输送带;9—面条

2)设备的操作与维护

（1）操作

①首先对新面刀啮合深度进行调节和调试。

②确保调节铜梳的压紧度适当。铜梳的压紧度指铜梳的凸齿对面刀凹槽的距离,要把铜梳的压紧度调节适当。

③开机前,先检查面刀与导箱安装是否正确,并清除内部的面屑及其他杂质。而后把面刀及成型导箱装入刀架,拧紧定位压板上的螺栓,在压力门的钩子上挂上重锤。

④在开机时应按工艺要求调整成型器下方的成型输送网带线速度比。速度比的大小是通过调整网带下方的调速手轮来实现。

⑤定时检查波纹是否整齐,分流是否均匀,密度是否适当。

（2）维护

①为使面刀保持良好的润滑状态,面刀和输送带要用食用油作润滑油。在生产过程中,每隔2~3 h向面刀的油孔中加注润滑油。

②注意面片中是否夹杂铁屑及其他杂物,必须经常打扫车间卫生,以防止杂质进入面团。

③每班生产完,应清除面刀上及成型槽导箱中的面屑,将其涂上食用油或浸入油中,防止面刀及成型器其他零件生锈。

④在压片机中最好装金属检测器,当面片中夹有金属时,它会自动发出报警信号并自动停车。

5.2.5 蒸面机

1)蒸面机的结构及工作原理

(1)蒸面机的工作原理

蒸面机是将折花后的面条放在不锈钢丝网状输送带上,这种输送带有利于蒸汽通过,使面条容易蒸熟。然后通过蒸汽室,使面条中淀粉 α-化,并使蛋白质变性熟化。蒸面机主要由输送网带、蒸汽管、排气管和机架组成。

(2)蒸面机的结构组成

蒸面机有高压和常压两种,高压蒸面机属间歇式生产机械,不能应用于连续化的工业生产,现在已很少采用。常用的连续蒸面机也称为隧道式蒸面机,一般由 2~3 节组装而成,其基本结构如图 5.25 所示。倾斜式连续蒸面机有 1∶30 的斜度,出口处高,进口处低。当通道内通入蒸汽时,蒸汽沿斜面由低向高在蒸面机中分布,这样入口端的蒸汽量较小,面条进入时温度低,易使蒸汽冷凝聚集在面条上,促进面条吸收蒸汽水分,含水量增加,利于面条的 α-化。出口端蒸汽较多,温度也高,面条的水分被加热蒸发出来,含水量降低。这样连续蒸面机中的温度由低到高,而面条中水分由高到低,符合淀粉 α-化的机理,面条容易蒸熟,蒸汽利用率高。

蒸面机的蒸汽压力为 0.147~0.196 MPa,通道内温度控制在 96~98 ℃。同时为保证面条的韧性和食用口感,面条在蒸面机中的时间以 60~90 s 为宜。一定要防止蒸得过度,以免影响面条的韧性和口感。

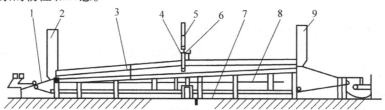

(a)结构示意图

(b)实物图

图 5.25　连续蒸面机

1—输送带;2,9—排气管;3—上盖;4—蒸汽流量计;

5—阀门;6—压力表;7—支架;8—进气管

2）蒸面机的操作与维护

（1）操作

①每班开机前，先检查输送网带、蒸汽压力表、温度表以及排气管的碟阀是否正常灵活，上罩与底槽是否压紧。

②开动输送网带的无级变速器，使网带空转 5 min 左右，如无异常情况，设备可进行连续生产。

③蒸面前，提前 5～10 min 打开蒸汽阀门对蒸面机进行预热，并排放蒸汽管中的冷凝水。冷凝水排放干净后，须将放水阀门关闭。

④正常生产时，应注意观察温度表显示温度的情况。调节蒸汽阀门，使蒸汽压力符合工艺要求。

⑤蒸面机蒸汽阀门开启后，严禁打开上盖。同时定时检查蒸槽体的保温情况。

⑥每班工作完毕，适当放入直接蒸汽，以冲洗网带及蒸槽，然后引入自来水软管进行冲洗，将网带、槽体及内部的碎面冲洗干净。

（2）维护

①启动电器时严禁湿手操作，开机应由低到高慢慢加速，严禁一下到高速。停机时由高速慢慢到低速，再关机。

②每周要对各螺栓的松紧状态检查维护。

③每 3 个月要对齿轮箱油进行更换。

④每天上班时要进行网带及蒸锅的清洗，对网带、链条加油润滑，清扫输送网带及蒸槽。

⑤检查网带的损坏情况，检查锅盖及密封门的密封情况，检查温度计和压力表的工作情况，检查蒸汽阀的工作情况、链中心爬行情况，对链的松弛、漏气（密封状态、盖内的开关状态）、润滑油消耗、传送轴联轴器的松弛、变速箱内油量等情况进行检查，并维护与保养。

5.2.6　定量切断及自动分路装置

蒸熟的面条在进行油炸或干燥之前，趁其尚具有一定的柔韧性进行定量切断，切成一定质量的叠成双层的面块，再经分路装置把面块分成 6 路，最后送入油炸机或干燥机。完成此操作要采用定量切断折块装置和滑槽式自动分路输送装置。

1）定量切断装置

定量切断装置如图 5.26 所示。蒸熟的面条被送到一对装有切断刀的滚轮间，滚轮每转动一周，面条被切断一次。切断的面条被滚轮下方的引导定位滚轮夹持继续向下。下降到一半时，往复折叠导板向右运动，将面条推向分路传送带，在引导定位滚轮和传送带间的间隔里折叠成双层面块。

方便面的质量由面条切断的长度和花纹疏密来决定。若在定长切断的前提下，每块面的质量受面条花纹疏密影响而波动。花纹疏松质量轻，花纹紧密则质量大。在切断装置运行过程中，往往出现上下层不等长的不正常现象，如图 5.27 所示，这是由于往复式折叠板运动超前或滞后造成的。上述现象的出现需调整摆杆与摆杆轴的安装角。如出现图 5.27（a）的情况时，可将摆杆向左调，这是由于导板运动超前导致的；出现图 5.27（b）的情况时，可将摆杆向右调，这一问题是由于导板运动滞后导致的。

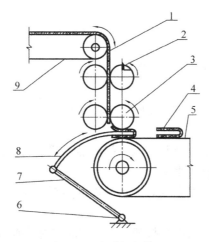

图 5.26　定量切断装置

1—熟面条;2—回转式切断刀;3—引导定位滚轮;4—成型的面块;5—分路传送带;

6—摆杆轴;7—摆杆;8—往复式折叠板;9—蒸面机输送带

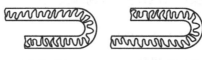

(a)上长下短　　　　(a)上短下长

图 5.27　面块折叠偏差示意图

2)自动分路装置

自动分路装置如图 5.28 所示,同时被切断折叠的 3 个面块落到一片钢丝网带上,由链条带动钢丝网带向前运动。网带在运动时,也可在两根钢棍上横向移动。在输送链带的下方装有一个"八"字形导向滑槽,每片钢丝网的边缘装有销轴,销轴在右滑道时,该片钢丝网载着 3 个面块向右运动;销轴在左滑道时面块向左运动,如此完成分路动作。

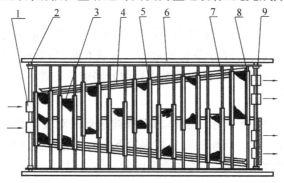

图 5.28　自动分路装置工作原理示意图

1—滚轮;2—链轮;3—钢丝网带;4—导向滑道;

5—销轴;6—机架;7—钢棍;8—链条;9—链轮

3)定量切断及自动分路设备的操作与维护

(1)操作

①正常生产前,应进行空车运转实验,检查各部件传动有无异常声响,转动是否正常。

②各部位的变速调整,应根据工艺情况进行现场调整。

③面块质量的调节方法。当面块质量偏重或偏轻时,需打开调速器下边小门,调整变速器手轮。调整变速手轮必须在机械运行中进行,停机状态下严禁调整。

④定量切块工序应严格控制,尽量保持成型的花纹基本不变。同时必须经常保持折叠板的表面光滑度,以免黏带面块,造成面块不能顺利进入分排网链位置。

(2)维护

①每班对各传动齿轮、链条、轴承、减速器等添加润滑油,保证各传动元件的润滑性。

②注意切断刀刃是否锋利,是否按正常角度很好地配合在托辊顶部,以保持切割效果。切断刀不宜调得过紧,能将面块切断即可。

③机器使用一段时间后,每周调整一次网带链、传动链条和张紧链轮的张紧度及从动轴承座。

④每6个月或1年进行一次全面维修,把磨损严重的零部件进行修理和更换。

5.2.7 干燥设备

干燥的目的是除去水分,固定 α-化的形态组织和面块的几何形状。对于方便面的干燥,要求有较快的干燥速度,来防止回生。方便面的干燥设备有油炸干燥机和热风烘干机。油炸干燥的方便面蓬松、微孔多、食用口感好、容易复水。热风干燥的方便面没有蓬松现象和微孔,复水时间长。

1)连续油炸干燥机

方便面连续油炸干燥设备如图5.29所示,它主要由机体、成型料坯输送带和潜油网带等结构组成。

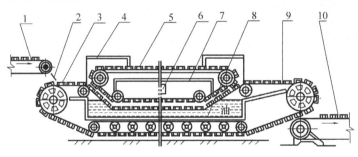
(a)结构示意图

(b)实物图

图5.29 连续油炸干燥机

1—分路机输送带;2—滑板;3—面盒;4—护罩;5—面盒盖;6—排烟道;
7—排烟罩;8—燃烧口;9—输送链;10—冷却器输送带

机体上装有油槽和加热装置。输送带上固定着若干用不锈钢制成的盒子。待炸方便面坯由入口处进入油炸机后,落在输送链的面盒内。盒子加盖,它强迫炸坯潜入油内,避免生坯在炸制时,水分大量蒸发,体积膨松,比重减小,面块漂浮在油面上,造成上下表面色泽差异较大,成熟度不一情况的出现。盖子固定在另一条与盒子输出链同步运行的输送链上,当面装入盒内时,盖子随即合上。炸毕出锅,盖子自动脱离,使面从盒内倒出。面条通过油锅的时间大约70 s。油炸温度在入口处为140 ℃，出口处为155 ℃左右。

油槽中油的加热方式有两种：一种是间接加热，即利用高压蒸汽在热交换器中将油加热，另一种是直燃式，靠燃烧重油或天然气对食用油加热。此外，也可用远红外加热元件对油进行加热，用此法油温更加均匀，也更易控制，热效率高，耗能少。

炸面用油使用一段时间后必须全部更换，以保持油的酸值和过氧化值在一定范围内，以防造成食物中毒。油炸食品的质量与油温、油质有关，直接加热式油炸设备存在油温不均匀，油炸碎屑未及时清除而过热焦化，使油变质的缺点，间接式加热可避免这些缺点。方便面一般要求入槽温度为100 ℃，出槽端温度为155 ℃，油炸时间为70 s左右。较高的油炸温度可使面条的膨化程度高些，但在油炸时间不变的情况下，油温不可过高，否则面块会被炸焦，同样要及时清理油中的碎渣。

2）热风干燥机

（1）热风干燥机的工作原理

热风干燥是生产非油炸方便面的干燥方法。干燥过程中使用相对湿度低的热空气反复循环通过面块，面块的水蒸发量大于吸水量，因而面块内部的水分向外逸出。面块中蒸发出来的水分被干燥介质带走，最后达到规定的水分，以便于保存、包装、运输和销售。

（2）热风干燥机结构组成

如图5.30和图5.31所示为链盒式干燥机的外形图和工作原理示意图。该机适用于非油炸方便面等块状食品的连续干燥，使用效果好。

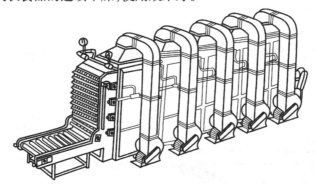

图5.30　链盒式烘干机外形图

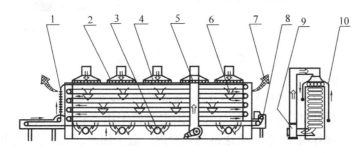

图5.31　链盒式连续烘干机示意图

1—输送带；2—蒸汽加热器；3—回风口；4—风罩；5—风道；6—热风；

7—排蒸汽道；8—传动装置；9—风机；10—蒸汽管道

链盒式干燥机由机架及保温层、链条、面盒、鼓风机、散热器、无级变速传动装置等部分组成。其外形尺寸因干燥能力的大小而异,但层数相同,一般为5层,往复式为10层,链盒式干燥机的主要特点是往返都满载着面块,层与层之间面块始终在盒内。其加热装置是用多台鼓风机和多组散热器相配合,分段循环干燥,气流与物料移动方向成垂直交叉流动,因此,干燥比较均匀,热效率可达45%～50%。

（3）热风干燥机的操作

①首先进行预热。开机前排除蒸汽管道中的冷凝水后,再启动鼓风机,开始热风循环,对干燥机进行预热处理。达到要求温度后,启动链盒的传动装置,把从切割分排机输出的面块导入面盒。

②通过调节鼓风机循环系统中的进气阀门与排气阀门,使干燥介质达到比较理想的温度与相对湿度。

③生产时,要经常检查面块的干燥程度,调节蒸汽压力的大小,使其达到预定的要求。并注意最下层中已干燥的面块在通过面盒倾覆装置脱离面盒及面盒复位的情况是否正常,以防止轧坏面盒。

④机器运转部位每班都要加润滑油,以减少磨损,延长机器的使用寿命。停机时,要先关闭进气阀门及打开回气阀门,而后再切断电源开关。

⑤每隔1～2天清理一次两端的碎面渣。

5.2.8　检测器

面块在进入包装机前,首先检查面块中有无金属杂质并测定面块质量。在金属检测器中如发现面块中有金属杂质,金属检测器就会感应到电信号,并把信号放大后控制一个横向推杆或是一个压缩空气喷嘴的阀门,把该面块推出或吹出输送带。

面块的质量检查是使面块经过一个电子皮带秤对质量进行分选,如图5.32所示。面块压在电子皮带下方的质量感应器上,当面块质量超出或低于标准质量时,感应器发出信号,并放大后到执行机构,驱动推杆运动或空气喷嘴,将出现质量偏差的面块推出或吹出。

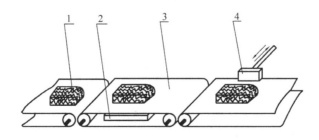

图5.32　质量分选装置示意图

1—方便面块;2—质量感应元件;3—电子皮带秤;4—推杆

5.3　成型机械与设备

5.3.1　饼干成型机

1)冲印成型饼干加工机械

冲印式饼干成型机(简称冲印饼干机)主要用来加工韧性饼干、苏打饼干及油脂含量较低的酥性饼干。冲印式饼干成型机分为间歇式和连续式(摆动式)两种。间歇式机型目前已经基本淘汰。

(1)冲印饼干机工作原理

冲印饼干机要完成压片、冲印成型及拣分(提头)等工序。首先将调制好的面团引入饼干机的压片部分,由此经过3道压辊的连续辊压,使面料形成厚薄均匀致密的面带;然后由帆布输送带送入机器的成型部分,通过模型的冲印,把面带制成带有花纹形状的饼干生坯和余料;此后面带继续前进,经过拣分部分将生坯与余料分离,饼坯由输送带排列整齐地送到烤盘或烤炉的钢带、网带上进行烘烤;余料则由专设的输送带(也称回头机),送回饼干机前端的料斗内,与新投入的面团一起再次进行辊压制片操作。

(2)冲印饼干机主要结构

连续式(摆动式)冲印饼干成型机基本都是由面皮辊轧部分、冲印成型部分、余料分离部分、输送入炉部分等组成。如图5.33所示为常见连续摇摆式冲印饼干成型机。

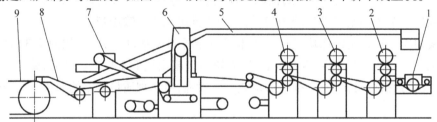

图5.33　连续摇摆式冲印饼干成型机

1—面块进入输进带;2,3,4—面皮轧辊;5—拣分输送带;6—摇摆冲印机构;

7—余料分离机构;8—饼干生坯输送带;9—烘烤炉网(钢)带

2)辊印成型饼干加工机械

辊印式饼干成型机(简称辊印饼干机)主要适用于加工高油脂酥性饼干,更换该机印模辊后,通常还可以加工桃酥类糕点。

(1)辊印饼干成型机结构

辊印式饼干成型机有两种类型:一种是直接进入网带(钢带)式(见图5.34);另一种是落烤盘式(见图5.35),这种类型的成型机只需更换成型模就可生产桃酥,故又称饼干、桃酥两用机。两种类型的成型机在成型原理上是完全相同的。辊印饼干机主要由成型脱模机构、生坯输送带、面屑接盘、传动系统及机架等组成。

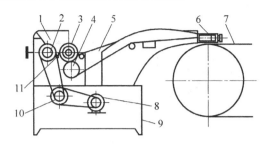

图 5.34 直接进入烘烤辊印饼干机结构简图

1—料斗;2—喂料辊;3—花纹成型辊;4—橡胶脱模辊;5—帆布传送带;6—帆布刀口分离器;

7—烘烤炉网(钢)带;8—电动机;9—机架;10—减速器;11—刮刀

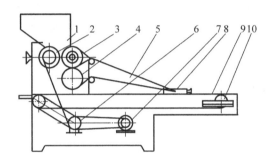

图 5.35 饼干、桃酥两用辊印饼干机结构简图

1—料斗;2—喂料辊;3—花纹成型辊;4—橡胶脱模辊;5—帆布传送带;6—减速器;

7—电动机;8—帆布刀口分离器;9—烤盘输送链条;10—张紧装置

辊印饼干机由于印模辊规格不同,结构体积变化较大。成型脱模机构是辊印饼干机的关键部件,它由喂料槽辊、印模辊、分离刮刀、帆布脱模带及橡胶脱模辊等组成。

(2)辊印饼干机成型原理

如图 5.36 所示为辊印饼干机成型原理示意图。饼干机工作时,喂料槽辊与印模辊在齿轮的驱动下相对回转,面斗内的酥性面料依靠自重落入两辊表面的饼干凹模之中。由位于两辊下面的分离刮刀,将凹模外多余的面料沿印模辊切线方向刮落到面屑接盘中。印模辊旋转,含有饼坯的凹模进入脱模阶段,此时橡胶脱模辊依靠自身形变,将粗糙的帆布脱模带紧压在饼坯底面上。饼干生坯便顺利地从凹模中脱出,并由帆布脱模带转入生坯输送带上。

3)辊切成型饼干加工机械

辊切式饼干成型机(简称辊切饼干机)广泛适用于加工苏打饼干、韧性饼干、酥性饼干等不同的产品。辊切饼干机操作时,速度快、效率高、振动噪声低,是一种较有前途的高效饼干生产机型,这种机型近年来在国内已经得到普遍的推广使用。

(1)辊切饼干机的结构

辊切饼干机主要由压片机构、辊切成型机构、余料提头机构(拣分机构)、传动系统及机架等组成。其中压片机构、拣分机构与冲印饼干机的对应机构大致相同,只是在压片机构末道辊与辊切成型机构间设有一段中间缓冲输送带。

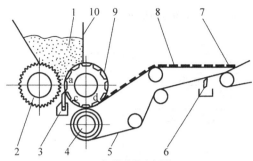

(a)成型原理示意图

(b)饼干成型实物图

图5.36　辊印饼干机成型原理

1—面料；2—喂料槽辊；3—分离刮刀；4—橡胶脱模辊；5—帆布脱模带；

6—帆布带刮刀；7—帆布带楔铁；8—饼干生坯；9—印模辊；10—面斗

如图5.37所示，辊切成型机构主要由印花辊、切块辊、橡胶脱模辊及帆布脱模带等组成。

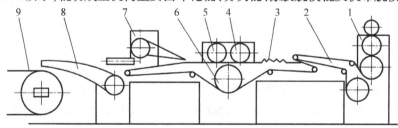

图5.37　辊切饼干机成型机构简图

1—面皮压片轧辊(共3组)机构；2—面皮过渡帆布传送带；3—中间缓冲传送带；4—印花辊；

5—切块辊；6—橡胶脱模辊；7—余料回头机；8—进炉帆布带；9—烘烤炉网带(钢带)

(2)辊切饼干机成型原理

辊切饼干机成型原理如图5.38、图5.39所示。

面片经压片机构压延后，形成光滑、平整、连续均匀的面带。为消除面带内的残余应力，避免成型后的饼干生坯收缩变形，通常在成型机构前设置一段缓冲输送带，适当的过量输送可使此处的面带形成一些均匀的波纹，这样可在面带恢复变形过程中，使其松弛的张力得到吸收，使面带内应力得到部分恢复，即张弛作用。面带经张弛作用之后，进入辊切成型机构。

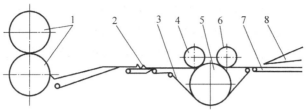

（a）成型原理示意图

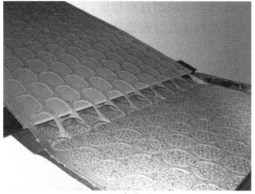

（b）实物图

图5.38　辊切成型原理示意图

1—定量辊;2—波纹状面带;3—帆布脱模带;4—印花辊;5—脱模辊;

6—切块辊;7—饼干生坯进炉帆布带;8—余料

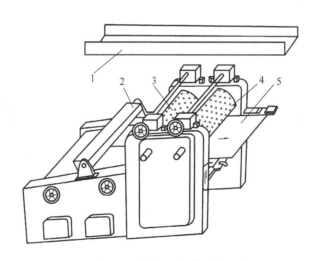

图5.39　辊切饼干成型机

1—余料回头机;2—撒粉器;3—印花辊;4—切块辊;5—帆布脱模带

5.3.2　饺子成型机

1）成型基本方法

带馅食品一般由外皮和内馅组成,外皮由各种材料的面团压制而成。内馅有菜、肉糜、

豆沙或果酱等。由于充填的物料不同以及外皮制作和成型的方法各异,包馅机械的种类比较多。以下主要分析介绍饺子成形机和汤圆包馅机两种最典型的包馅成型机。包馅成型的基本方法通常可分为转盘式、共挤式、注入式、剪切式和折叠式等几种形式,如图5.40所示。

(1)转盘式

首先将面坯压制成凹形,将馅料放入其中,然后由一对成型圆盘对其进行搓制,逐渐完成封口与成型,如图5.40(a)所示。成型过程稳定、柔和、通用性好,通过更换成型圆盘可制作不同规格的产品,适宜于皮料塑性好而馅料质地较硬的球形产品。

(2)注入式

馅料经由注入嘴挤入面坯芯部,然后被封口、切断成型,如图5.40(b)所示。它适用于馅料流动性较好、皮料较厚的产品。

(3)共挤式

将面坯和馅料分别从双层筒中挤出,达到一定长度时被切断,同时封口成型,图5.40(c)所示。适用于皮料及馅料塑性及流动性相近的产品。

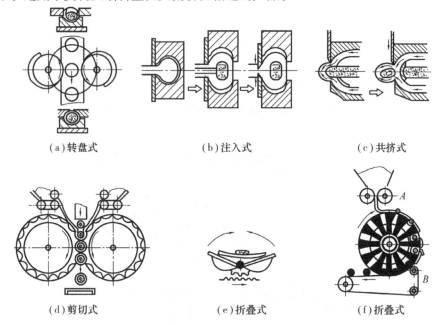

(a)转盘式　　　　　　(b)注入式　　　　　　(c)共挤式

(d)剪切式　　　　　　(e)折叠式　　　　　　(f)折叠式

图5.40　包馅机成型方法

(4)剪切式

将两条面坯压延后从两侧连续供送,进入一对同步相向旋转、表面有凹模的辊式成型器,预制成球形的馅料被送至两面带之间的凹模对应处,随转辊的转动,在两辊的挤压作用下顺序完成封口、成型和切断,如图5.40(d)所示。剪切式成型也称为辊切式成型,适用于馅料塑性低于皮料的产品。

(5)折叠式

如图5.40(e)所示为对开式折叠模,通过齿轮齿条传动进行折叠包馅成型。先将压延后的面坯冲切出规定形状后,然后放入馅料,最后经折叠完成封口及成型。此方式适宜于有封边的产品。如图5.40(f)所示,滚筒表面开有凹模,分别由分配阀控制与大气或真空相通。馅料落入面坯后,压延后的面带在经一对轧辊送到圆辊凹模 A 处时,因凹模与真空系统接通,利用真空吸气作用,将面坯吸成凹形,随着圆辊的转动,然后被固定的刮刀将凹模周围的面坯刮起,封住开口处,使之成型。当转到 B 点,空穴的真空解除,产品由输送带送出。

饺子是我国人民喜爱的传统食品,而工业化生产的速冻饺子可方便地满足人们日常生活所需。目前,国内的机制饺子大都为共挤式成型,输面形式为螺旋输送,输馅机构的形式有齿轮泵、滑片泵等。

2)饺子成型机的结构

以共挤辊切式饺子成型机为例,其主要由传动机构、输馅机构、输面机构、辊切成型机构等辅助机构组成。其外形如图 5.41 所示。

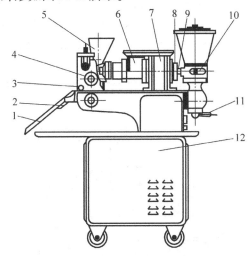

图 5.41 饺子成型机

1—溜板;2—振杆;3—定位销;4—成型机构;5—干面斗;6—输面机构;7—传动机构;

8—调节螺母;9—馅管;10—输馅机构;11—离合手柄;12—机架

(1)输馅机构

通常输馅机构有两种形式:一种是由螺旋—齿轮泵—输馅管组成,另一种是螺旋—叶片泵—输馅管组成。与齿轮泵相比,叶片泵容腔大,剪切及搅动作用强度低,更有利于保持馅料原有的色、香、味。因此,目前国内饺子机大部分都采用后一种组合形式,其结构如图 5.42 所示。

叶片泵主要由转子、定子、叶片、泵体及调节手柄组成。如图 5.42 所示的叶片泵,随着转子 2 的转动,叶片 3 在转动的同时,在定子 1 内壁的推动下沿转子上的导槽滑动,由定子、转子及叶片构成的吸入腔不断增大。馅料由进料口吸入,充满吸入腔,当吸入腔达到最大时,叶片作纯转动,将馅料带入排压腔,此时,定子内壁迫使叶片滑动,使排压腔逐渐减小,馅料被压向出料口,离开泵体。可通过调节手柄 6 进行流量调节,通过改变定子与馅管通道的截面积来实现流量调节,扳动手柄即可达流量调节的目的。

叶片泵具有结构简单、适应性强、对输送物料破损小等优点,但是其自吸能力差。因此,在泵吸口端设置输送绞龙,则可将馅料强制压入吸料腔内。即使是对黏度低,颗粒大,流动性差的松散物料,如素饺馅等,该机构也能准确稳定地输送。

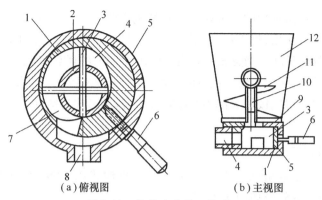

（a）俯视图　　　　　　　（b）主视图

图 5.42　输馅叶片泵工作原理

1—定子；2—转子；3—叶片；4—吸入腔；5—泵体；6—手柄；7—排压腔；

8—出口；9—泵入口；10—轴；11—绞龙；12—进料斗

（2）输面机构

输面机构如图 5.43 所示，主要由面盘、供面螺杆、锥形套筒、锁紧螺母、孔板、挤出嘴、挤出嘴内套及调节螺母等组成。

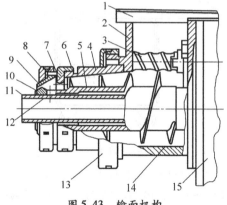

图 5.43　输面机构

1—面盘；2—面团料斗；3—稳定辊；4—锥形套筒；5—供面螺杆；

6，13—锁紧螺母；7—孔板；8—调节螺母；9—挤出嘴；10—挤出嘴内套；

11—馅料填充管；12—定位销；14—面团槽；15—齿轮箱

供面螺杆 5 为前部带有一定锥度的单导程卧式螺旋，锥度为 1∶10，其作用在于逐步改变螺旋槽内的工作容积，使被送面团的输送压力逐渐增大。在靠近供面螺杆的输出端设有孔板 7，孔板上开有里外两圈各 3 个沿圆周方向对称均匀分布的腰形孔。被螺杆推送的面团通过孔板时，腰形孔在阻止面团旋转的同时，又使得穿过孔的 6 条面棒均匀地搭接汇集成较厚的环形面管。在后续面团的推动下，从挤出嘴与内套间的环状狭缝中挤出形成所需要厚度的面管。

面团流量的调节通过调节螺母 8（见图 5.41），改变面料输送螺旋与套筒的间隙来调节。成型面管的厚度可以通过调节螺母 8（见图 5.43），改变挤出嘴内套 10 与挤出嘴 9 的间隙来调节。

（3）辊切成型机构

饺子成型机工作原理如图 5.44 所示。该机构主要由相向同步转动的成型辊和底辊组成。其中,底辊为光辊,而成型辊上有若干个饺子凹模,饺子捏和刃口与底辊相切。当含馅面管引入回转的成型模辊与底模之间时,面管边端的馅料先是在饺子凹模感应作用下,被逐步推挤到饺子坯中心位置。当含馅料的面柱从成型辊的凹模和底辊之间通过时,柱内的馅料在饺子凹模的作用下,逐步被推挤到饺子坯的中心位置,并在回转过程中成型辊圆周刃在底辊的支承下切制成饺子生坯。为防止物料与构件间相互粘连,还设有撒粉装置。

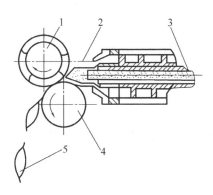

图 5.44　共挤式饺子成型机构工作原理
1—成型棍;2—面嘴;3—馅料;4—成型底辊;5—饺子

3)饺子成型机的操作与维护

(1)操作

①开机前首先检查减速器的油量是否充足,检查 V 带和链条是否张紧,然后对接触食品部件进行清洗去污消毒处理,开空机运转看其是否正常。

②当检查一切正常时可开车试馅。当运转一段时间后(1~2 min)馅料的流速均匀、稳定、没有断料现象,可停止送馅待用。

③试面,检查面管是否平直,面皮薄厚是否合适,调整合适后停机待用。随后可试饺子皮,检查空皮饺子的大小是否质量合适以及是否出现连皮现象(即饺子切不断),可进行调整。

④一切正常可进行包合。

(2)注意事项

①饺子面软硬合适,饺子馅不能太稀,添面时要均匀,要将面团切成长条状投入面斗,不要用大块面按压,否则面团容易被切断,出现供面不足,造成饺子破损。

②调馅时应注意不要让大块肉混入馅内,使机械损坏。馅要搅拌均匀,否则会影响包合质量。

③在运行过程中,不得用手接触饺子机的转动部位,操作者站在开关一面,便于随时遇情况停机断电。

④加面时,禁止用手按压,切不要触及面绞龙和成型副轮,饺子如黏模向上带时,切不可用手去扒动,以防造成事故。

⑤操作过程中如发现异常,应及时断开电源开关,找专门修理人员进行修理。

(3)维护

①要保证各传动部位的良好润滑,露在机箱外部的齿轮部位要经常加润滑脂。

②各部位的轴承每 6 个月配合检修注入润滑脂。螺旋推进器尾部压力轴承每月注入

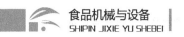

润滑脂一次。机体箱内油池每6个月换机油一次,油位要保持在油标中位以上。

③使用完毕及时彻底清理,定时给各润滑孔加油,以防生锈。

4) 常见故障分析及排除

(1) 输馅量不足、间断供馅或停止供馅

应立即停机,取出输馅螺旋,检查叶片泵内是否有大块异物堵塞;或打开输馅部分壳体,检查有无异物隔垫。如发现螺旋不旋转可检查机架内圆锥齿轮安全销是否截断。

(2) 饺子连续裂口

说明面团有异物,应立即停机、停馅,将调整螺母旋松,使面皮增厚,开车将异物排出。和面时,和面机要清洗干净不可有干面渣等混入。

(3) 饺子黏模

应检查干面粉是否充足,如不充足可调节干面调节板,如不均匀应检查干面盒的漏孔是否堵塞。回收干面粉经筛后再用。如干粉供应充足、均匀仍然黏模,则应检查面团是否过软。

5.3.3 汤圆成型机

汤圆是我国的传统小吃之一。传统的加工方式为手工包馅搓圆,汤圆成型机则采用共挤式包馅和回转成型盘式搓圆,具有自动化程度高、工作平稳、定量准确和包馅均匀等特点。

1) 汤圆成型机的主要结构

该设备主要由输面机构、输馅机构、成型机构、撒粉机构、传动系统、操作控制系统及机身等组成。如图 5.45 所示,输面机构包括面料斗 1,两个水平面料输送螺旋 13 及一个垂直面料输送螺旋 12。输馅机构包括馅料斗 3,两个水平馅料输送螺旋 4 和两个叶片泵 2。面料及馅料输送机构的水平输送均采用双螺旋结构,可减少采用单螺旋时的面料和馅料随转

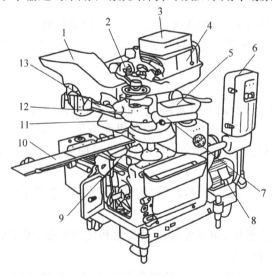

图 5.45 汤圆机外形简图

1—面料斗;2—叶片泵;3—馅料斗;4—馅料输送螺旋;5—干面粉斗;
6—控制箱;7—撒粉器;8—电动机;9—托盘;10—输送带;
11—成型盘;12—垂直面料输送螺旋;13—水平面料输送螺旋

和搭桥现象的发生,有利于提高输送的可靠性。撒粉装置由干面粉斗5、粉刷、粉针及布袋盘构成。成型机构主要包括两个成型盘和托盘。传动系统包括一台2.2 kW的电动机以及皮带无级变速器、双蜗轮箱及各种齿轮变速箱等。

2)汤圆成型机的工作原理

(1)汤圆机工作过程

如图5.46所示为汤圆机工作过程图,经捏和机制得的面团放入面坯料斗1后,水平面坯输送螺旋2将其送出,被切刀3切割成小块后,由面坯压辊4压向垂直面坯输送螺旋9,向下推送到挤出口前端而凝集构成片状皮料。与此同时,馅料由馅料斗5,顺序通过水平馅料输送螺旋6、馅料压辊7和馅料输送叶片泵8被压送到垂直面坯输送螺旋9的中间输馅管10内,被从垂直面坯输送螺旋9外围的面坯在行进过程中于皮料转嘴11处正好将馅料包裹在里面,形成棒状夹心完成棒状成型。这些棒状夹心半成品继续向下行,经两个成型盘17和12时封口、成型、切断后掉落在回转托盘15上,已成型产品13被输送带14送出。

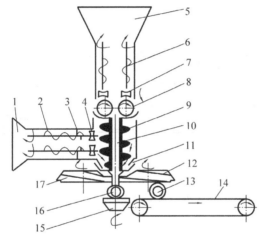

图5.46 汤圆机工作过程

1—面料斗;2—水平面料输送螺旋;3—切刀;4—面料压辊;5—馅料斗;
6—水平馅料输送螺旋;7—馅料压辊;8—馅料输送叶片泵;9—垂直面料输送螺旋;
10—中间输馅管;11—皮料转嘴;12—右成型盘;13—已成型产品;14—输送带;
15—回转托盘;16—成型中产品;17—左成型盘

(2)成型原理

汤圆成型为球状成型。球状成型是由成型盘12和17的动作来完成的。由棒状成型后得到的半成品经过一对转向相同的回转成型盘的加工后,成为球状包馅食品,搓圆成型盘如图5.47所示。

成型盘表面呈螺旋状,其除半径、螺旋状曲线的径向与轴向变化外,螺旋的倾角也是变化的。这就使得成型盘的螺旋面随棒状产品的下降而下降,同时逐渐向中心收口。而且由于螺旋面倾角的变化,使得与螺旋面接触的面料逐渐向中心推移,从而在切断的同时把切口封闭并搓圆,最后制成球状带馅食品生坯,成型盘作业过程如图5.48所示。

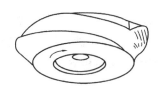

图 5.47 搓圆成型盘

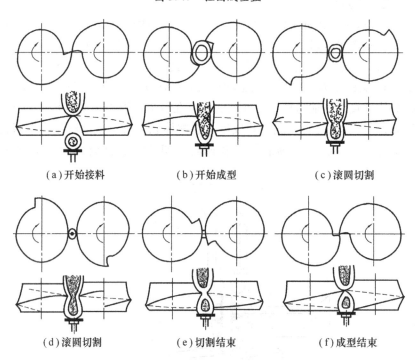

(a)开始接料   (b)开始成型   (c)滚圆切割

(d)滚圆切割   (e)切割结束   (f)成型结束

图 5.48 成型盘作业过程示意图

3)汤圆成型机的使用与维护

（1）使用

①开启设备进行空运行，观察各部分运转是否正常，运转方向是否正确，点动主电动机开关，两个成型盘应逆时针方向旋转。

②根据所需生产的汤圆的大小，调整成型盘和托盘的位置。

③将馅料投入进馅料斗内，开启输馅机构，经输馅管至旋转嘴出口处有馅挤出时，即关停输馅机构。

④将面料放入输面料斗内，开启输面电动机，同时开启主传动电动机，使双绞龙能连续均匀地将面输出，经混合嘴至旋转嘴处。调整输面电动机的快慢，以达到所需要的质量。

⑤然后开启输馅机构，即形成输馅面柱。开启主传动电动机，将含馅面柱经成型盘挤切成汤圆，经输送机构送走。

⑥工作时应开动冷却水泵对设备冷却。

（2）维护

①每班定期检查各运动部件和润滑状况，并随时加足机油或黄油，否则会严重影响机械使用寿命。

②每班使用后,应及时彻底清洗与馅、面接触的零部件。

③拆洗上述各部件时,不能用铁榔头等金属物直接砸打,只能用木榔头或木块轻轻敲击。

④每班生产前应对托盘轴的滑动轴承加一次机油进行润滑。各部分齿轮、链轮等每星期加黄油一次,各部分轴承每半年拆洗加黄油一次。

4)常见故障分析及排除

(1)汤圆明显变大或变小

应注意观察馅、面料斗内的输馅、输面是否均匀,馅或面是否有悬空现象,可用干净木板拨动面、馅到合适位置处,并适当按压。

(2)汤圆外形易坍塌,不美观

捏和机制得的面料太软,应适当硬一些。

(3)运动部件出现异常噪声

缺润滑油;螺栓松动造成部件位移;严重磨损;支座支撑用力不匀。

(4)制作汤圆的顶部易掉面渣

捏和机制得的面料太硬,面团应适当软一些。

(5)发现汤圆外形变化

汤圆外形变得较扁时,需适当调低托盘的位置,如汤圆外形较长时,则应该适当调高托盘的位置,同时拨拍也要作适当的调整。

本章小结)))

本章对焙烤食品加工、方便面加工和成型机械与设备进行了重点介绍。

调粉机也被称为和面机,主要用来调制各种性质不同的面团。打蛋机是用来搅打各种蛋白液的,其转速比调粉机高。常用的烤炉主要有箱式炉和隧道炉两大类。

方便面加工机械与设备主要包括压面机、切条折花成型机、蒸面机、定量切块装置及热风干燥机等。压面机也称辊压机、压延机,该机利用一对或多对相对旋转的辊对面团进行辊压操作。切条、折花、成型机是将面坯经过连续地压延后进行折花、按一定长度切断的机械。蒸面机就是使面条在一定温度和时间内使生面条中的淀粉糊化,蛋白质产生热变性的机械。定量切块机是方便面生产线上所特有的多功能工序机械设备,由面条输送网带、切断刀、折叠板、托辊等部分组成。生产非油炸方便面的干燥设备常采用热风干燥机。

成型机械与设备主要包括饼干成型机、饺子成型机和汤圆成型机等。饼干成型机械主要包括冲印成型机械、辊印成型机械和辊切成型机械。本章主要介绍了共挤式(灌肠式)成型机,主要由传动机构、输馅机构、输面机构、辊切成型机构等辅助机构组成。输面形式为螺旋输送,输馅机构的形式有齿轮泵、滑片泵等。汤圆成型机主要采用共挤式包馅和回转成型盘式搓圆。

复习思考题)))

1.焙烤食品加工的设备有哪些?

2.简述卧式调粉机的操作与维护方法。

3. 立式打蛋机的搅拌浆主要有哪些形式？各使用在何种场合？

4. 远红外加热的原理是什么？加热元件有哪几类？

5. 如何操作箱式烤炉？

6. 方便面加工的设备有哪些？

7. 压面机主要有哪几类？它们主要有什么区别？

8. 试述蒸面机的常见故障及排除方法。

9. 试述方便面带式包装机的结构。

10. 饺子成型机的成型原理是什么？试述其结构、操作与维护方法。

11. 汤圆成型机的成型原理是什么？分析其结构组成。

第6章 食品机械基础

内容描述

本章主要介绍食品机械的基础知识,包括食品机械常用材料知识以及简单介绍了常用机械零件和传动知识。

学习目标

- 了解食品机械材料性能的要求。
- 了解食品机械材料的耐腐蚀抗磨表面处理。
- 了解螺纹的主要参数和类型,螺纹联接、键联接、带传动和链传动的基本类型。

能力目标

- 掌握食品机械常用材料的性能、特点和适用范围。
- 掌握轴联接的类型、材料及结构。
- 掌握滚动轴承的构造、类型、使用及维护。
- 掌握链传动和带传动的类型及应用范围。

6.1 食品机械常用材料与腐蚀保护

6.1.1 食品机械用材料对材料性能的要求

在食品机械中,广泛使用金属和合金等材料,同时还利用木材、石材、金刚砂、陶瓷、搪瓷、玻璃、纺织品以及各种各样的有机合成材料。设备中与食物介质相接触的部分,一般要求对食品无害,不污染食品;不受或少受接触介质的破坏。以下从4方面介绍材料的性能。

1)机械性能

由于食品机械设备一般属于轻型机械设备,大多数零部件受力较小。但轻型机械设备

要求尽量降低整机质量和体积,零部件的尺寸要尽量小,因此,对材料的机械性能要求除了强度、刚度和硬度以外,还有一些其他的要求。例如,在食品机械设备中处理大批量成件物品的机会较多,因此常遇到高速往复运动的构件,就要从疲劳强度来要求机件的性能。

食品机械设备中的一些零部件上通常要和大量的物料相接触,而接触时,物料的不同会对零部件有不同的损伤。例如,锤片与坚硬物料的高速度撞击,会造成强烈的磨损,因此,锤片对材料的耐磨性能要求很高;食品挤压机螺杆和套筒与物料相对运动的速度虽然不高,但工作压力高而且工作温度很高,因此,此类机械不仅要求较高的抗扭强度,而且还要有很高的耐磨强度和较高的抗蠕变的能力。

有的食品机械设备在高温下工作或是在低温下工作,这就必须考虑机械设备的材料在高温和低温下的机械性能是否符合生产的需要。

2)物理性能

材料的物理性能包括材料的相对密度、比热容、导热系数、软化温度、热膨胀性、热辐射波谱、磁性表面摩擦特性、抗黏着性等。食品机械设备性能常与材料的物理性能有关。例如,在不同的使用场合,要求材料有不同的物理性质,换热装置要求有较高的导热系数,保温材料则要求材料导热系数低,食品的成型装置要求有好的抗黏着性,以方便脱模。

3)耐腐蚀性能

食品机械设备接触的食品物料一般带有酸性或弱碱性,有些本身就是酸类或碱类,如醋酸、柠檬酸、乳酸、脂肪酸、纯碱、小苏打等,这些物料会腐蚀许多金属材料。有些物料本身虽然没有腐蚀性,但是在微生物繁殖时会产生带有腐蚀性的代谢物。

食品机械设备所用材料选择不当而遭受腐蚀,不仅容易造成机器本身的破坏,更重要的是会造成食品污染。有些金属离子溶进食品中,有损于人体健康和食品风味,或者破坏食品的营养。因此设计食品机械设备时,材料的耐腐蚀性对选择结构材料常起着决定作用。

机械设备的耐腐蚀程度取决于材料的化学性质和表面状态以及受力状态,物料介质的种类、浓度和温度等参数。食品机械材料的机械物理性能和化学性能有时会发生矛盾,很难做到十全十美,因此,可通过复合材料或表面涂层的方法来加以解决,以充分发挥不同材料的优点。

4)制造工艺性能

材料的制造工艺性能非常重要,否则设计出来的零件有时难以加工,有时甚至无法加工。例如,焊接件的材料要有好的可焊性和切削性能,表面要求硬度高的零件要有好的热处理性能,表面要求涂装的零件要有好的附着性能,需要切削的材料要有好的切削加工性能。

6.1.2 食品机械常用材料

1)金属材料及合金材料

(1)碳钢和铸铁材料

普通碳钢和铸铁耐腐蚀性都不好,容易生锈,不宜直接接触有腐蚀性的介质。但由于钢铁材料在耐磨、耐疲劳、耐冲击力等方面有其独特的优越性,因此,在食品机械与设备中大量应用,特别是在制粉、制面、膨化等机械中大量使用钢铁材料。钢铁材料主要用在机座、压轴以及要求耐振动、耐磨损的结构件上。球墨铸铁则用于综合性能要求较高的结构件上。此外,钢铁材料可通过表面处理的方法提高其耐腐蚀性。铁质本身对人体无害,但遇单宁等物质,会使食品变色,铁锈剥落于食品中会对人体造成损伤。

钢铁如作为与食品直接接触的构件,通常需要采用表面涂层,如镀锌的白铁皮、镀锡的马口铁。食品工业可用涂搪瓷的钢铁容器。搪瓷的原料有长石、石英砂、硼砂、碱、萤石以及其他成分。搪瓷对有机酸和无机酸都耐腐蚀,并且表面光滑,但搪瓷的致命缺点是在碰撞压力或温度的作用下,釉可能碎裂,有可能造成严重后果,因此,现在代替搪瓷材料的有各种无毒树脂涂料,其涂层耐腐蚀而不会产生碎片。

(2)有色金属

食品机械中主要的有色金属材料是铝合金、铜合金等。

铝合金具有耐腐蚀性和良好的导热性能、低温性能、加工性能以及密度小等优点。但有机酸等腐蚀性物质在一定条件下可造成对铝及合金的腐蚀。食品机械中铝及铝合金的腐蚀,一方面影响机械的使用寿命,另一方面因腐蚀物进入食品而有损人们的健康。

纯铜又称紫铜,具有热导率高的特点,是良好的导热材料,常被用于制造换热器等。其加工性能好,对许多食品介质具有高的耐腐蚀性能,能抗大气和淡水腐蚀,对中性溶液及流速不大的海水都具有抗腐蚀性能。对于一系列的有机化合物,如醋酸、柠檬酸、草酸和甲醇、乙醇等醇类,紫铜都有好的抗蚀稳定性。

但铜对于一些食物成分(如维生素 C)有直接的破坏作用。另外铜与某些产品(如乳制品)直接接触会产生异味。因此,铜一般用于不直接接触食品物料的机械与设备。

(3)不锈钢

不锈钢也称不锈耐酸钢,是指在空气中或化学腐蚀介质中能够抵抗腐蚀的合金钢。不锈钢的基本成分为 Fe-Cr 合金和 Fe-Cr-Ni 合金,另外,还可添加其他合金元素,如锆、钛、锰、铌、钼、钨等。由于合金的成分不同,耐腐蚀性与耐高温性能也有所不同,Fe-Cr 是不锈钢中最基本的成分,当钢中的铬含量超过12%时,就可抵抗介质中的腐蚀,但铬的含量一般不超过28%。

不锈钢具有耐腐蚀、不生锈、不变色和所附着食品容易去除以及良好的高、低温机械性能等优点,在食品机械中广泛应用于泵、阀、管、罐、锅、热交换器、真空容器等器具。不锈钢的耐腐蚀能力随其化学组成、加工状态、使用条件和环境介质类型而改变。

2)非金属材料

使用于食品机械设备上的非金属材料主要是塑料。常用的塑料有聚乙烯、聚丙烯、聚苯乙烯、聚四氟乙烯塑料,以及含粉状和纤维填料的苯醛塑料、压层塑料、环氧树脂、聚酰胺、各种规格的泡沫塑料、聚碳酸酯塑料、氯化聚醚有机玻璃等。此外,还使用各种天然和合成的橡胶。这些材料有许多优越的性能是不锈钢和其他金属所不具备的。其优点是:具有良好的化学稳定性和机械性能;相对密度比金属小得多;热熔性好;电阻极大;光学特性好,有些有一定透明度,表面光泽,并可加入各种色彩;吸振消音;加工性能好。

在食品机械上选用塑料和聚合物材料,应根据食品介质卫生检疫的要求和国家卫生检疫机关的有关规定,允许使用的材料才能选用。一般的,凡直接与食物接触的聚合物材料

应该确保对人体绝对无毒无害,不能给食品带来不良气味,不能影响食品的味感,不能在食品介质中熔化或膨胀,更不能与食品产生化学反应。因而食品机械中不宜使用含水或含硬质单体的低分子聚合物,因为这类聚合物往往都有毒性。某些塑料在老化或高温下工作时,能够分解为可溶性单体扩散到食品内,使食品变质。

此外,木材曾经是食品机械中广泛使用的材料,它耐酸、加工性能好、轻便等,既可制造容器,也可作为各种机械的支撑结构。至今在西方酿酒业中仍作为贮酒容器(橡木桶)。但由于木、竹制品不易清洗消毒,而且硬度低,在很多场合已被不锈钢代替。

6.1.3 机械材料的耐腐蚀抗磨表面处理

1)食品中的腐蚀性物质

食品通常是酸性、中性或弱碱性,食品中的有机酸具有与强酸强碱不同的腐蚀特性,在特殊的环境中具有独特的腐蚀作用。

食品中的腐蚀性物质有醋酸、柠檬酸、苹果酸等低级脂肪酸,以及酒石酸、琥珀酸、乳酸、酪酸;食盐、无机盐类;部分食品添加剂;在制造过程中使用的腐蚀性物质。这些腐蚀性物质与食品加工机械零部件相互接触时,会造成零部件材料的腐蚀,并造成金属离子溶入食品中,可能会损害人的健康或破坏食品的风味。在腐蚀环境中,机械还会发生摩擦腐蚀。

2)机械材料表面处理

对于腐蚀的防护,通常对材料进行耐腐蚀抗磨的表面处理,即对金属或非金属的食品加工零部件进行喷涂和涂装以及电镀和刷镀等表面处理。

(1)喷涂、涂装、电镀、刷镀

喷涂主要指热喷涂,它将金属、塑料或陶瓷等粉末通过火焰,以半熔融状态被吸附到工件表面,形成具有耐腐蚀、耐磨等特性的涂层。食品机械大量地采用不锈钢,成本较高,故以一部分涂层材料代替。涂装是在金属表面用手工或简单器械涂上涂料,使之干燥硬化,形成连续的涂层与外界隔绝,以达到防腐蚀、装饰的目的。电镀和刷镀在食品机械的应用相对较少,但有发展的趋势。电镀和刷镀原理相似,只有在工艺和应用对象上有区别,电镀以制造为主,刷镀一般用来修复工件。

(2)对镀层的要求

①镀层的材料不能有毒,不能传给食品异味或影响食品的风味。

②为避免锈蚀和镀层的脱落,镀层不应具有多孔性。

③镀层应有较高的机械特性,并与基体牢固地结合。

④必须达到均匀的晶粒镀层和要求的镀层厚度。

⑤镀层应对食品介质、洗涤剂成分和大气的影响具有较高的化学稳定性以及良好的装饰和保护特性。

6.2 常用机械零件

6.2.1 螺纹及联接

1)概述

螺纹联接是利用带有螺纹的零件组成的一种可拆联接(拆开联接时,不需损坏任何一个零件)。它结构简单、装拆方便、联接可靠,加之螺纹联接件均已标准化,故应用非常广泛。

(1)螺纹及其主要参数

在内、外圆柱面上,按螺旋线运动的方式加工出一定形状的沟槽即形成了内、外螺纹。在螺纹上按螺旋线的数目,可将螺纹分为单线(见图6.1(a))、双线(见图6.1(b))、三线(见图6.1(c))及多线螺纹。

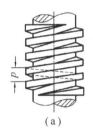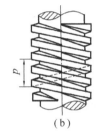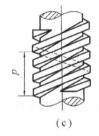

(a)   (b)   (c)

图 6.1 螺纹的线数

按螺旋线的绕行方向可分为右旋(见图6.1(a))和左旋(见图6.1(b))螺纹。机械设备中一般采用右旋螺纹,有特殊要求的地方才采用左旋螺纹。旋向的判别方法如图6.2所示。

如图6.3所示,螺纹的主要参数有:大径 d 是国家标准规定的螺纹的公称直径(管螺纹除外),小径 d_1,中径 d_2(在轴向剖面内,牙厚等于牙间宽的圆柱直径),螺距 p(相邻两牙在中径线上对应两点间的轴向距离),导程 P_h(同一螺旋线上相邻两牙在中径线上对应两点间的轴向距离,$P_h = np$),螺纹升角 λ(圆柱面上螺旋线的切线与垂直于螺纹轴线平面间的夹角,称为升角。大径、中径、小径各圆柱面上的螺旋线升角都不相等,螺纹升角通常指的是中径上的升角),牙型角 α(在轴向剖面内,螺纹牙两侧边的夹角)。

(2)螺纹的类型、特点及应用

根据螺纹轴向剖面内牙齿的形状,可将螺纹分为普通螺纹(见图6.4(a))、管螺纹(见图6.4(b))、矩形螺纹(见图6.4(c))、梯形螺纹(见图6.4(d))及锯齿形螺纹(见图6.4(e))等。除矩形螺纹外,其余的螺纹均已标准化。除管螺纹常用英制外,其余螺纹均采用公制。

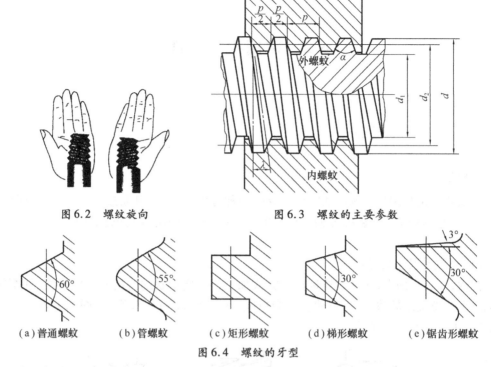

图 6.2　螺纹旋向　　　　　　图 6.3　螺纹的主要参数

（a）普通螺蚊　（b）管螺蚊　（c）矩形螺蚊　（d）梯形螺蚊　（e）锯齿形螺蚊

图 6.4　螺纹的牙型

普通螺纹又称三角螺纹,牙型角 $\alpha = 60°$,有粗牙和细牙螺纹之分,使用有区别,一般性联接中常使用粗牙螺纹。管螺纹的牙型角 $\alpha = 55°$,内外螺纹旋合后无径向间隙,主要用于管件联接。矩形螺纹、梯形螺纹和锯齿形螺纹,主要用于传递运动。

2）螺纹联接的基本类型与螺纹联接件

（1）螺纹联接的基本类型

①螺栓联接。螺栓联接是利用螺栓穿过被联接件的孔并旋上螺母,将被联接件联接在一起的联接方式。这种联接构造简单、装拆方便,广泛用于被联接件不太厚的场合。螺栓联接可从被联接件的两边装配,有普通螺栓联接(见图 6.5(a))和铰制孔用螺栓联接(见图 6.5(b))两种,前者应用较为普遍,后者主要用于被联接件需要精确定位的场合。

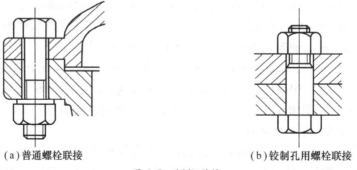

（a）普通螺栓联接　　　　　　（b）铰制孔用螺栓联接

图 6.5　螺栓联接

②双头螺柱联接。双头螺柱的两端均有螺纹,联接时,一端拧入带有螺纹的被联接件的盲孔中,另一端穿过另一被联接件的通孔,并用螺母拧紧,从而将被联接件联接在一起,如图 6.6(a)所示。拆卸时只需拧下螺母,螺栓仍留在孔中,故螺纹孔不易损坏,多用于经

常拆装或结构上不能用螺栓联接的场合。

③螺钉联接。螺钉联接是将螺钉穿过一被联接件的通孔,而直接拧入另一被联接件的螺纹孔中,从而将被联接件联接在一起,如图6.6(b)所示。它的特点是不用螺母,联接结构最为简单,但不宜用于经常拆装的场合,否则会损坏被联接件上的螺纹孔。

④紧定螺钉联接。紧定螺钉联接是将螺钉拧入被联接件之一的螺纹孔中,并以其末端顶住另一被联接件的表面或顶入凹坑中,如图6.6(c)所示。主要用于固定两零件的相对位置,并传递不太大的力或转矩。

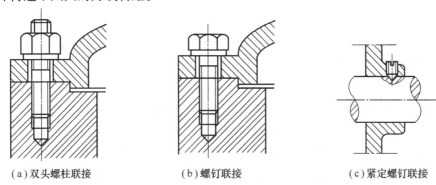

(a)双头螺柱联接　　　　(b)螺钉联接　　　　(c)紧定螺钉联接

图6.6　双头螺柱联接、螺钉联接和紧定螺钉联接

(2)螺纹联接件

螺纹联接件主要有螺栓、双头螺柱、螺钉、螺母、垫圈等,它们都是标准件。国家标准规定其公称尺寸均为螺纹大径d,其形状和尺寸可从有关标准中查出。

螺栓和螺钉的头部结构主要有六角头、方头、内六角圆柱头、开槽沉头(有一字槽、十字槽),如图6.7所示。

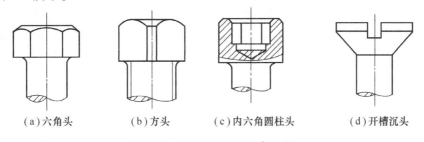

(a)六角头　　　(b)方头　　　(c)内六角圆柱头　　　(d)开槽沉头

图6.7　螺栓和螺钉的头部结构

螺母的结构主要有六角螺母、圆螺母、蝶形螺母及开槽螺母,如图6.8所示。垫圈主要有平垫圈和弹簧垫圈,如图6.9所示。

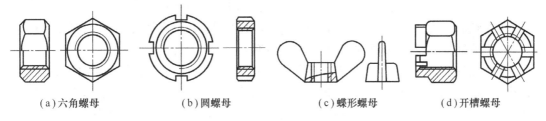

(a)六角螺母　　　(b)圆螺母　　　(c)蝶形螺母　　　(d)开槽螺母

图6.8　螺母的结构

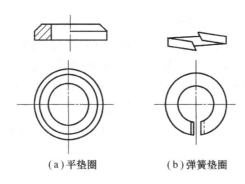

(a)平垫圈　　　　　　　(b)弹簧垫圈

图 6.9　垫圈

3)螺纹联接的预紧、防松与拆卸

（1）预紧

螺纹联接在装配过程中,一般都要将螺母拧紧,称为预紧。其目的是保证联接的可靠性和紧密性,以防受载后被联接件间出现缝隙或发生相对滑移。螺栓在受工作载荷前已受到由拧紧螺母而产生的力的作用,这种力称为预紧力。对一般的联接,用扳手凭感觉直接拧紧即可。对重要的联接就要控制预紧力,这时可用测力矩扳手和定力矩扳手拧紧,通过控制拧紧力矩,以达到控制预紧力大小的目的。

（2）防松

用于联接的螺纹多为普通螺纹,均有自锁的特性。因此拧紧螺母后,一般不会自行松退。但在受冲击、振动、变载荷作用或在工作温度变化较大的情况下,螺纹联接会出现自行逐渐松脱的现象。因此,在螺纹联接中要采取必要的防松措施,对重要的联接,防松显得更为重要。

防松的方法很多,但其实质都是阻止螺纹之间的相对转动。按其阻止相对转动的方式可分为摩擦力防松(用摩擦力阻止螺纹之间的相对转动)、机械防松(用止动零件来阻止其相对转动)和不可拆防松(利用粘、焊、铆和冲点等方法破坏螺旋副,使其不能相对转动)。摩擦力防松在载荷变动较大时,不十分可靠;机械防松最为可靠,在重要场合应用较普遍;不可拆防松只用于联接后不再拆卸的场合。

（3）拆卸

螺纹联接为可拆联接,对维护良好的螺纹联接,在拆卸时并不困难。但若维护不好,如螺纹联接件的外形受损、生锈腐蚀严重或者螺栓折断,则会使得拆卸十分困难。这时就应采取一定的措施。

①联接件形状完好,但已锈蚀。在锈蚀不太严重时,可将螺栓头或螺母沾浸煤油,使煤油浸入螺纹联接的缝隙中,既可使锈蚀松软,又可起润滑作用。在锈蚀严重时,可用手锤敲击螺栓头或螺母,使联接处受到振动,并配合浸润煤油进行拆卸。

②联接件形状已破坏。当螺栓头已断裂,而螺纹仍有一部分留在螺纹孔外边,可在顶部锯出一槽口,用螺丝刀旋动;也可把螺杆两侧锉平,用扳手转动;或者在顶部焊上一杆件或螺栓,以便于转动。当螺栓断在孔内时,可用比螺纹内径略小的钻头,把螺栓钻透,再用丝锥将残留部分攻去。当断在孔中的螺栓直径较大时,可在螺杆中心钻一个孔,在孔中插入取钉器将其旋出来。

6.2.2 键联接

键联接主要用于联接轴与轴上的齿轮、带轮、联轴器等机械零件,作周向固定并传递转矩与运动。键联接结构简单、工作可靠、装拆方便,应用广泛。

键联接按其结构形式的不同,主要有平键(包括普通平键、导向平键、滑键)联接、半圆键联接、楔键(包括普通楔键和钩头楔键)联接和切向键联接 4 种。下面仅就普通平键联接、半圆键联接、楔键联接及切向键联接作一介绍。

1) 普通平键联接

根据键的端部形状不同,普通平键可分为圆头(A 型)、方头(B 型)和半圆头(C 型)3 种,如图 6.10 所示。圆头平键应用较多,半圆头平键主要用于轴的端部。普通平键联接的结构如图 6.11(a)所示。工作时,靠两侧面的挤压作用来传递转矩,底面与轴上键槽底部接触,上表面与传动件轮毂之间有间隙。这种联接只能作周向固定,不能承受轴向力。普通平键定心好,应用最广。

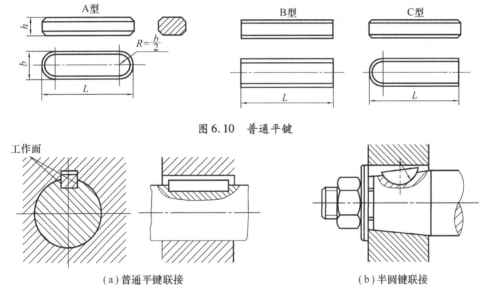

图 6.10 普通平键

图 6.11 普通平键与半圆键联接

(a)普通平键联接　　(b)半圆键联接

2) 半圆键联接

半圆键联接也是靠键的侧面来传递转矩,键呈半圆形,可在轴上相应的半圆形键槽内摆动,以适应轮毂槽底部的倾斜,如图 6.11(b)所示。

3) 楔键联接

楔键联接根据楔键结构的不同,有普通楔键联接(见图 6.12(a))和钩头楔键联接(见图 6.12(b))两种。楔键的上下表面是工作面,键的上表面与轮毂的键槽底面均制成1:100 的斜度。

装配时将键楔紧,使键的上下两工作面分别与轮毂、轴的键槽工作面压紧,靠工作面的摩擦力传递转矩,键与键槽的侧面互不接触。

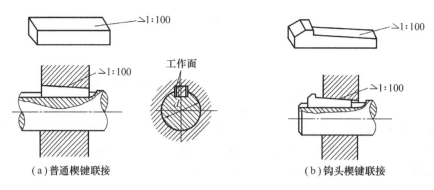

（a）普通楔键联接   （b）钩头楔键联接

图 6.12　楔键联接

楔键联接既可实现轴上零件的周向固定,又可实现零件的轴向固定。由于楔紧时会使轴上零件与轴的中心产生偏心与偏斜,故对中性较差。一般用于转速较低,对中性要求不高的场合。钩头楔键的钩头供拆卸用,用于不能从另一端将键打出的场合。在轴端使用楔键时,要注意加装防护罩,以防楔键随轴转动时因松动而被甩出伤人。

4）切向键联接

切向键联接的结构如图 6.13 所示。切向键由两个斜度为 1∶100 的楔键组成。装配后,两键的斜面互相贴合,共同楔紧在轴和轮毂之间。切向键的上下两平行面为工作面,工作时靠工作面的挤压来传递运动和转矩。一对切向键只能传递一个方向的转矩(见图 6.13(a)),当要求传递双向转矩时,则应装两对互成 120°～130° 的切向键(见图 6.13(b))。

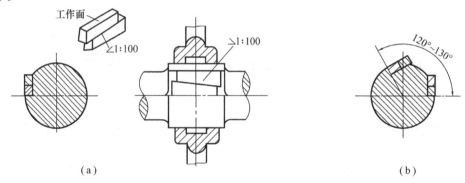

（a）   （b）

图 6.13　切向键联接

切向键联接能传递较大的转矩,但键槽对轴的强度削弱较大,对中性也较差。故切向键联接一般用于载荷很大,对中性要求不严的重型机械中。

6.2.3　轴

轴是组成机器的重要零件之一,它用来支承作旋转运动的零件,如齿轮、带轮、联轴器等,使其旋转并传递运动和动力。

1）轴的类型

轴的类型很多,按轴线形状不同可分为直轴(见图 6.14)、曲轴(见图 6.15)和挠性钢丝轴(见图6.16)。曲轴主要用于旋转运动和直线往复运动相互转换的机械中,如内燃机等。挠性钢丝轴是由几层紧贴在一起的钢丝层构成的,可以把转矩和旋转运动灵活地传到任何位置。当受空间结构的限制,轴必须经转弯才能传递运动时,挠性钢丝轴就成了不可缺少的零件。在一般机械中广泛应用的是直轴。

直轴的截面多为圆形,并制成由两端向中间逐渐增大的阶梯形(称阶梯轴,见图6.14(b)),以使各段轴强度接近,且使轴上零件定位可靠,装拆方便。对于轴上零件很少时,为便于加工,简化结构,多制成等直径的轴(称光轴,见图6.14(a))。对于需要减轻轴的质量或需要在轴中安装其他零件的场合,就制成空心轴(见图6.14(c))。

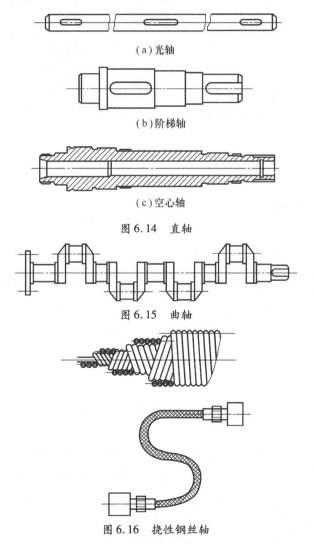

(a)光轴

(b)阶梯轴

(c)空心轴

图6.14　直轴

图6.15　曲轴

图6.16　挠性钢丝轴

2)轴的结构

轴的结构主要与轴在机器中的安装位置和要求、轴上零件的布置和固定形式、轴的受力情况、所采用的轴承类型和尺寸、轴的加工和装配方式等因素有关,如图6.17所示。轴的结构应满足下列要求:轴上零件要便于定位、且定位要准确牢靠,轴要便于加工,轴上零件要易于装拆和调整等。

（1）轴的组成部分

按各轴段用途不同,可将轴段分成轴头、轴颈与轴身 3 部分。支承齿轮、带轮、联轴器等传动件,并与这些零件保持一定配合的轴段称为轴头,与轴承配合的轴段称为轴颈,联接轴头与轴颈的轴段称为轴身,如图 6.17(a)所示。

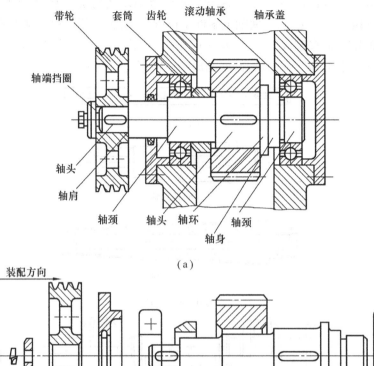

（a）

（b）

图 6.17　装配方式与轴的结构

（2）轴的径向尺寸与轴向尺寸

轴的各段直径是根据轴上所承受的载荷,并考虑轴上零件的安装和定位的要求,按中间粗两头细的原则来确定的。轴各段的长度是根据轴上零件的轴向长度(如轮毂长度、轴承宽度等),各零件之间的相互位置关系来确定。

此外,轴各段直径的具体尺寸要符合下列要求:

①与轴上零件相配合的直径,应采用国家标准规定的标准直径。

②与滚动轴承配合的直径,必须符合滚动轴承的内径系列。

③安装联轴器的轴径应与联轴器的孔径范围相适应。

④轴上的螺纹直径应符合外螺纹大径的标准系列。

⑤非配合直径,可用非标准值,但最好取整数。

⑥仅为了装配方便或区分不同加工表面时,其相邻轴段的轴径差应尽量小些。

轴各段的长度要符合下列要求：

①与滚动轴承内圈相配合的轴段不能过长，否则不利于装拆。

②与零件轮毂相配合的轴段的长度应比轮毂长度短 2～3 mm，以保证零件的轴向定位可靠。

③装有紧固件（如螺母、挡圈等）的轴段，其长度应保证紧固件有一定的调整间隙。

④轴上转动零件与固定件（如箱体等）之间应留有适当间隙，以免相碰。

（3）轴上零件的轴向定位与周向定位

轴上的每个零件都要有确定的工作位置。通过轴向定位，可使零件在轴上有确定、可靠的轴向位置，以防工作时零件沿轴向窜动。通过周向定位，主要是阻止零件相对于轴转动。

轴向定位的方法如下：

①轴肩和轴环定位。阶梯轴上截面的变化处称轴肩，因定位需要而设置的轴向尺寸很小的轴段称轴环（见图6.17）。轴肩和轴环定位，结构简单，应用最普遍。安装滚动轴承的轴肩高度要小于轴承内圈的高度，否则轴承无法拆卸。非定位轴肩的高度一般取 1～2 mm。

②轴套定位。利用轴套可同时解决两个间隔距离不大的零件的轴向定位，如图6.18（a）所示；这种定位方法能承受较大的轴向力，且定位可靠，结构较简单，装拆方便。

③轴端挡圈与圆锥面定位。这种定位方法一般适用于轴端零件的定位，如图6.18（b）所示。

④圆螺母定位。细牙的双圆螺母（见图6.18（c））或圆螺母加上止动垫圈（见图6.18（d））的定位方式，常用于零件之间距离较大，且轴上允许切制螺纹的轴段。

⑤弹性挡圈、紧定螺钉与锁紧挡圈定位。弹性挡圈、紧定螺钉、锁紧挡圈一般用于轴向力较小的场合，如图6.19所示。

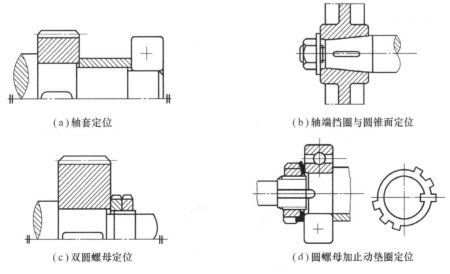

（a）轴套定位　　　　　　　　　　　（b）轴端挡圈与圆锥面定位

（c）双圆螺母定位　　　　　　　　　　（d）圆螺母加止动垫圈定位

图6.18　轴套、轴端挡圈与圆锥面、圆螺母定位方式

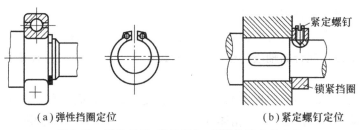

（a）弹性挡圈定位　　　　　　　　　　（b）紧定螺钉定位

图 6.19　弹性挡圈、紧定螺钉、锁紧挡圈定位方式

轴上零件的周向定位方法有键联接、花键联接、过盈配合、销联接等。其中,键联接应用最为普遍。

6.2.4　滚动轴承

轴承是支承轴的零件。根据轴承工作时摩擦的性质,可分为滑动轴承(轴承相对运动表面为滑动摩擦)和滚动轴承(轴承相对运动表面为滚动摩擦)。根据能承受的工作载荷的方向,可分为向心轴承(可承受径向力)、推力轴承(可承受轴向力)和向心推力轴承(可同时承受径向力和轴向力)。

滚动轴承是标准化、系列化产品,因易于购买、互换性好,在无特殊要求的情况下,广泛应用于各种机械中。

1)滚动轴承的构造

滚动轴承主要由外圈1、内圈2、滚动体3及保持架4组成,如图6.20所示。工作时,与轴承座孔相配合的外圈1,通常固定不动;与轴颈相配合的内圈2,通常随轴颈一起转动。滚动体3在内圈、外圈的滚道上滚动。保持架4将滚动体相互隔开,避免了滚动体的直接接触,并使滚动体均匀分布在滚道上。

2)滚动轴承的类型

滚动轴承分类的方法很多。按滚动轴承公称接触角(滚动体与套圈接触处的法线与轴承径向平面之间的夹角 α 称为公称接触角)的不同,可分为径向接触轴承($\alpha = 0°$,能承受径向力)、轴向接触轴承($\alpha = 90°$,能承受轴向力)和角接触轴承($0° < \alpha < 90°$,能同时承受径向力和轴向力),如图6.21所示。按滚动体的形状可分为球轴承和滚子轴承(包括短圆柱滚子、圆锥滚子、球面滚子和滚针等),如图6.22所示。按滚动体的列数还可分为单列、双列轴承等。

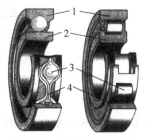

图 6.20　滚动轴承的结构

1—外圈;2—内圈;3—滚动体;4—保持架

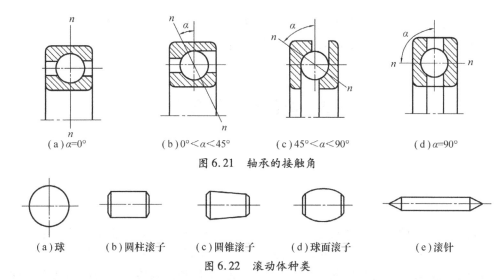

（a）α=0°　（b）0°<α<45°　（c）45°<α<90°　（d）α=90°

图 6.21　轴承的接触角

（a）球　（b）圆柱滚子　（c）圆锥滚子　（d）球面滚子　（e）滚针

图 6.22　滚动体种类

按照国家标准对轴承的承载方向、结构特点等规定,将滚动轴承主要分为 8 种基本类型。其中,深沟球轴承(主要能承受径向力,也可同时承受较小的轴向力)、圆柱滚子轴承(只能承受径向力)、角接触球轴承和圆锥滚子轴承(能同时承受径向力和轴向力)、推力球轴承(只能承受轴向力)最为常用。

3）滚动轴承的使用与维护

选用滚动轴承时,通常根据工作要求和轴承特点先选择轴承类型,再根据轴的直径和其他结构尺寸来确定轴承的尺寸,必要时还要进行轴承寿命的校核计算。

（1）轴承类型的选择

选择轴承的类型时,要根据不同的工作条件,结合轴承的结构与特点,并参考以下原则来进行：

①工作载荷的大小、方向和性质。轴承所受工作载荷的大小、方向和性质是选择轴承类型的主要依据。若只受径向力时,一般可选用向心轴承;只受轴向力时,可选用推力轴承。当受轴向力和径向力的联合作用时,一般选用角接触轴承;但当轴向力很小时,多用深沟球轴承;若径向力很小时,还可用推力轴承和向心轴承的组合结构。当工作载荷较大或受冲击载荷时,宜用滚子轴承。

②转速。轴承工作转速较高时,宜选用球轴承;转速较低时,可选用滚子轴承。

③调心性能。当两轴承座孔加工或安装误差较大、或者轴的刚性较差时,为防止轴承内外圈因倾斜角度较大而造成局部磨损,应选用调心轴承。

④经济性。普通结构的轴承比特殊结构的轴承价廉,球轴承比滚子轴承价廉,调心滚子轴承价格最贵,低精度的轴承比高精度的轴承价廉。在满足使用要求的前提下,尽量选用价格低廉的轴承。

（2）使用与维护

①要保证滚动轴承有良好的润滑条件,要使润滑剂清洁、充足,不可在无润滑剂的状态下工作。

②若发现运转不平稳时,要检查轴承间隙是否因磨损变大,并及时调整间隙。

③轴承磨损严重时,要及时更换相同代号的轴承。

④对重要机械设备或机器不便检修之处的轴承,要定期(如中修、大修等)更换相同代号的轴承,以防突然发现轴承损坏,因修理时间太长影响正常的生产工作。

6.3 带传动与链传动

6.3.1 带传动

带传动一般由固连于主动轴、从动轴上的主动带轮、从动带轮和张紧在两轮上的挠性带所组成。当驱动力矩使主动轮转动时,依靠带和带轮间的摩擦力作用,拖动从动轮一起转动,由此传递运动和动力,如图 6.23 所示。因此,带传动是以传动带为中间挠性元件的摩擦传动。

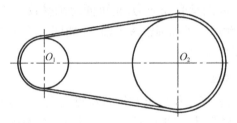

图 6.23 带传动的组成

按照传动带的横截面形状的不同,可分为平带、三角带(V 带)、圆带、多楔带、同步带等多种类型。目前,V 带在各行业运用最广泛,以下重点讨论的是 V 带。

带传动的主要优点是:适用于中心距较大的传动;因为传动带有良好的弹性,故能缓和冲击,吸收振动;过载时,带和带轮间会出现打滑,可防止机器中其他零件损坏,起到过载保护作用;结构简单,制造、安装精度低,成本低廉。

带传动的主要缺点是:传动的外廓尺寸较大;带和带轮间需要较大的压力,因此对轴的压力较大,并且需要张紧装置;不能保证准确的传动比;带的寿命较短;传动效率较低。

通常带传动用于传递中、小功率场合。在多级传动系统中,常用于高速级。由于传动带与带轮间可能产生摩擦放电现象,因此带传动不宜用于易燃易爆等危险场合。应用最广的 V 带适宜的带速 $v = 5 \sim 25$ m/s,因为当功率一定时,带速越低,带所受的拉力越大,所以提高带速可有效地提高带传动的工作能力。但带速过高时,带在单位时间的绕转次数增多,使带的寿命下降。另外带速过高会使带的离心力增大,带与带轮间的压力减小,导致带传动的工作能力下降。带传动的传动比 $i \leq 7$,传动效率 $\eta \approx 0.94 \sim 0.97$。

目前,平带的应用已大为减小。尽管如此,在高速情况下,为减小带的离心力,使传动平稳可靠且具有一定的寿命,仍多采用薄而轻的环形平带。

1)带及带轮

(1)V 带的类型

V 带分为普通 V 带、窄 V 带及大楔角 V 带等多种类型。其中,普通 V 带应用较广。下面主要介绍普通 V 带。

V 带由包布、伸张层、强力层及压缩层 4 部分组成,如图 6.24 所示。包布是 V 带的保护层,由胶帆布制成。伸张层和压缩层由橡胶制成,分别承受带弯曲时的拉伸和压缩。强力层(抗拉体)是承受拉力的主体,有绳芯和帘布芯两种结构。绳芯 V 带结构柔软,抗弯强度较高;帘布结构 V 带抗拉强度较高。目前已采用尼龙、涤纶、玻璃纤维等化学纤维,代替棉帘布和棉线绳作为抗拉体,以提高带的承载能力。

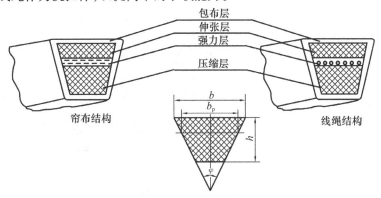

图 6.24 V 带的结构

普通 V 带按截面尺寸分为 7 种截型,由小到大为 Y,Z,A,B,C,D,E。节宽 b_p 为带的节面(中性面)的宽度,与该宽度相应的带轮槽形轮廓的宽度称为轮槽基本宽度;轮槽基本宽度处的带轮直径称为基准直径,用 d_d 表示;V 带在规定拉力下,位于带轮基准直径上的 V 带的周线长度为基准长度,用 L_d 表示。V 带是无接头的环形带,因此带的长度为主要参数之一,普通 V 带的标记方法为

| 截　　型 | 截准长度 | 标准编号 |

例如 按 GB 11544—89 制造的基准长度为 1 600 mm 的 A 型普通 V 带标记为 A-1 600 GB 11544—89。标记通常压印在带外表面上,供识别和选购。

(2)普通 V 带轮的结构

V 带轮一般用灰铸铁 HT150,HT200 制造;高速带轮可用铸钢或钢板冲压后焊接;功率较小时,可采用铝合金或工程塑料。

带轮由轮缘、轮毂和轮辐 3 部分组成。轮体结构要求:结构合理、质量轻、质量分布均匀,轮槽两侧工作面光滑,以减轻带的磨损。如图 6.25 所示,$d_d \leq (2.5 \sim 3) d$(轴径)采用实心轮,$d_d \leq 300$ mm 采用腹板式,$d_d - d_1 \geq 100$ mm 时采用孔板式,$d_d > 300$ mm 采用轮辐式。

注意:轮槽的楔角 φ 有 32°,34°,36°,38° 这 4 种。轮径 d_d 越小,轮槽的楔角 φ 越小,因带弯曲时,外层宽度减小,内层宽度增大,故使带实际楔角减少。

(3)带传动的失效形式及设计准则

①失效形式

a. 打滑。需要的有效拉力超过带与带轮提供的最大摩擦力时,即发生过载打滑。

b. 疲劳损坏。带受变应力作用,易产生疲劳裂纹、脱层,直至断裂。

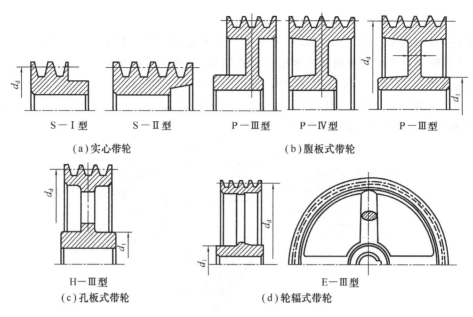

（a）实心带轮 S－Ⅰ型 S－Ⅱ型　　（b）腹板式带轮 P－Ⅲ型 P－Ⅳ型 P－Ⅲ型

H－Ⅲ型
（c）孔板式带轮　　　　　　　　E－Ⅲ型
（d）轮辐式带轮

图 6.25　V 带轮结构

②设计准则

在传递规定功率时不打滑,同时具有足够的疲劳强度和一定的使用寿命。

2)带传动的张紧和维护

(1)带传动的张紧

传动带安装在带轮上要有一定的张紧力,带处于长期张紧状况下使用,会产生松弛,结果使带与带轮间正压力减小,传动能力下降。为保证带传动正常工作,必须有张紧装置,以调整带中张紧拉力的大小。张紧装置主要有以下3种:

①移动式定期张紧装置,如图 6.26 所示。

②摆动式定期张紧装置,如图 6.27 所示。

③张紧轮装置,如图 6.28 所示。

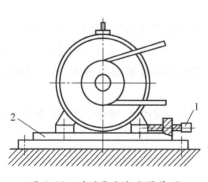

图 6.26　移动式定期张紧装置

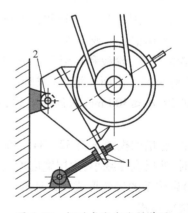

图 6.27　摆动式定期张紧装置

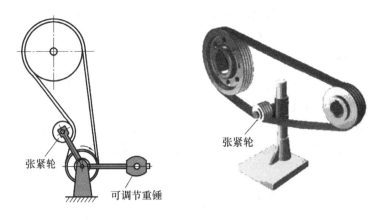

图 6.28　带传动的张紧轮装置

（2）带传动的维护

①安装带传动时，两轴必须平行，两带轮的轮槽必须对准。否则会加速带的磨损。

②带传动一般应加防护罩，以确保安全。

③需要更换 V 带时，同一组 V 带应同时更换，不能新旧并用，以免长短不一造成受力不均。

④V 带不宜与酸碱或油接触；工作温度不宜超过 60°。

6.3.2　链传动

1）链传动组成与特点

链传动是一种具有中间挠性件（链条）的啮合传动，它同时具有刚、柔特点，是一种应用十分广泛的机械传动形式。如图 6.29 所示，链传动由主动轮 1、从动链轮 2 和中间挠性件（链）3 组成，通过链条的链节与链轮上的轮齿相啮合传递运动和动力。

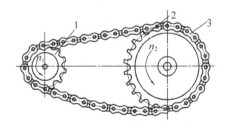

图 6.29　链传动

与带传动相比，链传动无弹性滑动和打滑现象，因而能保持平均传动比准确；链传动不需很大初拉力，故对轴的压力小；它可像带传动那样实现中心距较大的传动，而比齿轮传动轻便很多，但不能保持恒定的瞬时传动比；传动中有一定的动载荷和冲击，传动平稳性差；工作时有噪声，适应于低速传动。

链传动主要用于要求工作可靠，两轴相距较远，不宜采用齿轮传动，要求平均传动比准确但不要求瞬时传动比准确的场合。它可用于环境条件较恶劣的场合，广泛用于农业、矿山、冶金、运输机械以及机床和轻工机械中。

链传动适用的一般范围为传递功率 $p \leq 100$ kW,中心距 $a \leq 5 \sim 6$ m,传动比 $i \leq 8$,链速 $v \leq 15$ m/s,传动效率为 $0.95 \sim 0.98$。

2)链传动的类型

按用途的不同链条可分为传动链、起重链和曳引链。用于传递动力的传动链又有齿形链(见图6.30)和滚子链(见图6.31)两种。齿形链运转较平稳,噪声小,又称为无声链。它适用于高速(40 m/s),运动精度较高的传动中,但缺点是制造成本高,质量大。在传动链中,常用的是套筒滚子链。套筒滚子链的结构简单,磨损较轻,应用较广。

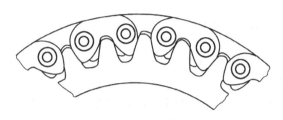

图6.30 齿形链

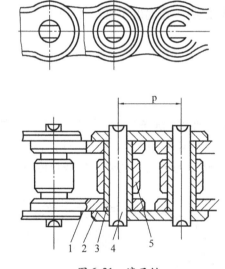

图6.31 滚子链

1—内链板;2—外链板;3—套筒;4—销轴;5—滚子

3)链传动的失效形式

由于链条强度不如链轮高,因此,一般链传动的失效主要是链条的失效。常见的失效形式有以下5种:

(1)链板疲劳破坏

由于链条松边和紧边的拉力不等,在其反复作用下经过一定的循环次数,链板发生疲劳断裂。在正常的润滑条件下,一般是链板首先发生疲劳断裂,其疲劳强度成为限定链传动承载能力的主要因素。

(2)滚子和套筒的冲击疲劳破坏

链传动在反复启动、制动或反转时产生巨大的惯性冲击,会使滚子和套筒发生冲击疲劳破坏。

(3)链条铰链磨损

链的各元件在工作过程中都会有不同程度的磨损,但主要磨损发生在铰链的销轴与套筒的承压面上。磨损使链条的节距增加,容易产生跳齿和脱链。一般开式传动时极易产生磨损,降低链条寿命。

(4)链条铰链的胶合

当链轮转速达到一定值时,链节啮入时受到的冲击能量增大,工作表面的温度过高,销轴和套筒间的润滑油膜被破坏而产生胶合。胶合限制了链传动的极限转速。

(5)静力拉断

在低速($v < 0.6$ m/s)、重载或严重过载的场合,当载荷超过链条的静力强度时导致链条被拉断。

4)链传动的布置

链传动的布置对传动的工作状况和使用寿命有较大影响。通常情况下,链传动的两轴线应平行布置,两链轮的回转平面应在同一平面内,否则易引起脱链和不正常磨损。链条应使主动边(紧边)在上,从动边(松边)在下,以免松边垂度过大时链与轮齿相干涉或紧、松边相碰。如果两链轮中心的连线不能布置在水平面上,其与水平面的夹角应小于45°。应尽量避免中心线垂直布置,以防止下链轮啮合不良。

5)链传动的张紧

链传动需适当张紧,以免垂度过大而引起啮合不良。一般情况下链传动设计成中心距可调整的形式,通过调整中心距来张紧链轮;也可采用张紧轮(见图6.32),张紧轮应设在松边,靠近小链轮处。

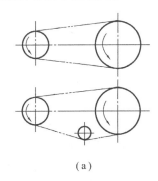 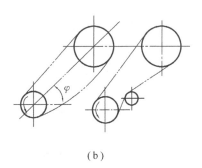 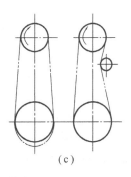

(a)   (b)   (c)

图6.32 链传动的张紧形式

6)链传动的润滑

链传动的润滑是影响传动工作能力和寿命的重要因素之一,润滑良好可减少铰链磨损。润滑方式可根据链速和链节距的大小由如图6.33所示选择。具体的润滑装置如图6.34所示。润滑油应加于松边,以便润滑油渗入各运动接触面。润滑油一般可采用L-AN32,L-AN46,L-AN68油。

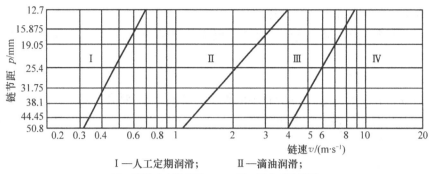

Ⅰ—人工定期润滑；　　　Ⅱ—滴油润滑；
Ⅲ—油浴或飞溅润滑；　　Ⅳ—压力喷油润滑

图 6.33　推荐的润滑方式

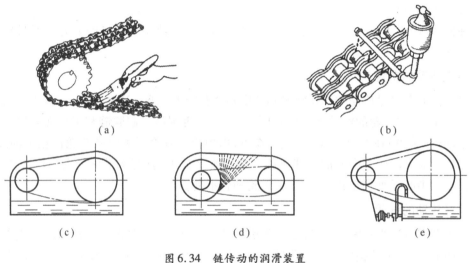

图 6.34　链传动的润滑装置

本章小结)))

　　食品机械用材料对材料性能的要求主要包括机械性能、物理性能、耐腐蚀性能和制造工艺性能。食品机械设备中最常用的材料就是各种各样的金属材料和合金材料。非金属材料主要是塑料。对于机械材料腐蚀的防护，通常对材料进行耐腐蚀抗磨的表面处理，即对金属或非金属的食品加工零部件进行喷涂和涂装以及电镀和刷镀等表面处理。

　　在食品机械中常用的机械零件主要包括螺纹及螺纹联接、键联接、轴联接及滚动轴承。在螺纹上按螺旋线的数目，可将螺纹分为单线、双线、三线及多线螺纹。按螺旋线的绕行方向可分为左旋和右旋螺纹。根据螺纹轴向剖面内牙齿的形状，可将螺纹分为普通螺纹、管螺纹、矩形螺纹、梯形螺纹及锯齿形螺纹等。螺纹联接的基本类型主要包括螺栓联接、双头螺柱联接、螺钉联接、紧定螺钉联接。螺纹联接件主要有螺栓、双头螺柱、螺钉、螺母、垫圈等。键联接主要用于联接轴与轴上的齿轮、带轮、联轴器等机械零件，作周向固定并传递转矩与运动。键联接按其结构形式的不同，主要有平键联接、半圆键联接、楔键联接及切向键联接 4 种。轴是组成机器的重要零件之一，它用来支承作旋转运动的零件。轴按轴线形状不同可分为直轴、曲轴和挠性钢丝轴 3 种类型。轴承是支承轴的零件，根据轴承工作时摩擦的性质，可分为滑动轴承和滚动轴承。滚动轴承是标准化、系列化产品，广泛应用于各种机械中。带传动的类型和特点,链传动的类型和特点。V带的结构及型号、标志。带传递的圆周力与初拉力、摩擦系数、包角等因素有关。带传动中应力来源于拉力、离心力、弯曲。弹性滑动是带传动的属性,是不可避免的,能够与带的打滑相区分。

复习思考题)))

1. 螺纹联接的基本类型是什么?螺纹联接件有哪些?

2. 简述轴的类型和结构。

3. 如何选用滚动轴承?

4. 食品机械常用的材料有哪些?

5. 如何在食品机械上选用塑料和聚合物材料?

6. 带传动的特点有哪些?设计准则是什么?

7. 带传动的弹性滑动和打滑是怎样产生的?它们对传动是如何影响的?是否可以避免?

8. V带传动张紧的目的是什么?常用的张紧方法有哪些?张紧轮应放在松边上还是紧边上?内张紧轮应靠近大带轮还是小带轮?外张紧轮又该怎么样布置?并分析两种张紧方式的利弊?

9. 带传动的工作原理和链传动的工作原理有何不同?

10. 链传动的润滑方式有哪些?

参考文献

[1] 利乐中国有限公司.乳品工业手册.2004.

[2] 魏庆葆.食品机械与设备[M].北京:化学工业出版社,2008.

[3] 刘一.食品加工机械[M].北京:中国农业出版社,2006.

[4] 袁巧霞,任奕林.食品机械使用维护与故障诊断[M].北京:机械工业出版社,2009.

[5] 马兆瑞.现代乳制品加工技术[M].北京:中国轻工业出版社,2010.

[6] 刘晓杰.食品加工机械与设备[M].北京:高等教育出版社,2004.

[7] 崔建云.食品机械[M].北京:化学工业出版社,2007.

[8] 李书国.食品加工机械与设备手册[M].北京:科学技术文献出版社,2006.

[9] 胡继强.食品机械与设备[M].北京:中国轻工业出版社,2008.

[10] 王林,胡旭晖,翟红星.塑袋无菌包装综述[J].包装与食品机械,2004,22(6):53-55.

[11] 邱礼平.食品机械设备维修与保养[M].北京:化学工业出版社,2010.

[12] 刘殿宇.降膜式蒸发器试车过程及注意事项[J].中国乳品工业,2005(12):47-48.

[13] 廖世荣.食品工程原理[M].北京:科学出版社,2004.

[14] 袁仲.食品工程原理[M].北京:化学工业出版社,2008.

[15] 崔建云.食品加工机械与设备[M].北京:中国轻工业出版社,2004.

[16] 赵淮.包装机械选用手册[M].北京:化学工业出版社,2006.

[17] 张裕中.食品加工技术装备[M].北京:中国轻工业出版社,2000.

[18] 张国治.焙烤食品加工机械[M].北京:化学工业出版社,2006.

[19] 张国治.方便主食加工机械[M].北京:化学工业出版社,2006.

[20] 张海红,阮竞兰.食品机械的腐蚀与防腐设计[J].包装与食品机械,2006(24):21-24.

[21] 马海乐.食品机械与设备[M].北京:中国农业出版社,2004.

[22] 殷涌光.食品机械与设备[M].北京:化学工业出版社,2007.

[23] 肖旭霖.食品机械与设备[M].北京:科学出版社,2006.

[24] 胡小松,李积宏,崔雨林,等.现代果蔬加工工艺学[M].北京:中国轻工业出版社,1995.

[25] 宋人楷.食品机械设备的修理、维护与使用[M].吉林:吉林摄影出版社,2000.

[26] 陆振曦,陆守道.食品机械原理与设计[M].北京:中国轻工业出版社,1995.

[27] 雒亚洲,管建慧,任树棠,等.利乐与康美无菌包装设备的比较[J].机电产品开发与创新,2009,22(1):55-57.

[28] 李敏科,程联社.机械基础[M].西安:西安交通大学出版社,2010.